气动控制及应用教程

陈银燕　赵冉冉　张　慧　编著

机械工业出版社

本书通过 8 个项目详细介绍了气动控制系统（包括纯气动控制系统、电气动控制系统、PLC 气动控制系统）及其故障诊断与排除，在各个项目中重点介绍了实现该项目所需的各气动元件及其应用，同时配以动画、微课、视频等线上一体化资源，更易于理解和掌握气动元件和气动回路的工作原理。

本书具有较强的系统性、可操作性和实用性，有利于读者由浅入深系统学习气动控制技术，解决气动控制技术在实际工作中的各类问题。书中气动元件与回路、气动控制系统故障诊断与排除等内容，可指导从事气动设备制造、操作和维修人员的日常工作。

本书的读者对象包括：职业院校、中等职业学校等机电一体化技术和自动化专业的师生，从事气动设备设计、制造的工程技术人员，以及从事气动设备维护与维修工作的气动、机械工程师。

图书在版编目（CIP）数据

气动控制及应用教程/陈银燕，赵冉冉，张慧编著. —北京：机械工业出版社，2021.1（2025.2 重印）
ISBN 978-7-111-48505-6

Ⅰ.①气… Ⅱ.①陈… ②赵… ③张… Ⅲ.①气动技术-教材 Ⅳ.①TH138

中国版本图书馆 CIP 数据核字（2021）第 014476 号

机械工业出版社（北京市百万庄大街 22 号 邮政编码 100037）
策划编辑：刘本明 责任编辑：刘本明
责任校对：陈 越 封面设计：张 静
责任印制：单爱军
北京虎彩文化传播有限公司印刷
2025 年 2 月第 1 版第 6 次印刷
184mm×260mm·16.75 印张·412 千字
标准书号：ISBN 978-7-111-48505-6
定价：55.00 元

电话服务 网络服务
客服电话：010-88361066 机 工 官 网：www.cmpbook.com
    010-88379833 机 工 官 博：weibo.com/cmp1952
    010-68326294 金 书 网：www.golden-book.com
封底无防伪标均为盗版 机工教育服务网：www.cmpedu.com

前　言

　　气动控制技术广泛应用于机械制造、电子、电气、石油化工、轻工、食品、汽车、船舶、军工以及机械手和各类自动化智能装备等行业中。气动控制技术是当代工程技术人员所应掌握的重要基础技术之一。

　　本书共有 8 个项目。项目一～项目五为纯气动控制系统；项目六为电气动控制系统；项目七为 PLC 气动控制系统；项目八为气动控制系统故障诊断与排除。每个项目中都有配套的微课、视频资源，同时也可在中国大学 MOOC 上进行相应内容的线上学习和测试。全书在项目选材和编写方面力求系统性、可操作性和实用性，以利于学习者循序渐进，从简单到复杂、从单一到综合、全面系统地掌握气动控制技术，进而解决气动控制技术在实际工作中的各类问题。

　　为了提高学习效果，本书在项目内容的组织上采用任务驱动的编写思路。在每个项目中，首先提出具体的工作任务，使学习者明确目标，产生学习的积极性；然后结合具体实例，讲解完成任务所需要的相关知识，使学习者的认识由感性上升到理性；在任务实践环节，详细介绍完成任务的步骤和注意事项，使学习者能够顺利完成任务，增强成就感。

　　本书由江苏电子信息职业学院陈银燕、赵冉冉和江苏工程职业技术学院张慧编著。其中项目一～项目三由陈银燕编写，项目四～项目六由赵冉冉编写，项目七、项目八由张慧编写，全书由陈银燕统稿。王超、吴伟、姚薇、彭波、陈玉华等参与了文献资料搜集、文稿录入和部分插图制作等工作。

　　本书在编写过程中，参考了大量的资料和文献，未能一一注明出处，在此对这些资料和文献的作者深表谢意。

　　尽管我们在编写过程中做出了很多的努力，但由于编者的水平有限，书中难免有疏忽和不当之处，恳请各位读者批评指正。

编　者

目 录

项目一

气动剪系统的构建与控制

气压传动技术是一门非常出色的工业技术,它不仅可以实现工业设备驱动,而且还可以实现对驱动系统的控制。由于空气是最洁净的工作介质,在高度重视环保的当今社会,气压传动技术的应用在工业化国家中变得越来越重要。

项目介绍:

图 1-1a 为气动剪,由气动修剪工具、动力源和气动附件构成,机械结构如图 1-1b 所示。空气压缩机产生压缩空气并储存在储气罐中,储气罐通过高压输气管及快换接头与气动剪连接并为其提供压缩空气,使用者通过操纵气动剪完成剪枝作业。

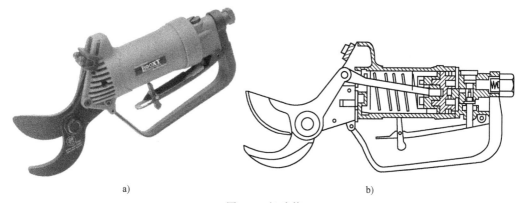

a)   b)

图 1-1 气动剪

a)外形 b)机械结构

任务 1-1 认识气动剪系统结构

任务引入: >>>

图 1-2 为气动剪系统回路图。结合图 1-2 将其中使用的元件按照气动系统的组成进行分类,并填写元件的功能。

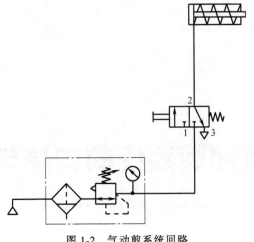

图 1-2　气动剪系统回路

任务分析：

　　要想完成此任务，必须了解：什么是气压传动？利用压缩空气工作的设备究竟需要用什么样的元件组合在一起？它们的功能是什么？这种传动形式的优、缺点是什么？

学习目标：

知识目标：
1）了解气压传动及其在工业中的应用。
2）了解气压传动的优、缺点。
3）掌握气压传动系统的组成及各组成部分的功能。
4）掌握空气的基本性质。

能力目标：
1）能够识别气动剪系统回路图中的气动元件。
2）能够结合气动剪系统回路图解读元件的作用。

理 论 资 讯

一、气压传动技术简介

1. 气压传动的定义
气压传动简称气动（Pneumatic），是以压缩空气为工作介质，进行动力传递和工程控制，驱动各种机械设备，实现生产过程机械化、自动化的一门技术。（微课：1-1　气压传动技术）

2. 气动技术的工作原理
气压传动的工作原理是利用空气压缩机把电动机或其他原动机输出的机械能转换为空气的压力能，然后在控制元件的作用下，通过执行元件把压力能转换为直线运动或回转运动形式的机械能，从而完成各种动作，并对外做功。

3. 气动技术的发展与应用

气压传动的应用历史非常悠久。早在公元前，埃及人就开始利用风箱产生压缩空气用于助燃。后来，人们用空气作为工作介质传递动力做功，如古代利用自然风力推动风车、带动水车提水灌溉、航海。

约在 1776 年，英国人约翰·威尔金森发明了一台能产生一个大气压左右压力的空气压缩机。1829 年出现了多级空气压缩机。1871 年风镐开始用于采矿行业。1868 年美国人 G. 威斯汀豪斯发明气动制动装置，并在 1872 年将其成功应用在火车的制动上。

随着兵器、机械、化学工业的不断发展，气动机具和控制系统得到了广泛的应用。20 世纪 50 年代，研制出用于导弹尾翼控制的高压气动伺服机构，60 年代发明了射流和气动逻辑元件，使得气压传动得到很大的发展。

20 世纪 60 年代以来，气压传动发展十分迅速，气压传动技术已经成为一个独立的技术领域。目前世界各国都把气压传动作为一种低成本的工业自动化手段，广泛应用于各种生产设备和机器上。以下仅结合气动技术的发展列举几个典型的应用实例。

（1）气动技术在轻工食品包装业的应用　其中包括各种半自动或全自动包装生产线，例如酒类、油类、煤气罐装，以及聚乙烯、化肥和各种食品的包装等，如图 1-3 所示。

（2）气动技术在汽车制造业的应用　其中包括焊装生产线、车体部件自动搬运与固定、自动焊接、夹具、输送设备、组装线、涂装线、发动机、轮胎生产装备等方面。

（3）气动技术在电子、半导体及电器行业的应用　如用于硅片的搬运，元器件的插装与锡焊，彩电、冰箱的装配生产线等，如图 1-4 所示。IC 芯片对制造工艺条件、制造环境的要求非常苛刻，在 IC 芯片的制造中采用了大量高真空"无尘"超洁净的气动元件。

图 1-3　咖啡胶囊包装生产线

图 1-4　印制电路板制作机械

（4）气动技术在饮料灌装行业的应用　借助气动装置控制活塞的往复运动和旋转运动，将液体从储料箱中吸入活塞缸，然后再强制压入待灌装容器中。这种气动装置既可用于黏度较小的饮料灌装，也可用于黏度较大的物料，如番茄酱、肉糜、牙膏、洗发水、药膏等，如图 1-5 所示。

（5）气动技术在交通运输领域的应用　如公交车车辆制动装置、车门启闭装置（见图 1-6）。直升机螺旋桨端部的空气喷嘴以及吸收发动机噪声的气动消声器等都是气动技术在交通领域应用的实例。

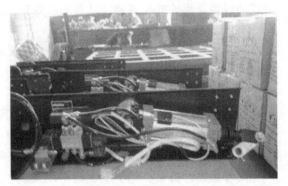

图 1-5　液体灌装机

图 1-6　公交车门门泵

除了以上的应用领域，气动技术在机械加工、纺织、测量、医学等众多领域都有广泛的应用。

二、气压传动技术的特点

气动技术之所以能在机械、电子、轻工、食品、医药、包装、交通、冶金等行业广泛应用，是因为它相较于其他传动技术具有以下特点（见表 1-1）：

表 1-1　气压传动与其他传动方式的比较

传动方式	气压传动	液压传动	电气传动	机械传动
输出力大小	中等	大	中等	较大
动作速度	较快	较慢	快	较慢
装置构成	简单	复杂	一般	普通
受负载影响	较大	一般	小	无
传输距离	中	短	远	短
速度调节	较难	容易	容易	难
维护	一般	较难	较难	容易
造价	较低	较高	较高	一般

1. 气压传动技术的优点

1) 传动的介质是压缩空气，不受限制，即取之不尽，用之不竭，使用后直接排入大气而无污染。

2) 传动系统和元件的结构简单、价格便宜、维修方便、寿命长。

3) 介质具有可压缩性，因此富余的能量可以储存。

4) 系统无爆炸危险，因此不需要昂贵的防爆设施。

5) 介质几乎不受温度波动的影响。

6) 因介质的黏度很小，故其传动过程中损失也很小，适合远距离输送。

7) 介质传输的速度快，系统可实现无级调速。

8) 不加注润滑油的压缩空气是清洁的，在排出时对环境几乎没有污染。

9) 气动元件易于标准化、系列化和通用化。

10) 气动系统无过载的危险。

11）在不能使用电信号的环境下，也可以直接利用气压信号实现系统的自动控制。

12）系统的环境适应能力强，如在潮湿、粉尘大、强磁场等恶劣的工作环境下都可使用。

2. 气压传动技术的缺点

1）输出力受到限制，气动系统只适用于要求输出力不大的场合。

2）由于压缩空气中含有灰尘和水分，介质需经过处理后才能使用。

3）由于空气具有可压缩性，系统控制精度受限制。

4）系统在工作时存在较大的排气噪声。

三、气压传动系统的组成

分析气动剪系统回路（见图 1-2）可知，要想利用气体传递动力和运动，气动系统必须具备气源装置、空气调节处理元件、控制元件、执行元件和辅助元件。这五部分构成了一个完整的气动剪气动控制系统。（微课：1-2　气动系统组成）

（1）气源装置　包括空气压缩机、后冷却器、油水分离器、储气罐、干燥器等元件。通过气源向气动系统提供低温、干净、干燥、具有一定压力和流量的压缩空气。

（2）空气调节处理元件　包括分水过滤器、减压阀等元件。通过分水过滤器、减压阀、油雾器（气动三联件）对压缩空气质量进行进一步处理并维持调定压力稳定。

（3）控制元件　包括压力控制元件、流量控制元件和方向控制元件。通过控制气动系统的压力、流量和流动方向，从而达到控制执行元件输出力、速度和运动方向的目的。

（4）执行元件　包括气缸、气动马达。通过执行元件将气动系统的压力能转化成机械能。

（5）辅助元件　包括压力表、消声器、管接头、管路等元件。通过辅助元件可将系统中各元件连接起来，使系统形成封闭回路，并通过压力表进行压力显示，通过消声器对排气时产生的噪声进行控制，因此气动辅助元件是系统不可缺少的元件。

四、空气的基本性质

1. 空气的组成

自然界的空气是由若干种气体混合而成的。理论上，完全不含有水蒸气的空气称为干空气。实际大气中常含有一定量的水蒸气，这种由干空气和水蒸气组成的气体就是湿空气。在基准状态下（温度为 273.15K、压力为 0.1013MPa），干空气的组成见表 1-2。

表 1-2　干空气的组成

成分	氮（N_2）	氧（O_2）	氩（Ar）	二氧化碳（CO_2）	其他气体
体积分数（%）	78.03	20.93	0.932	0.03	0.078
质量分数（%）	75.5	23.1	1.23	0.015	0.075

2. 空气的压力

根据道尔顿分压定律，湿空气的压力应为干空气的分压力与水蒸气的分压力之和。

压力有绝对压力和相对压力，其含义和表示方法如图 1-7 所示，常用压力单位及换算见

表1-3。

（1）绝对压力 以绝对零点（绝对真空）为起点所测量的压力称为绝对压力，用$p_绝$表示。

（2）相对压力 以当地大气压力为起点所测量的压力称为相对压力。用$p_相$表示。

（3）真空度 绝对压力减去大气压力的绝对值称为真空度，用$p_真$表示，即

$$p_真 = |p_绝 - p_大|$$

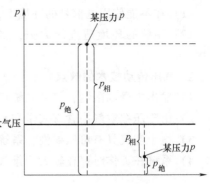

图1-7 压力表示方法

3. 空气的黏性

气体在流动过程中产生内摩擦力的性质称为黏性，表示黏性大小的量称为黏度。空气黏度随温度的变化而变化，温度越高黏度越大。

表1-3 压力单位及换算

单位名称	帕	兆帕	巴	千克力每平方厘米	磅力每平方英寸
符号	Pa	MPa	bar	kgf/cm²	psi
换算关系	Pa=N/m² 是国际标准压力单位，1MPa=10⁶Pa bar是非法定计量单位，1bar=10⁵Pa kgf/cm² 是非法定计量单位，1kgf/cm²=0.9807×10⁵Pa psi是非法定计量单位，1psi=6894.8Pa 1bar=1.02kgf/cm²=14.5psi				

4. 空气的湿度

在一定的温度下，含水蒸气越多，空气就越潮湿。气压传动系统中应用的工作介质，其干湿程度对整个系统的工作稳定性和使用寿命都将产生一定的影响。

（1）绝对湿度 在一定的温度和压力下，单位体积的湿空气中所含有的水蒸气的质量称为绝对湿度，用X表示。

$$X = m_s / V$$

式中，X为绝对湿度，单位为kg/m^3；m_s为水蒸气质量，单位为kg；V为湿空气体积，单位为m^3。

（2）饱和绝对湿度 在一定的温度和压力下，单位体积的湿空气中最大限度含有的水蒸气质量称为饱和绝对湿度，用X_b表示。

（3）相对湿度 相对湿度是指在温度和总压力不变的条件下，其绝对湿度与饱和绝对湿度的比值，用φ表示。

$$\varphi = (X/X_b) \times 100\% = (\rho/\rho_b) \times 100\%$$

式中，X为绝对湿度，单位为kg/m^3；X_b为饱和绝对湿度，单位为kg/m^3；ρ为未饱和湿空气中水蒸气的密度，单位为kg/m^3；ρ_b为同温度下饱和湿空气中水蒸气的密度，单位为kg/m^3。

绝对湿度表明了湿空气中所含有的水蒸气的多少，但它还不能说明湿空气所具有的吸收水蒸气能力的大小。相对湿度反映了湿空气达到饱和的程度，即反映了湿空气的潮湿度。

任 务 实 践

结合理论资讯内容，气动剪由气动修剪工具、动力源和气动附件构成，机械结构如图1-8所示。空气压缩机产生压缩空气并储存在储气罐中，储气罐通过高压输气管及快换接头与气动剪连接并为其提供压缩空气，使用者通过操纵气动剪完成剪枝作业。

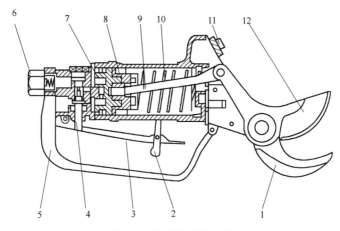

图 1-8 气动剪机械结构

1—定刀 2—安全杆 3—操作杆 4—开关阀 5—操作杆保护架 6—气接头
7—活塞 8—气缸 9—活塞杆 10—回位弹簧 11—限位装置 12—动刀

工作原理：压缩空气由气接头6进入，当按下开关阀4时，压缩空气推动内置活塞7运动，动力由活塞杆9传递给剪刀组件中动刀12，动刀12和定刀1咬合完成剪切树枝动作，动作结束后，由回位弹簧10将活塞7顶回初始位置，并带动动刀12回位。

气动剪气动系统的组成如图1-9所示。完整的气压传动系统主要由以下五个部分组成：

（1）气源装置 气源装置是获得压缩空气的装置，主要包括气源、空气压缩机、后冷

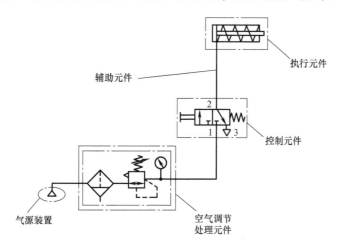

图 1-9 气动剪气动系统的组成

却器、油水分离器、储气罐、干燥器等元件。它们的主要功能是在电动机的带动下，通过空气压缩机的运动将自然界 1 个大气压的空气压缩到原体积的 1/7 左右，再通过后冷却器、油水分离器、储气罐、干燥器等元件的处理，最终向气动系统提供低温、干净、干燥、具有一定压力和流量的压缩空气。气源装置的主体部分是空气压缩机，它将原动机供给的机械能转变为气体的压力能。

（2）空气调节处理元件　空气调节处理元件包括分水过滤器、减压阀。通过分水过滤器、减压阀对压缩空气质量进行进一步处理并维持调定压力稳定。

（3）控制元件　控制元件用来控制压缩空气的压力、流量和流动方向，以便使执行机构完成预定的工作循环。它包括各种压力控制阀、流量控制阀和方向控制阀等。

（4）执行元件　执行元件是将气体的压力能转换成机械能的一种能量转换装置，包括气缸、气动马达。气缸主要做直线运动或往复摆动，气动马达做旋转运动。

（5）辅助元件　辅助元件包括压力表、消声器、管接头、管路等元件。通过辅助元件可将系统中各元件连接起来，使系统形成封闭回路，并通过压力表进行压力显示，通过消声器对排气时产生的噪声进行控制，因此气动辅助元件是系统不可缺少的元件。

检测练习： ▶▶▶

图 1-10 为皮带压花机的示意图，图 1-11 为皮带压花机气动控制系统回路图。从图 1-11 可看出，要想利用冲压气缸传递冲击力在皮带上压花，气动系统必须具备气源、控制元件、执行元件、空气调节处理元件和辅助元件，这五部分构成了一个完整的皮带压花机气动控制系统。请找出皮带压花机回路中气动系统的各个组成部分。

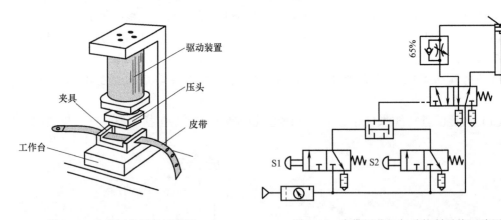

图 1-10　皮带压花机的示意图　　　图 1-11　皮带压花机气动控制系统回路图

任务 1-2　气源装置及辅助元件的识别与选用

任务引入： ▶▶▶

图 1-12 为气动剪的气动回路图。图中标注的元件 1～7 分别是什么元件？其功能是什么？

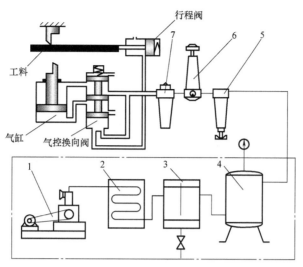

图 1-12　气动剪的气动回路图

任务分析： >>>

　　对照气动控制系统的组成，我们知道一个完整的气动控制系统包含五部分：气源装置、空气调节处理元件、控制元件、执行元件和辅助元件。其中图中已标出控制元件（气控换向阀、行程阀）和执行元件（气缸），那就只剩下气源装置、空气调节处理元件和辅助元件。我们要想识别气源装置、空气调节处理元件及各辅助元件，必须了解它们的组成及功能。

学习目标： >>>

　　知识目标：

　　1）了解气源装置的组成及其作用。

　　2）了解空气压缩机的分类、特点、原理及其选用。

　　3）掌握空气调节处理元件的名称、作用、顺序及图形符号。

　　4）掌握气动辅助元件的作用、工作原理及图形符号。

　　能力目标：

　　1）能够识别气源装置中的各个组成部分并会正确使用。

　　2）能够按顺序识别空气调节处理元件并说明其作用。

　　3）能够结合气动系统回路图识别辅助元件并说明其作用。

理 论 资 讯

一、气源装置的组成

　　气压传动系统中的气源装置可为气动系统提供满足一定质量要求的压缩空气，它是气压传动系统的重要组成部分。由空气压缩机排出的压缩空气虽然可以满足气动系统工作时的压力和流量要求，但其温度高达170℃，且含有汽化的润滑油、水蒸气和灰尘等污染物，这些污染物将对气动系统造成不利影响，所以空气压缩机产生的压缩空气，必须经过降温、净化、减压、稳压等一系列处理后，才能供给控制元件和执行元件使用。而用过的压缩空气排向大气时会产生噪声，应采取措施降低噪声，改善劳动条件和环境质量。

对压缩空气的要求：

1）要求压缩空气具有一定的压力和足够的流量。

2）要求压缩空气有一定的清洁度和干燥度。清洁度是指气源中含油量、含灰尘杂质的质量及颗粒大小都要控制在很低范围内。干燥度是指压缩空气中含水量的多少，气动装置要求压缩空气的含水量越低越好。

混在压缩空气中的油蒸气可能聚集在储气罐、管道、气动系统的容器中，有引起爆炸的危险或影响设备的寿命。

3）压缩空气中含有的饱和水分，在一定的条件下会凝结成水，并聚集在个别管道中。在寒冷的冬季，凝结的水会使管道及附件结冰而损坏，影响气动装置的正常工作。

4）压缩空气中的灰尘等杂质，对气动系统中做往复运动或转动的气动元件的运动副会产生研磨作用，使这些元件因漏气而降低效率，影响它们的使用寿命。

因此，气源装置必须设置一些除油、除水、除尘，并使压缩空气干燥，提高压缩空气质量，进行气源净化处理的辅助设备。图1-13所示为小型气源系统的组成。

1）空气压缩机：将空气压缩并以较高的压力输给气动系统，把机械能转变为气压能。

2）电动机：把电能转变成机械能，给压缩机提供机械动力。

3）压力开关：将储气罐内的压力转变为电信号，用来控制电动机。它被设定一个最高压力，达到这个压力就使电动机停止；也被设定一个最低压力，储气罐内压力跌到这个压力就重新激活电动机。

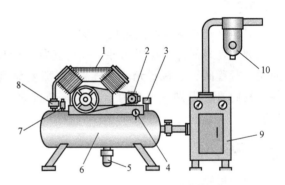

图1-13　小型气源系统的组成

1—空气压缩机　2—电动机　3—压力开关　4—压力表
5—自动排水器　6—储气罐　7—安全阀　8—单向阀
9—后冷却器　10—油水分离器

4）压力表：显示储气罐内的压力。

5）自动排水器：无需人手操作，排掉凝结在储气罐内所有的水。

6）储气罐：储存压缩空气。它的尺寸大小由压缩机的容量来决定，储气罐的容积越大，压缩机运行时间间隔就越长。

7）安全阀：当储气罐内的压力超过允许限度时，可将压缩空气溢出。

8）单向阀：让压缩空气从压缩机进入储气罐，当压缩机关闭时，阻止压缩空气反方向流动。

9）后冷却器：通过降低压缩空气的温度，将水蒸气及油气冷凝成液态的水滴和油滴。

10）油水分离器：从后冷却器的出口通过管路输送到油水分离器中，将液态的水滴、油滴和杂质分离出来。

图 1-14 所示为大型气源系统（也称为压缩空气站）的组成。电动机驱动活塞式空气压缩机 1，将具有 1 个大气压的空气压缩成具有较高压力的压缩空气，进入后冷却器 2 降低压缩空气的温度，将水蒸气及油气冷凝成液态的水滴和油滴，从后冷却器的出口通过管路输送到油水分离器 3 中，将压缩空气中的液态水滴、油滴及杂质分离出来。如果气动系统对压缩空气的质量要求较高，如仪表系统，则气源系统中必须要加装干燥器 5，以便于对压缩空气进行进一步的脱湿处理。通过管路使压缩空气继续进入干燥器 5 进行脱湿处理，过滤器 6 进一步过滤压缩空气中的杂质，通过储气罐 7 的进一步沉降，具有一定压力、流量的高质量压缩空气就可通过管路输送给气动系统。

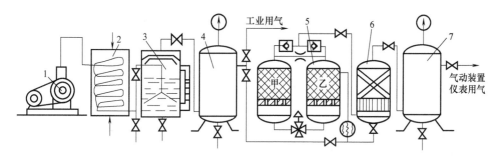

图 1-14　压缩空气站组成示意图

1—空气压缩机　2—后冷却器　3—油水分离器　4—储气罐　5—干燥器　6—过滤器　7—储气罐

因此，气源装置一般由以下几个部分组成：

（1）气源部分　空气压缩机。

（2）气源净化、储存部分　后冷却器、油水分离器、储气罐、干燥器、过滤器等。

二、空气压缩机

空气压缩机能将电动机或内燃机的机械能转化为压缩空气的压力能，在压力、流量方面满足气压传动的要求。（微课：1-3　空气压缩机）

空气压缩机根据其工作原理，可以分为速度型和容积型两大类。速度型空气压缩机的原理是利用转子或叶轮的高速旋转使空气产生高速度，使其具有高动能，再使气流速度降低，将动能转化为压力能。

容积型空气压缩机是通过机件的运动，使得密封容积发生周期性大小的变化，从而完成对空气的吸入和压缩过程。容积型空气压缩机分类如图 1-15 所示，常见的容积型空气压缩机有活塞式、螺杆式、叶片式等。目前，使用最广泛的是活塞式空气压缩机。

图 1-15　容积型空气压缩机分类

1. 活塞式空气压缩机

常用的活塞式空气压缩机有卧式和立式两种结构形式。其工作原理如图 1-16 所示。（动画：空气压缩机 1、空气压缩机 2）

当活塞 3 向右运动时，左腔压力低于大气压力，吸气阀 9 被打开，空气在大气压力作用下进入气缸 2 内，这个过程称为"吸气

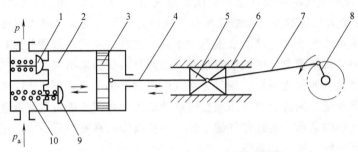

图 1-16　活塞式空气压缩机工作原理

1—排气阀　2—气缸　3—活塞　4—活塞杆　5，6—十字头与滑道

7—连杆　8—曲柄　9—吸气阀　10—弹簧

过程"。

　　当活塞向左移动时，吸气阀 9 在缸内压缩气体的作用下关闭，缸内气体被压缩，这个过程称为"压缩过程"。

　　当气缸 2 内空气压力增高到略高于输气管内压力后，排气阀 1 被打开，压缩空气进入输气管道，这个过程称为"排气过程"。

　　图 1-16 所示的是单级活塞式空气压缩机，常用于需要 0.3～0.7MPa 压力范围的气动系统。若空气压力超过 0.6MPa，产生的热量将大大降低压缩机的效率。因此，工业中使用的活塞式空气压缩机通常是两级的，如图 1-17 所示，由两个阶段将吸入的空气压缩到最终的压力。

　　通常在第一级气缸将气体压缩至 0.3MPa，再输送到第二级气缸中压缩到 0.7MPa。压缩空气通过中间冷却器后温度下降，再送入第二级气缸。因此，相对于单级空气压缩机，提高了效率。最后输出气体温度约为 120℃。

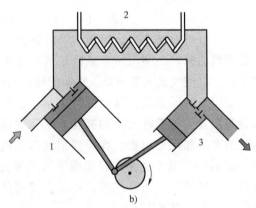

a)　　　　　　　　　　　　　　　　b)

图 1-17　两级活塞式空气压缩机

a）外形　b）工作原理

1—一级活塞　2—中间冷却器　3—二级活塞

　　活塞式空气压缩机结构简单，使用寿命长，并且容易实现大容量、高压输出；但振动大、噪声大，排气断续进行，输出有脉动，需要储气罐。

2. 空气压缩机的图形符号

空气压缩机（气压源）的图形符号如图 1-18 所示。

3. 空气压缩机的选择

首先按空气压缩机的特性要求来确定空气压缩机的类型，再根据气动系统所需要的工作压力和流量两个参数来选取空气压缩机的型号。在选择空气压缩机时，其额定压力应等于或略高于所需要的工作压力。一般气动系统所需要的工作压力为 0.5~0.8MPa，因

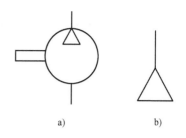

图 1-18　空气压缩机（气压源）图形符号
a）详细符号　b）简化符号

此选用额定压力为 0.7~1MPa 的低压空气压缩机。此外，还有中压空气压缩机，额定压力为 1MPa；高压空气压缩机，额定压力为 10MPa；超高压空气压缩机，额定压力为 100MPa。空气压缩机的流量以气动设备最大耗气量为基础，并考虑管路、阀门泄漏以及各种气动设备是否同时连续用气等因素。一般空气压缩机按流量可分为微型（流量小于 $1m^3/min$）、小型（流量在 $1~10m^3/min$ 之间）、中型（流量在 $10~100m^3/min$ 之间）、大型（流量大于 $100m^3/min$）。

活塞式空气压缩机适用的压力范围大，特别适用于压力较高的中小流量场合，目前仍然是应用最广泛的一种空气压缩机。螺杆式空气压缩机运转平稳，排气均匀，是较新的具有发展前途的空气压缩机，适用于低压力，中、小流量的场合。叶片式空气压缩机适用于低、中压力，中、小流量的场合。

三、气源净化、储存部分

气源装置中常用低压活塞式空气压缩机，此类空气压缩机需要润滑油。由空气压缩机排出的压缩空气温度较高（约为 140~170℃），使部分润滑油、空气中的水分汽化，再加上空气中的灰尘，形成了由油、水蒸气、灰尘混合而成的杂质。这些杂质如果被带入气动系统中，会产生极坏的影响：

1）高温的油气容易被氧化成有机酸，腐蚀金属元件。

2）在寒冷的气候下，过多的水分会使管道及附件因冻结而损坏，或使得气路不通产生误动作。

3）空气中的灰尘等固体杂质会引起气缸、马达、阀等相对运动部件表面间的磨损，破坏密封、增加泄漏，缩短气动元件的使用寿命。

4）由水、油、灰形成的混合物沉积在管道内或元件中，使得通流面积减小，增大了气流阻力或者造成堵塞，使得整个系统工作不稳定甚至失灵。

由此可见，在气源系统中设置干燥、除水、除尘等净化装置是极其必要的。下面介绍几种常用的气源净化装置。

1. 后冷却器

后冷却器安装在空气压缩机排气口的管道上。空气压缩机排出的压缩空气温度达到 120~180℃，在后冷却器的作用下，温度降至 40~50℃。在降温的同时，空气中的油雾和水汽迅速达到饱和，大量析出，凝结成油滴和水滴，由后冷却器的排污口排出。

后冷却器分为风冷式和水冷式。（微课：1-4　后冷却器）

（1）风冷式后冷却器　风冷式后冷却器如图 1-19 所示。从空气压缩机排

出的压缩空气进入后冷却器管内，经过较长而多弯曲的管道进行冷却，从出口排出。由风扇产生的冷空气，从管外流动，冷却管道内的热空气。被冷却的压缩空气出口温度大约比室温高15℃。

风冷式后冷却器不需要冷却水设备，不受断水或冰冻影响；占地面积小、重量轻、紧凑、运转成本低、易维修；适用于入口空气温度低于100℃，且处理空气量较少的场合。

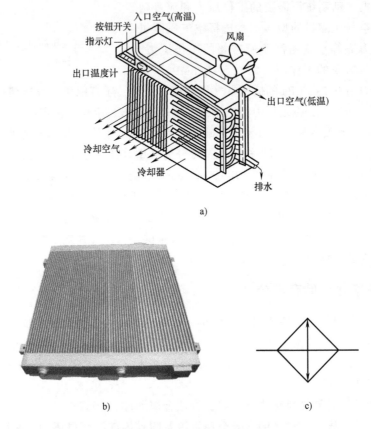

图 1-19　风冷式后冷却器
a）结构　b）外形　c）图形符号

（2）水冷式后冷却器　水冷式后冷却器如图1-20所示。循环冷却水在管内流动，热空气在管外（壳侧）流动，两者流动方向相反。被冷却的压缩空气出口温度大约比冷却水的温度高10℃。

水冷式后冷却器换热效率远高于风冷式后冷却器，适用于入口空气温度低于200℃，且处理空气量较大的场合。

2. 油水分离器

油水分离器的作用是分离压缩空气中凝聚的水分、油分、灰尘等杂质，使得压缩空气得到初步净化。其结构形式有环形回转式、撞击折回式、水浴式及各种形式的组合使用。（微课：1-5　油水分离器）

撞击折回式油水分离器如图1-21所示，其工作原理为：压缩空气由入口进入分离器壳体后，气流受到隔板的阻挡，被撞击而折回向下，之后又上升

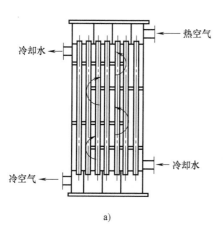

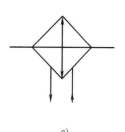

a) b) c)

图 1-20 水冷式后冷却器

a）结构 b）外形 c）图形符号

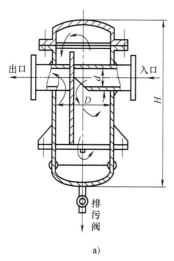

a) b) c)

图 1-21 撞击折回式油水分离器

a）结构 b）外形 c）图形符号

产生环形回转，最后从出口排出。这时，压缩空气中的水滴、油滴等杂质，在离心力的作用下分离析出，沉降于壳体底部，由排污阀排出。

3. 储气罐

如图 1-22 所示，储气罐有卧式和立式，是钢板焊接制成的压力容器，安装在冷却器后面用来储存压缩空气。储气罐上设置安全阀，其调定压力为工作压力的 110%；设置压力表，用来指示罐内压力；设置人孔，以便对罐内部进行检查清理；底部设置排污阀。

空气压缩机产生的压缩空气通入储气罐，可以消除压力脉动，保证输出气流的连续性；存储一定量的压缩空气，做应急能源，解决空气压缩机输出和气动设备耗气量的不平衡，尽可能地减少压缩机发生"空载"和"满载"现象；利用储气罐的大面积散热，使压缩空气中的一部分水蒸气和油气凝结，以便通过排污阀排出。

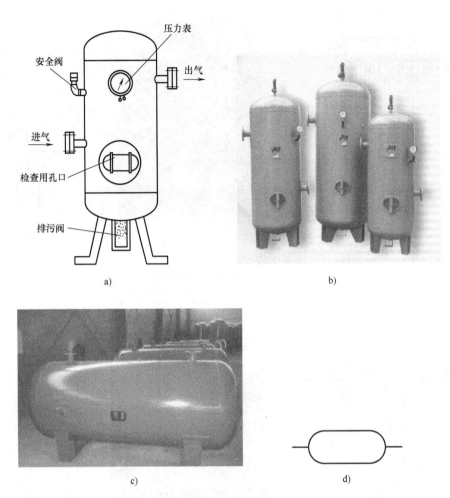

图 1-22　储气罐

a）结构　b）立式储气罐　c）卧式储气罐　d）图形符号

4. 空气干燥器

对液态水和油有严格要求的系统需要经过干燥器进行进一步的脱湿处理。空气干燥器主要有三种形式：吸收式、吸附式和冷冻式。

吸附式干燥器利用具有吸附性能的吸附剂（如硅胶、铝胶或分子筛等）来吸附水分而达到干燥的目的（见图 1-23）。吸附剂也可用焦炭，吸水效果差一些，但成本低，还能吸附油。吸附法是干燥处理方法中应用最普遍的一种方法。

当干燥器使用一段时间以后，吸附剂吸水达到饱和状态而失去吸附能力，应设法除去吸附剂中的水分，使其恢复干燥状态，以便继续使用，称为吸附剂的再生。

5. 过滤器

压缩机吸气口的空气过滤器对于压缩机工作的可靠性十分重要。必须提供合适有效的过滤器，以免气缸和活塞环过量损耗，这种损耗主要是由于空气中微粒的摩擦而引起的。过滤器不需太细密，因为压缩机的效率随空气阻力的增加而降低。因此，细小的颗粒（2～5μm）不能滤掉。吸气口应设置得尽可能远，干净的干燥空气向上流动，进气管的直径应足够大，

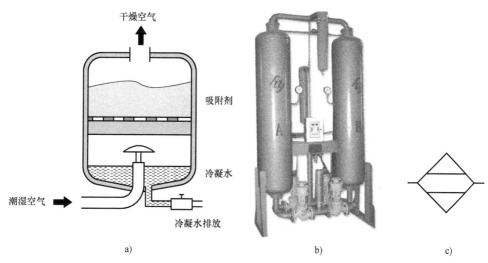

图 1-23　空气干燥器

a）结构　b）外形　c）图形符号

以避免过大的压力降。当应用消声器时，过滤器应放在它的上端，以尽可能减少空气流的脉动。

在储气罐后应装一个大容量的主管道过滤器，除去从压缩机中带来的油雾和空气中水分等杂质。过滤器必须保证最小的压降，并能除去压缩机中带来的油雾，以避免冷凝物在管道中的乳化作用，它有"标准过滤器"中的导流板。而装在外部的自动排水器能确保排出聚积的水。这种过滤器的滤芯一般是筒型快速更换滤芯。如有必要，可设初过滤和精过滤。

空气的过滤是气动系统中的重要环节。不同的场合，对压缩空气的过滤要求也不同。过滤器的作用是进一步滤除压缩空气中的杂质。有些过滤器常与干燥器、油水分离器等做成一体。因此，过滤器的形式很多，常用的过滤器有一次过滤器和二次过滤器。在要求高的特殊场合，可以使用高效过滤器，其滤灰效率大于 99%。

1）一次过滤器的滤灰效率为 50%～70%。

2）二次过滤器的滤灰效率为 70%～99%。

四、空气调节处理元件

将分水过滤器、减压阀和油雾器等组合在一起，称为空气调节处理元件。该组件可缩小外形尺寸，节省空间，便于维修和集中管理。

1. 分水过滤器

分水过滤器是分离水分、油分，过滤杂质的气动元件，属于二次过滤器，也称分水滤气器。（微课：1-6　分水过滤器）

普通分水过滤器如图 1-24 所示。其工作原理如下：从输入口进入的压缩空气被导流叶片导向，沿存水杯的四周产生强烈的旋转，空气中夹杂的较大的水滴、油滴等在离心力的作用下，从空气中分离出来，沉到杯底。气流通过滤芯时，气流中的灰尘及部分雾状水分被滤芯拦截滤去，较为洁净干燥的气体从输出口输出。

为防止气流的旋涡卷起存水杯中的积水，在滤芯的下方设置了挡水板。

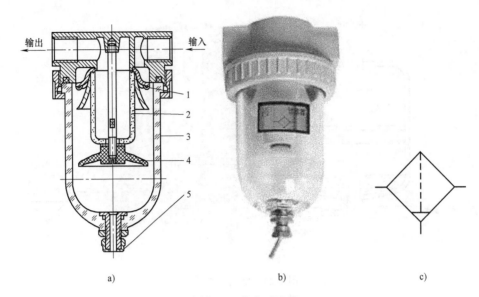

图 1-24 分水过滤器

a) 结构 b) 外形 c) 图形符号

1—导流叶片 2—滤芯 3—存水杯 4—挡水板 5—排水阀

为保证分水过滤器的正常工作，必须将污水通过手动排水阀 5 及时放掉。在某些人工排水不便的场合，可采用自动排水式分水过滤器。

存水杯由透明材料制成，以便于观察内部情况。滤芯多为铜颗粒烧结成形，耐高温耐冲洗且过滤性能稳定，当污泥过多时，可拆下用酒精清洗。此种过滤器应尽可能安装在能使空气中的水分变成液态或能防止液体进入的部位。它除可安装在气源系统中外，亦可安装在气动设备的压缩空气入口处。

2. 油雾器

油雾器是一种特殊的注油装置，其作用是以压缩空气为动力，把润滑油雾化以后注入气流中，并随气流进入需要润滑的部件（如换向阀和气缸的滑动部分），达到润滑的目的。（微课：1-7 油雾器）

如图 1-25 所示，该油雾器是通过压力差将油杯中的油吸起，经节流阀流入视油窗，从滴油器上方的小孔滴下后被高速气流雾化后随气流流入气动元件内，实现对气动元件的润滑。（动画：油雾器）

油雾器的供油量应根据气动设备的情况来确定。一般以 $10m^3$ 空气供给 $1cm^3$ 润滑油为宜。

油雾器安装在分水过滤器和减压阀之后，进出口方向不得反向，以免失去油雾功能，安装不能倾斜，以免油粘附在滴油器上，看不见油滴。

油雾器的安装位置应尽量靠近换向阀，与阀的距离一般不应超过 5m。

3. 气动三联件/二联件

在气动技术中，将分水过滤器、减压阀和油雾器三种气源处理元件组装在一起称为气动三联件，也称为气动三大件，如图 1-26 所示。（微课：1-8 气动三联件）

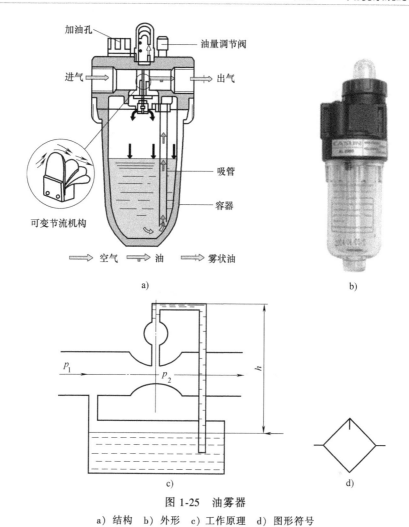

图 1-25　油雾器

a）结构　b）外形　c）工作原理　d）图形符号

其中，分水过滤器用于对气源的清洁，可过滤压缩空气中的水分、油分、灰尘，避免其随气体进入装置；减压阀可对气源进行稳压，使气源处于恒定状态，可减小因气源气压突变时对阀门或执行器等硬件的损伤；油雾器可对机体运动部件进行润滑，可以对不方便加润滑油的部件进行润滑，大大延长机体的使用寿命。

现在由于很多产品都可以做到无油润滑，所以三联件中油雾器的使用频率越来越低了，没有油雾器的时候三联件变为二联件。

五、气动辅助元件

根据气动设备的具体情况，有时还需要安装一些辅助元件，以解决润滑、噪声等问题。同时，气动系统的组成需要管道及各种接头来连接。解决润滑的油雾器在上述气动三联件中已介绍，接下来主要介绍消声器和管道系统。

1. 消声器

在执行元件完成动作后，压缩空气经换向阀的排气口排入大气。由于压力较高，一般排气速度接近声速，空气急剧膨胀，引起气体振动，产生强烈的排气噪声。排气速度和排气功

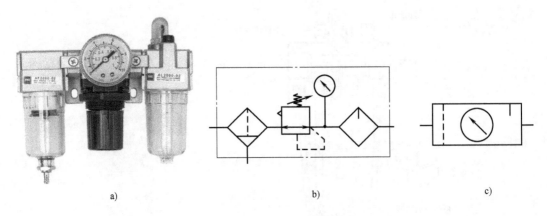

图 1-26　气动三联件

a）外形　b）图形符号　c）简化图形符号

率越大，噪声也越大，一般可达 80~120dB。噪声使得工作条件恶化，人体健康受到损害。车间噪声高于 75dB 时，都应该采取消声措施。（微课：1-9　消声器）

常用的消声器有如下几种：

（1）吸收型消声器　吸收型消声器通过聚苯乙烯或铜珠烧结成的多孔吸声材料吸收声音，如图 1-27 所示。消声原理是：当有压气体通过消声罩时，气流受阻，声能被部分吸收转化为热能，从而降低噪声强度。气动系统的排气噪声主要集中在中、高频。吸收型消声器结构简单，能很好地消除中、高频噪声，尤其是高频噪声，消声效果大于 20dB。

（2）膨胀干涉型消声器　膨胀干涉型消声器的原理是使气体膨胀互相干涉而消声。这种消声器呈管状，其直径比排气孔大得多，气流在里面膨胀、扩散、反射和相互干涉，从而减弱了噪声强度。这种消声器结构简单，排气阻力小，主要用于消除低、中频噪声，尤其是低频噪声。缺点是结构较大，不够紧凑。

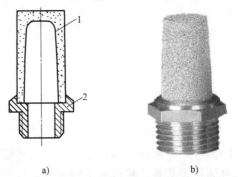

图 1-27　吸收型消声器

a）结构　b）外形

1—消声罩　2—连接螺钉

（3）膨胀干涉吸收型消声器　这种消声器是前两种消声器的组合应用，其结构如图 1-28 所示。在消声套内壁敷设吸声材料，气流从斜孔引入，在 A 室扩散、减速，并被器壁反射到 B 室，气流束相互撞击、干涉，进一步减速而使噪声减弱。然后气流再经消声材料及消声套上的孔，排入大气时噪声再次被削弱。这种消声器的效果较前两种好，低频可消声20dB，高频可消声45dB。

消声器的图形符号如图 1-29 所示。

2. 管道系统

（1）管道连接件　管道连接件包括管子和各种管接头。有了管子和各种管接头，才能

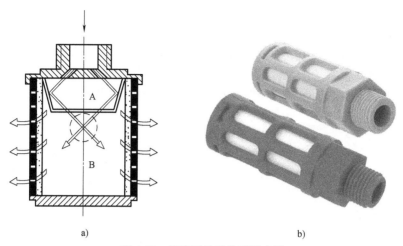

图 1-28　膨胀干涉吸收型消声器

a）结构　b）外形

把气动控制元件、执行元件以及辅助元件等连接成一个完整的气
动控制系统，因此，实际应用中，管道连接件是不可缺少的。

图 1-29　消声器图形符号

管子可分为硬管和软管两种。硬管有铁管、铜管、黄铜管、
纯铜管和硬塑料管等；软管有塑料管、尼龙管、橡胶管、金属编
织塑料管以及挠性金属导管等。

总气管和支气管等一些固定不动的、不需要经常装拆的地方，使用硬管。连接运动部件
和临时使用、希望装拆方便的管路使用软管。

1）气管。在气压传动装置与气压传动控制系统中，将气动元件之间、气动装置之间相
互连接起来的能耐受一定气体压力的管子，称为气管（见图 1-30）。

选择正确的气管连接气动工具，能显著提高生产效率、能源效率、工具的使用寿命和降
低维修成本。根据气动工具的使用环境选择不同材质的气管，根据气动工具的耗气量、运行
速度选择管径合适的气管，气流速度可以在 8～20m/s 之间。在不影响使用的前提下，气管
的连接距离越短压降越小，效率越高。必须延长气管距离时，每延长 5m 气管管径就需要增
加一个等级。

2）软管接头。软管接头介于管路和元件之间，起连接作用，分为快插式管接头、快换
式管接头、快拧式管接头、宝塔式管接头。

图 1-30　不同材质的气管

a）PVC 管　b）聚氨酯管　c）橡胶管

① 快插式管接头（见图 1-31）常用于气动回路中 PVC 管和聚氨酯管的连接。使用时，
将管子插入后，由管接头中的弹性卡环将其自行咬合固定，并由 O 形圈密封。卸管时只需

将弹性卡环压下，即可方便地拔出管子。快插式管接头种类繁多，尺寸系列也十分齐全，是软管接头中应用最广的一种。

② 快换式管接头（见图1-32）是一种既不需要工具又能实现快速拆卸的管接头，在需要经常拆装的管路中尤为适用。快换式管接头内部常有单向元件，接头相互连接时靠钢球定位，两侧气路接通；接头卸开，气路即断开，不再需要装气源开关。

图 1-31 快插式管接头

图 1-32 快换式管接头

③ 快拧式管接头（见图1-33）其结构在接头的外锥面上有圆弧形凸台，接管时将软管套在接头的外锥面上拧紧螺母，即可起到密封作用。适用于 PVC 管的连接。

④ 宝塔式管接头（见图1-34）适用于 PVC 管和橡胶管，当工作压力大于 0.4MPa 时，需要用卡箍或金属丝将软管扎紧。

图 1-33 快拧式管接头

图 1-34 宝塔式管接头

（2）管道系统的布置原则　管道系统布置原则见表1-4。

表 1-4　管道系统布置原则

管道名称及功能	布置原则
所有管道系统	根据现场实际情况因地制宜安排，尽量与其他管网（如水、煤气、暖气等管道）、电线等统一协调布置 必须用最大耗气量或流量来确定管道的尺寸，并考虑到管道系统中的压降

（续）

管道名称及功能	布置原则
车间内部干线管道	应沿墙或柱顺气流流动方向向下倾斜3°~5°,在主干管道和支管终点(最低点)设置集水罐,定期排放积水、污物等,如图1-35所示
沿墙或柱接出的支管	必须在主管的上部采用大角度拐弯后再向下引出。在离地面1.2~1.5m处,接入一个配气器。在配气器两侧接支管引入用气设备,配气器下面设置防水排污装置,如图1-35所示
压缩空气管道	为防止腐蚀、便于识别,应刷防锈漆并涂以规定标记颜色的调和漆
供气管道	如遇管道较长,可在靠近用气点安装一个适当的储气罐,以满足大的间断供气量,避免过大的压降 为保证可靠供气,可采用多种供气网络,如单树枝状、双树枝状、环形管网等

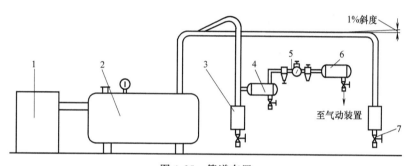

图1-35　管道布置
1—空气压缩机　2—储气罐　3—凝液收集管　4—中间储罐
5—气动三联件　6—系统用储气罐　7—排放阀

任 务 实 践

结合知识认知内容,气动剪气动回路中的气源装置、空气调节处理元件及辅助元件标注如图1-36所示。

气动剪气动回路中的气动元件及功能见表1-5。

表1-5　气动剪气动回路中的气动元件及功能

组成	包括元件	功能
气源装置	空气压缩机	在电动机的驱动下,把机械能转换成压力能,将自然界中1个大气压的空气进行压缩
	后冷却器	将空气压缩机出口的高温压缩空气冷却到40℃以下,使其中的水分和油雾冷凝成液态水滴和油滴,以便将它们除去
	油水分离器	将压缩空气中凝聚的水分和油分等杂质分离出来,使压缩空气得到初步净化
	储气罐	储存压缩空气;消除压力波动;依靠绝热膨胀和自然冷却降温,进一步分离压缩空气中的水分和油分
控制元件	气控换向阀	通过控制压缩空气方向达到控制执行元件运动方向的目的
	行程阀	

（续）

组成	包括元件	功能
执行元件	气缸	将压力能转化成剪切钢板的机械能
空气调节处理元件	分水过滤器	分离水分，过滤灰尘、杂质
	减压阀	调节压力，稳定压力
	油雾器	将液态润滑油雾化成细微的油雾，随气流输送到滑动部位，达到润滑元件的目的
辅助元件	管路	将各气动元件连接起来，使系统形成封闭回路
	管接头	

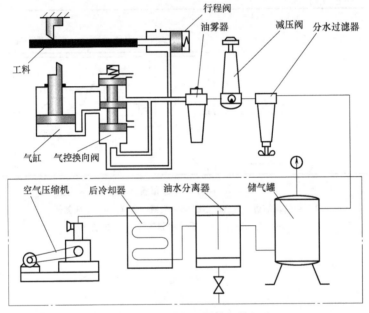

图 1-36　气动剪气动回路元件标注

任务 1-3　气动剪气动回路的构建与分析

（任务引入：）>>>>

试设计出图 1-8 所示气动剪的气动回路图，并加以分析。

（任务分析：）>>>>

动刀 12 的动作是利用气缸驱动，气缸的运动方向控制了动刀的上、下运动方向，而气缸运动又是通过压缩空气的流动方向进行控制的，这种利用压缩空气的流动对外做功的元件被称为气动执行元件；另外，控制冲头运动方向就要控制气缸的运动方向，而这需要控制压缩空气的流动方向。如何选择相应的气动元件组成气动剪系统，根据什么规则绘制气动剪气动回路图，如何分析气动剪气动回路图等内容都是本单元学习任务要解决的问题。

学习目标:

知识目标:

1)掌握气动执行元件(单作用气缸)的结构、工作原理及图形符号。

2)掌握气动控制元件(二位三通手动阀)的作用、结构、工作原理及图形符号。

3)理解并掌握气动剪气动回路的构成及工作原理。

能力目标:

1)能绘制气动执行元件和控制元件的图形符号。

2)能识别气动剪控制回路中各个元件的名称及作用。

3)能分析气动剪气动回路的工作原理。

理 论 资 讯

一、单作用气缸

从图1-8气动剪机械结构图可看出气缸是气动执行元件的一种,做直线往复运动。气缸可分为单作用气缸和双作用气缸两种。单作用气缸利用压缩空气输出一个方向的运动,另一个方向的运动靠弹簧力或外力实现,如图1-37所示。

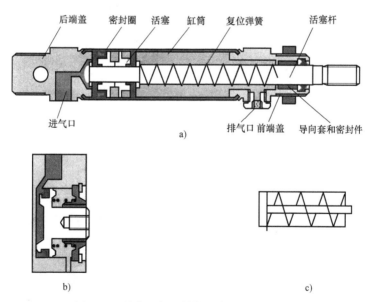

图 1-37 单作用气缸结构示意图和图形符号

a)长行程结构 b)短行程结构 c)图形符号

压缩空气从左进气口进入气缸时,作用在活塞的左端面,产生向右的推力。当推力大于活塞右端的弹簧力和摩擦力时,则活塞向右移动,活塞杆伸出;当左进气口与大气接通时,则活塞在弹簧力的作用下向左运动,使活塞杆返回初始位置。(微课:2-1 单作用气缸)

二、二位三通手动阀（微课：1-10　二位三通按钮阀解析）

1. 气动控制元件

在气压传动和控制系统中，气动控制元件用来控制和调节压缩空气的压力、流量、流动方向，使气动执行机构获得必要的作用力、动作速度和改变运动方向，并按规定的程序工作。

气动控制元件按作用可分为压力控制阀、流量控制阀和方向控制阀三大类。控制和调节压缩空气压力的元件称为压力控制阀。控制和调节压缩空气流量的元件称为流量控制阀。改变和控制气流方向的元件称为方向控制阀。

2. 方向控制阀

方向控制阀是气动系统中应用最广泛的一类阀。在各类方向控制阀中，可根据阀内气流的流通方向分为单向型方向控制阀和换向型方向控制阀两大类。

单向型方向控制阀只允许气流沿一个方向流动，如单向阀、梭阀、双压阀和快速排气阀等。

换向型方向控制阀控制气流通、断及流动方向，简称换向阀。按控制方式可分为电磁控制、气压控制、人力控制和机械控制。

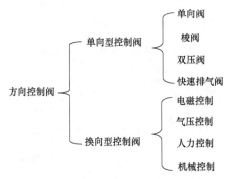

（1）电磁控制　利用电磁线圈通电时静铁心对动铁心产生电磁吸引力使阀芯切换以改变气流方向的阀，称为电磁控制换向阀，简称电磁阀。

（2）气压控制　用气压来获得轴向力使阀芯迅速移动换向的操作方式称为气压控制。

（3）人力控制　用人力来获得轴向力使阀芯迅速移动换向的控制方式称为人力控制。

（4）机械控制　用机械力来获得轴向力使阀芯迅速移动换向的控制方式称为机械控制。

3. 换向阀的"位"与"通"

"位"和"通"是换向阀的重要概念。不同的"位"和"通"构成了不同类型的气动换向阀。

（1）"位"的含义　"位"是指换向阀的工作位置。换向阀的工作位置指换向阀的切换状态，有几个切换状态就称为有几个工作位置，简称为几位阀。例如，有两个工作位置简称二位阀，有三个工作位置简称三位阀。

在图形符号上代表阀体的正方形（内有箭头或"┳"符号）有几个就是几位。每一个工作位置用一个正方形表示，如二位阀用 2 个正方形"▢▢"表示，三位阀用 3 个正方形"▢▢▢"表示，具体实例可见图 1-38。

（2）"通"的含义 阀的接口（包括排气口）称为"通"。换向阀通路接口的数量是指阀的输入口、输出口和排气口累计后的总数，不包括控制口数量。有几个接口就称为有几"通"。常见的阀有"二通""三通""四通""五通"。阀的接口可用字母表示，也可用数字表示（须符合 ISO 标准）。两个接口相通用"↑"或"↓"表示，气流不通用"⊤"表示。

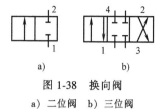

图 1-38 换向阀
a）二位阀 b）三位阀

在图形符号上，几"通"代表在其中的一个正方形上有几个点（和箭头线还有"⊤"线相交的点）。

（3）图形符号含义 图形符号的含义一般如下：

1）用方框表示阀的工作位置，有几个方框就表示有几"位"。

2）方框内的箭头表示气路处于接通状态，但箭头方向不一定表示气流的实际流动方向。

3）方框内符号"⊥"或"⊤"表示该通路不通。

4）方框外部连接的接口数有几个，就表示几"通"。

5）换向阀进气口通常用字母 P（数字 1）表示，出气口用 A、B（数字 2、4）表示，排气口用 R、S（数字 3、5）表示。

6）绘制换向阀系统图时，气路通常绘在常态位方框内。

7）换向阀有两个及以上位置时，必然有一个常态位，即阀芯未受到操纵力时的位置。二位阀常态位为靠近弹簧的方框，三位阀常态位为中间方框。

（4）换向阀命名示例 换向阀工作位置与通路接口的表示方法见表 1-6。

表 1-6 换向阀工作位置与通路接口的表示方法

名称	二位换向阀					
	二位二通阀		二位三通阀		二位四通阀	二位五通阀
	常闭式	常开式	常闭式	常开式		
符号	![二位二通阀常闭式]	![二位二通阀常开式]	![二位三通阀常闭式]	![二位三通阀常开式]	![二位四通阀]	![二位五通阀]

名称	三位四通换向阀		
	中位封闭式（O型）	中位泄压式（Y型）	中位加压式（P型）
符号	![三位四通中位封闭式]	![三位四通中位泄压式]	![三位四通中位加压式]

名称	三位五通换向阀		
	中位封闭式（O型）	中位泄压式（Y型）	中位加压式（P型）
符号	![三位五通中位封闭式]	![三位五通中位泄压式]	![三位五通中位加压式]

（5）常开式与常闭式换向阀

1）常开式换向阀：在未驱动状态下，输入口（1）与输出口（2）相通的二位三通换向阀被称为常开式换向阀，如图1-39所示。该换向阀有多种驱动方式，如手控、机控、气控和电控。为满足这些驱动方式要求，控制部分的结构可灵活设计。

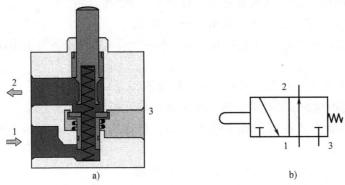

图1-39　常开式二位三通换向阀
a）原理图　b）图形符号

2）常闭式换向阀：在未驱动状态下，输入口（1）与输出口（2）不相通的二位三通换向阀被称为常闭式换向阀，如图1-40所示。

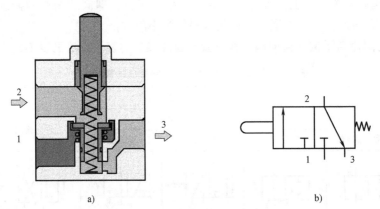

图1-40　常闭式二位三通换向阀
a）原理图　b）图形符号

（6）换向阀的字符含义　换向阀中接口字符的含义见表1-7。

表1-7　换向阀的字符含义

接　　口	DIN ISO 5599	字母符号系统
压缩空气输入口	1	P
一个排气口	3	R(3/2阀)
多个排气口	5、3	R、S(3/2阀)
信号输出口	2、4	B、A
使1至2导通的控制接口	12	Z(单气控3/2阀)
使2至3导通的控制接口	10	Y(双气控3/2阀)

（续）

接　　口	DIN ISO 5599	字母符号系统
使 1 至 2 导通的控制接口	12	Y(5/2 阀)
使 1 至 4 导通的控制接口	14	Z(5/2 阀)
使阀门关闭的控制接口	10	Z、Y
辅助控制管路	81、91	PZ

4. 人力控制换向阀

靠手或脚使阀芯换向的阀称为人力控制换向阀。

人力控制换向阀与其他控制方式相比，使用频率较低、动作速度较慢。因操作力不大，故阀的通径小、操作灵活，可按人的意志随时改变控制对象的状态，可实现远距离控制。

人力控制换向阀在手动、半自动和自动控制系统中得到广泛的应用。在手动气动系统中，一般直接操纵气动执行机构；在半自动和自动系统中，多作为信号阀使用。

人力控制阀的主体部分与气控阀类似，按其操纵方式可分为手动阀和脚踏阀两类。

（1）手动阀　手动阀的头部结构有按钮式、蘑菇头式、旋钮式、拨动式、锁定式等，如图 1-41 所示。

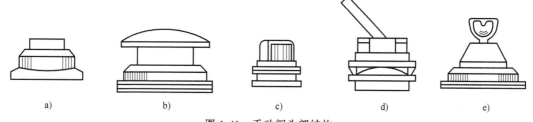

图 1-41　手动阀头部结构

a）按钮式　b）蘑菇头式　c）旋钮式　d）拨动式　e）锁定式

手动阀的操作力不宜太大，故常采用长手柄以减小操作力，或者阀芯采用气压平衡结构，以减小气压作用面积。

图 1-42 是二位三通手动阀的工作原理图。如图 1-42a 所示，阀芯没有被按下时，输入口 P 不通，输出口 A 与排气口 R 相通；如图 1-42b 所示，若用手按下阀芯，则输入口 P 与输出口 A 相通，排气口 R 不通。（动画：二位三通手动阀）

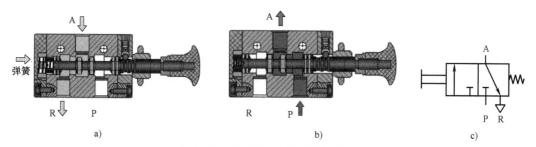

图 1-42　二位三通手动阀工作原理

a）松开阀芯　b）压下阀芯　c）图形符号

　　按钮式、蘑菇头式等手动阀操作不具有定位功能，采用弹簧复位，即外力除去后在弹簧作用力下能自动复位。

　　图 1-43 是推拉式手动阀的工作原理图。如图 1-43a 所示，用手拉起阀芯，则输入口 P 与输出口 B 相通，输出口 A 与排气口 R 相通；如图 1-43b 所示，若将阀芯压下，则输入口 P 与输出口 A 相通，输出口 B 与排气口 S 相通。

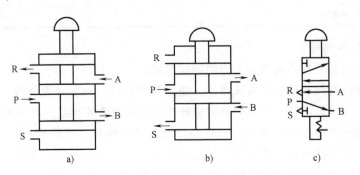

图 1-43　推拉式手动阀工作原理

a) 拉起阀芯　b) 压下阀芯　c) 图形符号

　　旋钮式、锁定式、推拉式等操作具有定位功能，即操作力除去后能保持阀的工作状态不变。图形符号上的缺口数便表示有几个定位位置，如图 1-43c 所示。

　　手动阀除弹簧复位外，也有采用气压复位的，好处是具有记忆性，即不加气压信号，阀能保持原位而不复位。

　　（2）脚踏阀　在半自动气控冲床上，由于操作者两只手需要装卸工件，为提高生产效率，用脚踏阀控制供气更为方便，特别是操作者坐着操作的冲床。

　　脚踏阀有单板脚踏阀和双板脚踏阀两种。单板脚踏阀是脚一踏下便进行切换，脚一离开便恢复到原位，即只有两位。双板脚踏阀有两位式和三位式之分。两位式的动作是踏下踏板后，脚离开，阀不复位，直到踏下另一踏板后阀才复位。三位式有三个动作位置，脚没有踏下时，两边踏板处于水平位置，为中间状态；踏下任一边的踏板，阀被切换，待脚一离开又立即恢复到中间状态。

　　图 1-44 所示为脚踏阀的结构示意图及头部控制图形符号。

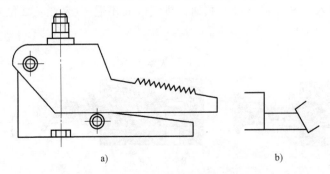

图 1-44　脚踏阀的结构示意图及头部控制图形符号

a) 结构示意图　b) 头部控制图形符号

三、气动回路的绘制

1. 气动回路的图形表示法

工程上，气动系统回路图是由气动元件图形符号组合而成。以气动图形符号所绘制的回路图可分为定位和不定位两种表示法。

定位回路图以系统中元件实际的安装位置绘制，如图 1-45 所示，这种方法使工程技术人员容易看出阀的安装位置，便于维修保养。

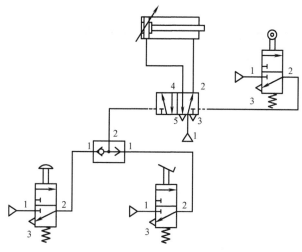

图 1-45　定位回路图

不定位回路图不按元件的实际位置绘制，气动回路图根据信号流动方向，从下向上绘制，各元件按其功能分类排列，顺序依次为气源系统、信号输入元件、信号处理元件、控制元件、执行元件，如图 1-46 所示。

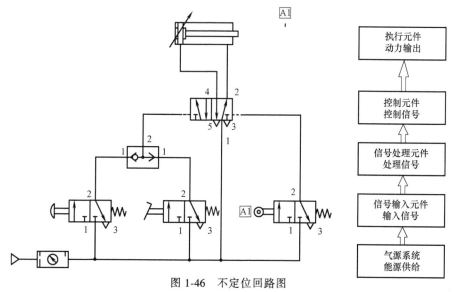

图 1-46　不定位回路图

2. 绘制回路图的要点

1）回路图中的信号流向是从下向上的。

2）气源可以用简化形式画出。

3）图中不考虑实际元件的排列。

4）尽可能将气缸和方向控制阀门水平绘制，气缸运动方向是从左往右。

5）安装时使用的所有元件要与回路中元件的名称标记一致。

6）用标记表示输入信号（如限位阀）。如果信号是单方向的，就在标记上加一个箭头（见图 1-47）。

7）图中每个元件处于控制的初始位置。已经被启动而动作的元件用带阴影线的凸起部分或箭头加以区分（见图 1-48）。

8）在画管道线时尽可能用直线，不要交叉，连接处用一个点表示（见图 1-49）。

9）在气动回路中，通常工作管路用实线表示，控制管路用虚线表示。而在复杂的气动回路中，为保持图面清晰，控制管路也可以用实线表示。管路尽可能画成直线，避免交叉。

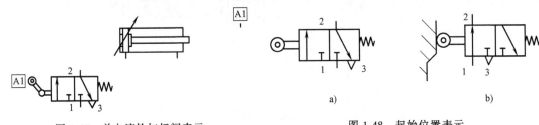

图 1-47　单向滚轮杠杆阀表示

图 1-48　起始位置表示

a）正常位置　b）起始位置

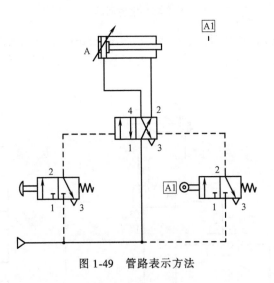

图 1-49　管路表示方法

任　务　实　践

一、气动剪气动回路设计

1. 确定元件

气动剪气动回路构建所需元件见表 1-8。

表 1-8　元件清单

序号	元件编号	元件名称	图形符号
1	0.1	气动二联件	
2	1.2	二位三通手动阀	
3	1.0	单作用气缸	

由前面的学习可知，气动系统是由气源、空气调节处理元件、控制元件、执行元件和辅助元件组成的。因此，完成此系统，首先需要气源，空气调节处理元件选择气动二联件或气动三联件。其次，根据气动剪的工作特性，选择单作用气缸作为执行元件。由于单作用气缸只有一个气口需要控制，因此选择具有一个输出口的二位三通手动换向阀进行控制。最后通过管路等气动辅助元件，将各元件组成封闭系统。（微课：1-11　气动剪回路构建与控制）

2. 气动回路图

结合知识认知内容，按照气动回路绘制方法，气动剪回路绘制如图 1-50 所示。

二、气动剪气动回路分析

气动剪回路工作原理：单作用气缸 1.0 活塞杆的初始位置为缩回状态。

打开气源，按动二位三通手动阀 1.2，二位三通手动阀 1.2 阀芯工作位置切换至左位。压缩空气从气源 0 经过气动二联件 0.1，经过二位三通手动阀 1.2 输入口 1，到达二位三通手动阀输出口 2，到达单作用气缸 1.0 无杆腔，克服气缸弹簧力，使得活塞杆向右伸出。

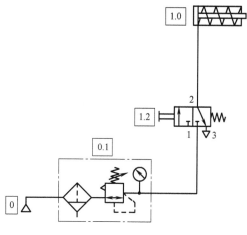

图 1-50　气动剪气动回路

松开二位三通手动阀 1.2，二位三通手动阀 1.2 阀芯工作位置在弹簧作用下切换至右位。单作用气缸 1.0 无杆腔中的压缩空气经过二位三通手动阀 1.2 输出口 2，到达二位三通手动阀排气口 3，排至大气中。单作用气缸 1.0 活塞杆向左缩回。（微课：气动剪回路仿真）

任务 1-4　气动剪气动回路仿真——气动仿真软件使用

任务引入：▶▶▶

参见图 1-50 所示的气动剪气动回路图，请借助气动仿真软件 FluidSIM-P 来绘制气动剪回路图和仿真该回路图，并借助单步仿真来分析气缸活塞杆的伸出和缩回工作过程。

任务分析： >>>

要想使用气动仿真软件，必须了解和认识气动仿真软件 FluidSIM-P：该软件有什么功能？有什么特点？如何使用该软件进行绘制气动回路图？如何进行气动回路的仿真和单步仿真？因此要想进行气动剪回路的仿真，有必要对这些问题进行学习和了解。

学习目标： >>>

知识目标：

1）了解 FluidSIM 软件的界面组成。

2）掌握换向阀的设置。

3）掌握气动回路的绘制及仿真方法。

能力目标：

1）能够使用 FluidSIM-P 软件绘制气动回路图。

2）能够使用 FluidSIM-P 软件仿真气动回路。

3）能够根据仿真状态理解气动回路的工作原理。

理 论 资 讯

一、FluidSIM 软件简介

FluidSIM 软件由德国 FESTO 公司 Didactic 教学部门和帕德博恩（Paderborn）大学联合开发，是专门用于液压与气压传动的教学软件。FluidSIM 软件分为两个软件，其中 FluidSIM-H 用于液压传动教学，而 FluidSIM-P 用于气压传动教学。

FluidSIM 软件的主要特征：

（1）CAD 功能和仿真功能紧密联系在一起　FluidSIM 软件符合 DIN 电气-气压（液压）回路图绘制标准，CAD 功能是专门针对流体而特殊设计的，例如在绘图过程中，FluidSIM 软件将检查各元件之间连接是否可行。最重要的是可对基于元件物理模型的回路图进行实际仿真，并有元件的状态图显示，这样就使回路图绘制和相应气压（液压）系统仿真相一致，从而能够在设计完回路后，验证设计的正确性，并演示回路的动作过程。

（2）系统学习的概念　FluidSIM 软件可用来自学或进行多媒体教学。气压（液压）元件可以通过文本说明、图形以及介绍其工作原理的动画来描述；各种练习和教学视频讲授了重要回路和气压（液压）元件的使用方法。

（3）可设计和液压气动回路相配套的电气控制回路　弥补了以前液压与气动教学中，学生只见气压（液压）回路不见电气回路，从而不明白各种开关和阀动作过程的弊病。电气-气压（液压）回路同时设计与仿真，提高了学生对电气动、电液压的认识和实际应用能力。

FluidSIM 软件用户界面直观，采用类似画图软件的图形操作界面，拖拉图标进行设计，面向对象设置参数，易于学习，用户可以很快地学会绘制电气-气压（液压）回路图，并对其进行仿真。

二、FluidSIM 软件使用（微课：1-12　气动仿真软件使用）

1. 新建回路图

单击新建图标 🗋 或在"文件"菜单下执行"新建"命令，新建空白绘图区域，以打开一个新窗口，如图 1-51 所示，每个新建绘图区域都自动含有一个文件名，且可按文件名进行保存。这个文件名显示在新窗口标题栏上。通过元件库右边的滚动条，用户可以浏览元件。

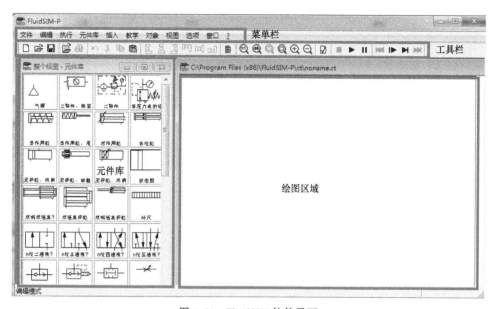

图 1-51　FluidSIM 软件界面

窗口左边显示出 FluidSIM 软件的元件库，包括新建回路图所需的气动元件和电气元件。窗口顶部的菜单栏列出了仿真和创建回路图所需的功能，工具栏给出了常用菜单功能。

（1）菜单栏中"教学"菜单　FluidSIM 软件支持气动技术教学，这些知识以文本、图片、剖视图、练习和教学影片的形式给出。在"教学"菜单下，通过选定教学资料，可找到相应功能。选择当前窗口的元件，如图 1-52 所示，从主题列表中选择教学资料。在"教学"菜单下，"气动技术基础"、"工作原理"和"练习"三个命令构成了 FluidSIM 软件的教学资料，如图 1-53 所示。

（2）气动技术基础　此命令含有介绍气动技术的图片、元件剖视图和回路图动画，对气动技术教学有帮助。这里，可以找到关于某些主题的信息，如图形符号表示法及其意义、指定元件动画和说明单个元件之间相互作用的简单回路图。在"教学"菜单下执行"气动技术基础"命令，弹出如图 1-54 所示对话框，同样，执行"工作原理"命令，弹出如图 1-55 所示对话框。

（3）工具栏　工具栏包括下列九组功能：

1）新建、浏览、打开和保存回路图 🗋 🗐 🗁 🖫。

2）打印窗口内容，如回路图和元件图片 🖨。

3）编辑回路图 ↩ ✂ 📋 📄。

4）调整元件位置 🔳 🔳 🔳 🔳 🔳 🔳。

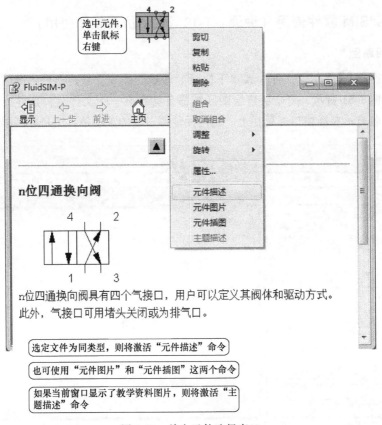

图 1-52 单个元件选择窗口

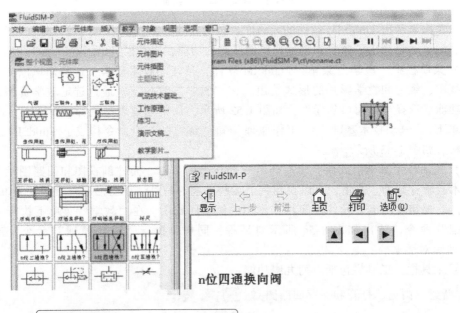

图 1-53 多媒体教学窗口

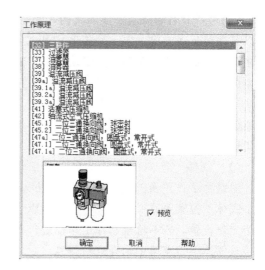

图 1-54 "气动技术基础"对话框   图 1-55 "工作原理"对话框

5）显示网格 。

6）缩放回路图、元件图片和其他窗口。

7）回路图检查。

8）仿真回路图，控制动画播放（基本功能）。

9）仿真回路图，控制动画播放（辅助功能）。

用户可以用鼠标从元件库中将元件"拖动"和"放置"在绘图区域上。以拖动气缸为例，方法如下：

将鼠标指针移动到元件库中的气缸上，按住鼠标左键将气缸移动到绘图区域，释放鼠标左键，则气缸就被放到绘图区域，如图 1-56 所示。

采用这种方法，可以从元件库中"拖动"每个元件，并将其放到绘图区域中的期望位置。按同样方法，也可以重新布置绘图区域中的元件。

2. 换向阀参数设置

将元件库中的 n 位三通换向阀和气源拖至绘图区域上。为确定换向阀驱动方式，双击换向阀，弹出"配置换向阀结构"对话框，如图 1-57 所示。

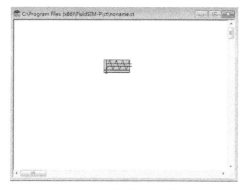

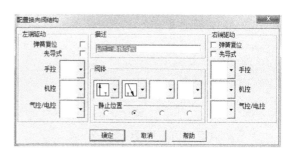

图 1-56 新建气缸元件   图 1-57 "配置换向阀结构"对话框

（1）左端/右端驱动 换向阀两端的驱动方式可以单独定义，可以是一种驱动方式，也可以是多种驱动方式，如"手控"、"机控"或"气控/电控"。单击驱动方式下拉菜单可以设置驱动方式；若不希望选择驱动方式，则应直接从驱动方式下拉菜单中选择空白符号。对于换向阀的每一端，都可以设置为"弹簧复位"。如图 1-58 所示，三通换向阀配置为二位三通手动阀，左端驱动选择"手控"，右端驱动勾选"弹簧复位"。

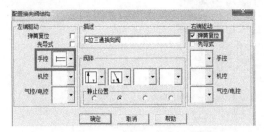

图 1-58　二位三通手动阀的配置

（2）阀体 换向阀最多具有四个工作位置，对每个工作位置来说，都可以单独选择。单击阀体下拉菜单选择图形符号，就可以设置每个工作位置。若不希望选择工作位置，则应直接从阀体下拉菜单中选择空白符号。

（3）静止位置 该选项用于定义换向阀的静止位置（有时也称为中位），静止位置是指换向阀不受任何驱动的工作位置。注意：只有当静止位置与弹簧复位设置相一致时，静止位置才有效。

3. 元件连接

在编辑模式下，当将鼠标指针移至气缸接口上时，其形状变为十字线圆点形式⬦。此时按下鼠标左键将指针移动到换向阀 2 口上，完成连接，如图 1-59 所示。

4. 气动回路仿真

单击 ▶ 按钮或在"执行"菜单下执行"启动"命令（或按功能键 F9），FluidSIM 软件切换到仿真模式，启动回路图仿真。当处于仿真模式时，鼠标指针形状变为手形✋。在仿真期间，FluidSIM 软件首先计算所有的电气参数，接着建立气动回路模型。基于所建模型，就可以计算气动回路中的压力和流量分布。根据回路复杂性和计算机性能，回路图仿真会花费不同的时间。计算出结果后，管路会用不同的颜色表示，且气缸活塞杆伸出，如图 1-60 所示。

电缆和管路的颜色有三种：暗蓝色，表示管路中有压力；淡蓝色，表示管路中无压力；淡红色，表示电缆中有电流流动。

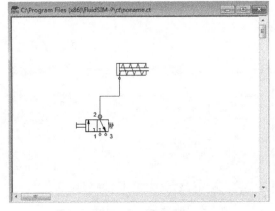

图 1-59　元件连接

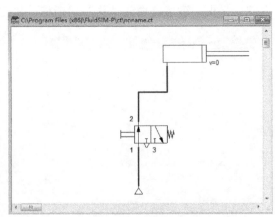

图 1-60　气缸仿真回路

用户对另一个回路图进行仿真时，可以不关闭当前回路图。FluidSIM 软件能够同时仿真多个回路图。

单击 ■ 按钮或在"执行"菜单下执行"停止"命令，可以将当前回路图由仿真模式切换到编辑模式。将回路图由仿真模式切换到编辑模式后，所有元件都将被置回"初始状态"。特别是当将开关置成初始位置以及将换向阀切换到静止位置时，气缸活塞将回到上一个位置，且删除所有计算值。

单击 ▮▮ 按钮或在"执行"菜单下执行"暂停"命令（或按功能键 F8），用户可以将编辑状态切换为仿真状态，但并不启动仿真。在启动仿真之前，若设置元件，则这个特征是有用的。

辅助仿真功能：

◀◀：复位和重新启动仿真。

▮▶：按单步模式仿真。

▶▮：仿真至系统状态变化。

任 务 实 践

一、气动剪气动回路绘制

1. 元件选择与布局

按照知识认知中的 FluidSIM 软件使用方法，打开 FluidSIM-P 软件，新建一个文件，把气动剪回路中的气源、气动二联件、n 位三通阀、单作用气缸等元件依次从元件库中拖到绘图区域，并进行元件的合理布局，如图 1-61 所示。

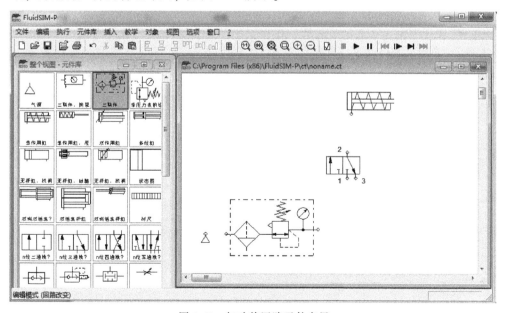

图 1-61　气动剪回路元件布局

2. 配置二位三通手动阀

双击 n 位三通阀，在"配置换向阀结构"对话框中配置成气动剪回路中的二位三通手动阀，如图 1-62 所示。

3. 元件连接

按照气动剪回路从下到上的顺序依次从气源连到气动二联件，从气动二联件连到二位三通手动阀的 1 口，从二位三通手动阀的 2 口连到单作用气缸。连接好的气动剪回路如图 1-63 所示。

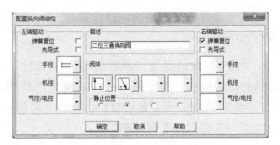

图 1-62　配置二位三通手动阀

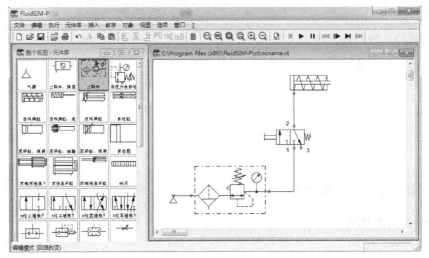

图 1-63　气动剪回路元件连接

4. 保存文件

单击 保存文件（或者在"文件"菜单中单击"保存"或"另存为"），出现"另存文件"对话框，自定义文件保存位置和文件名，保存类型"FluidSIM 软件回路图（＊.CT）"是不能改变的。单击"保存"即可，如图 1-64 所示。此时文件名和路径如图 1-65 所示。

图 1-64　"另存文件"对话框

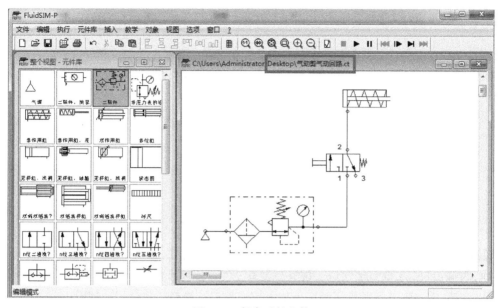

图 1-65　保存后的文件

二、气动剪气动回路仿真

单击 ▶ 启动仿真，如图 1-66 所示。

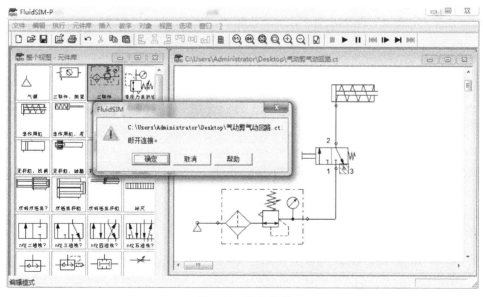

图 1-66　启动仿真

图中出现的对话框提示该气动剪回路断开连接，同时气动剪回路中二位三通手动阀的 3 口处有蓝色阴影（见图 1-67）。结合气动剪回路中的蓝色阴影标记，该提示对话框的含义实际表达的是二位三通手动阀的 3 口还未连接。读者要思考一下：二位三通手动阀的 3 口是什么口？应该连接到哪里？

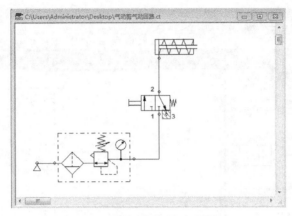

图 1-67　启动仿真提示对话框

通过对二位三通手动阀的了解和认知，我们知道二位三通阀有 3 个接口，1 口为输入口，2 口为输出口，3 口为排气口，排气口要跟大气相通。因此，双击二位三通手动阀的 3 口绿色圆圈位置，在"气接口端部"下的下拉选项中选择排气口标记，如图 1-68 所示。

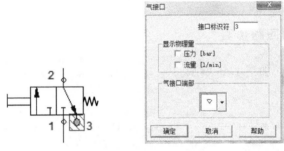

图 1-68　排气口设置

再次单击 ▶ 启动仿真，如图 1-69 所示。此时单作用气缸处于初始位置（缩回状态）。

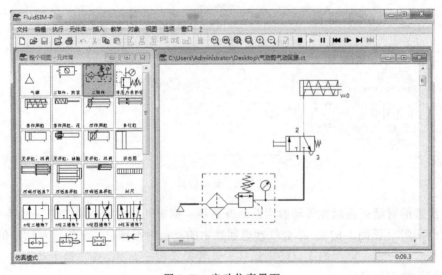

图 1-69　启动仿真界面

当鼠标移动到二位三通手动阀处时变成 ⚙ 形状，按住二位三通手动阀的左端，如图 1-70 所示。

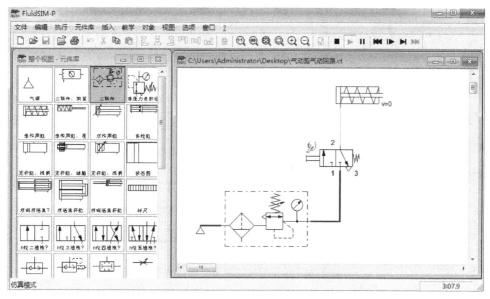

图 1-70　启动二位三通手动阀

此时，我们能看到单作用气缸活塞杆向右伸出，如图 1-71 所示。压缩空气从气源经过气动二联件，然后通过二位三通手动阀的左位，流向单作用气缸左端接口，单作用气缸活塞杆向右伸出。

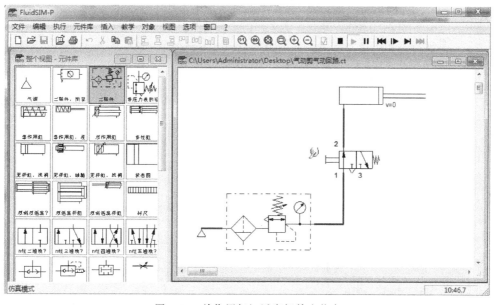

图 1-71　单作用气缸活塞杆伸出状态

松开二位三通手动阀，我们能看到单作用气缸活塞杆向左缩回（即回到初始状态），如图 1-72 所示。

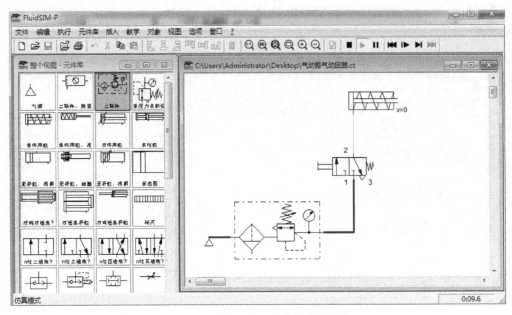

图 1-72　单作用气缸活塞杆缩回状态

三、气动剪气动回路单步仿真（视频：气动剪回路仿真）

单击 ▶ 执行单步仿真，单步仿真界面与启动仿真界面相同（见图 1-69）。
当鼠标移动到二位三通手动阀处时变成 形状，按下二位三通手动阀的左端
（因为二位三通手动阀不带锁定功能，所以需要同时按住键盘上的 Ctrl 键），二位三通手动
阀切换至左位，如图 1-73 所示。

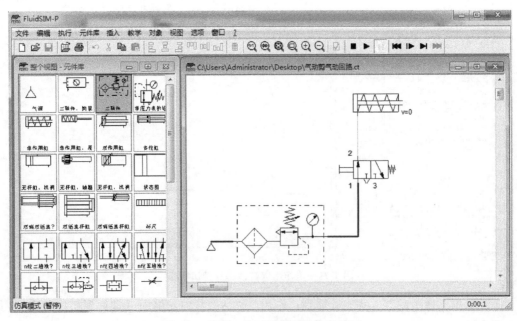

图 1-73　按下二位三通手动阀仿真界面

再次单击 ▮▶ 执行单步仿真，仿真界面如图 1-74 所示。

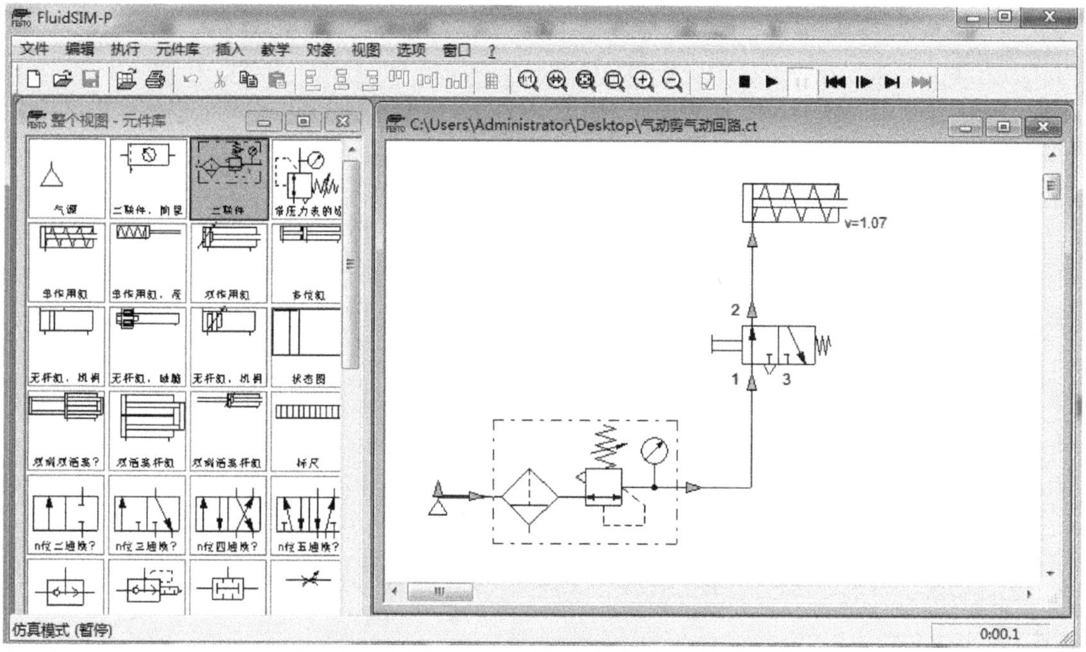

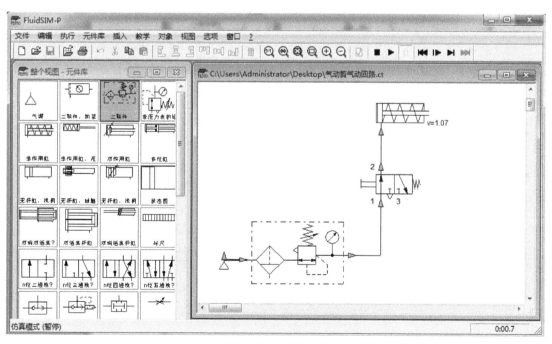

图 1-74　压缩空气进气流向仿真界面

在图 1-74 中，我们能明显看出压缩空气的进气流向（顺着箭头方向），压缩空气从气源经过气动二联件，然后通过二位三通手动阀的左位，流向单作用气缸左端接口。

接着单击 ▮▶ 执行单步仿真，单作用气缸活塞杆向右伸出一点，如图 1-75 所示。

图 1-75　单作用气缸活塞杆开始向右伸出

再接着单击 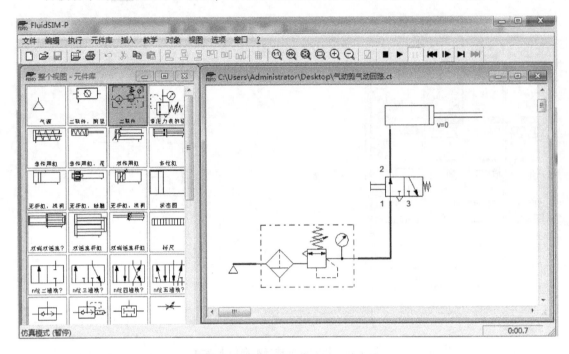 执行单步仿真，单作用气缸活塞杆完全伸出，如图 1-76 所示。

图 1-76　单作用气缸活塞杆完全伸出

松开二位三通手动阀（同时松开 Ctrl 键），此时二位三通手动阀在弹簧作用下切换至右位（初始位置），仿真界面如图 1-77 所示。

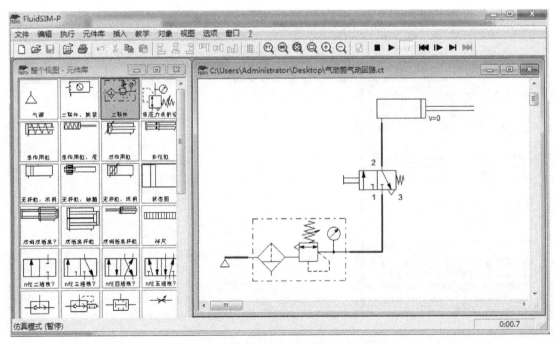

图 1-77　松开二位三通手动阀仿真界面

　　单击 ▮▶ 执行单步仿真，可看到压缩空气的排气流向（顺着箭头方向），压缩空气从单作用气缸左接口流向二位三通阀的右位，进而从其排气口 3 排入大气，如图 1-78 所示。

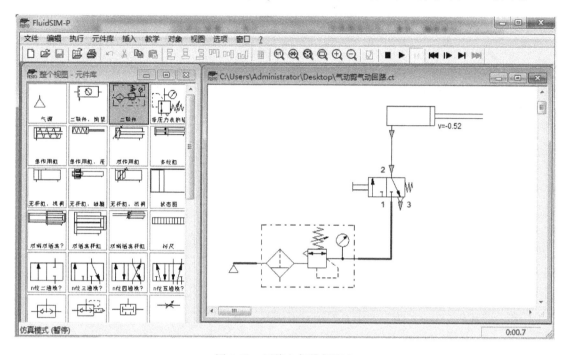

图 1-78　压缩空气排气流向

　　接着单击 ▮▶ 执行单步仿真，单作用气缸活塞杆向左缩回一点，如图 1-79 所示。

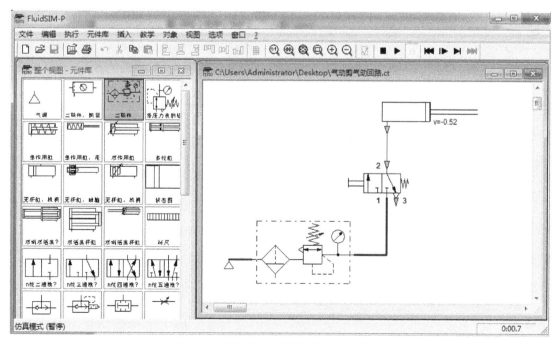

图 1-79　单作用气缸活塞杆开始向左缩回

再接着单击 ▶ 执行单步仿真，单作用气缸活塞杆完全缩回（回到初始状态），如图 1-80 所示。

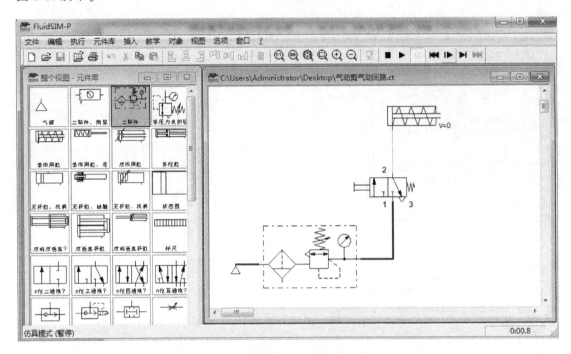

图 1-80 单作用气缸活塞杆完全缩回

最后单击 ■ 停止仿真，回路从仿真模式切换至编辑模式，如图 1-81 所示。

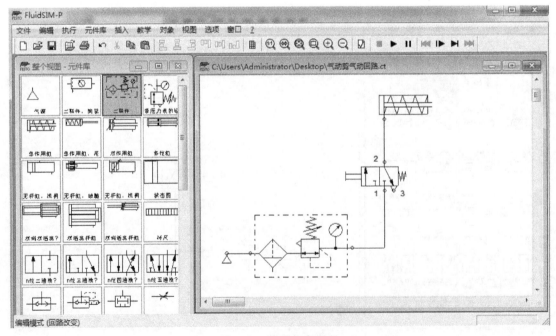

图 1-81 停止仿真界面

任务 1-5　气动剪气动回路的安装与调试

任务引入：

在任务 1-4 中，图 1-50 所示为根据气动剪功能设计出的气动剪气动回路图。我们已经借助气动仿真软件 FluidSIM-P 对气动剪回路图进行了绘制和仿真，对气动剪气动回路的工作原理也有了进一步的理解和掌握。请按照图 1-50 进行气动剪气动回路的元件识别、元件布局、回路连接和调试。

任务分析：

要想对气动剪气动回路进行安装和调试，首先要结合前面任务学习识别气动剪回路中的各个元件，其次要对元件进行合理布局，然后进行元件的连接，最后进行回路调试。那么气动元件如何进行合理布局？元件之间如何进行正确连接？回路连接好后如何进行调试？如何根据调试现象进行分析？以上内容都是完成本单元学习任务要解决的问题。

学习目标：

知识目标：
1）理解气源装置及各气动元件的工作原理。
2）理解并掌握气动剪气动回路的工作原理。
3）了解气动回路中元件的合理布局方法。

能力目标：
1）会使用气动实训装置。
2）能识别气动剪控制回路中各个元件的名称及作用。
3）能对气动剪气动回路进行安装和调试。

理 论 资 讯

一、气动剪气动回路元件识别与选用

气动剪气动回路图中元件识别与选用见表 1-9。

表 1-9　元件识别与选用

序号	元件编号	元件名称	图形符号	实物图
1	0	气源		
2	0.1	气动二联件		

（续）

序号	元件编号	元件名称	图形符号	实物图
3	1.2	二位三通手动阀		
4	1.0	单作用气缸		

二、气动剪气动回路元件布局

气动剪气动回路元件的布局原则上是按照气动剪回路从下到上的顺序进行合理布局，其中气源装置是每个实验台单独配一个，无须在实验台上体现，其他各元件在实验台上的建议安装位置如图 1-82 所示。

图 1-82　建议安装位置

三、气动剪气动回路元件连接（视频：气动剪回路安装与调试）

气动剪气动回路的元件连接是按照回路图从下到上、从左到右的顺序依次进行连接。如图 1-83 所示，用一根气管从气源 0 连到气动二联件 0.1 左端入口（图中序号①），第二根气管从气动二联件 0.1 右端出口连到二位三通手动阀 1.2 的输入口 1（图中序号②），第三根气管从二位三通手动阀 1.2 的输出口 2 连到单作用气缸 1.0 的左端接口（图中序号③）。

气动剪气动回路元件连接后应仔细检查气管与接口是否连接好、有无连接错误，检查无误后可以开始气动剪回路调试。

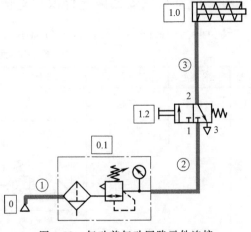

图 1-83　气动剪气动回路元件连接

四、气动剪气动回路调试

打开气源装置上面的电源开关和压力开关，如图 1-84 所示。空气压缩机开始工作，等空气压缩机停止工作后，同时观察气源装置上面的气源压力表（表针指示压力 0.5 ~ 0.8MPa），如图 1-85 所示，再打开图 1-84 所示的气源开关，此时压缩空气从气源装置输送到气动二联件的左入口。

按住二位三通手动阀 1.2，单作用气缸 1.0 活塞杆向右伸出；松开二位三通手动阀 1.2，单作用气缸 1.0 活塞杆向左缩回。

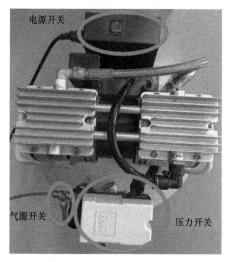

图 1-84　开启气源装置方法

图 1-85　气源压力表

任 务 实 践

一、气动剪气动回路安装与调试步骤

1）元件识别与选型。

2）将实验元件安装在实验台上，参照理论资讯中的元件布局方法进行安装。

3）参考气动剪气动回路图 1-50 用气管将元件连接可靠。

4）打开气源，启动二位三通手动阀，观察系统运行情况。

5）总结实验过程，完成任务工单。

二、主要元件安装与调整方法

主要元件安装与调整方法具体见表 1-10。

三、气动剪回路调试现象

1. 正常调试现象

打开气源：

表 1-10　主要元件安装与调整方法

序号	部分实验元件	安装与调整方法
1	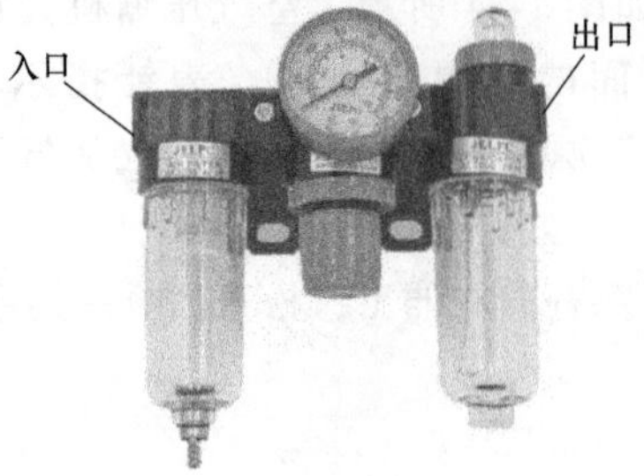 　入口　出口	取一根气管,一端与气源出口连接,另一端与左图气动三联件入口连接 取第二根气管,一端与气动三联件出口连接,另一端与二位三通手动阀的输入口1(P)连接 注意:插管时要用力插入
2	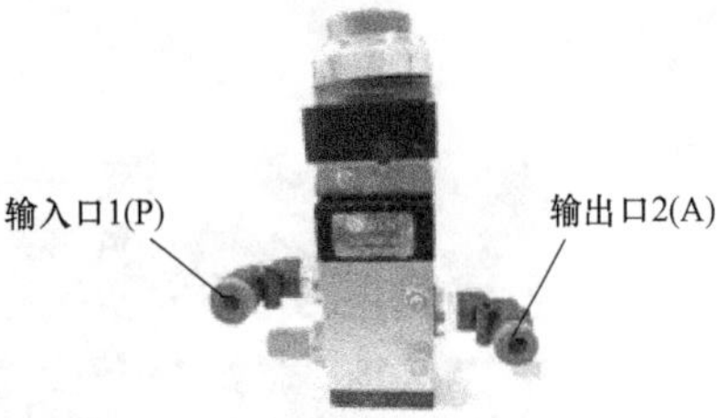 　输入口1(P)　输出口2(A)	取一根气管,一端与二位三通手动阀的输出口2(A)连接,另一端与单作用气缸左气口连接 注意:插管时要用力插入
3		连接方法见序号2

1）按住二位三通手动阀，单作用气缸活塞杆伸出。

2）松开二位三通手动阀，单作用气缸活塞杆缩回。

2. 故障现象

打开气源：

1）能听到气体排出的声音。

2）按住二位三通手动阀，单作用气缸活塞杆伸出。

3）松开二位三通手动阀，单作用气缸活塞杆仍保持伸出状态。

拓展思考：>>>

请结合气动剪气动回路的仿真，试分析上述故障现象的原因。

项目二

气动送料系统的构建与控制

项目介绍：

图 2-1 所示为气动送料装置，其功能是将阀门块件送到加工装置。按下按钮阀，双作用气缸 1.0 的活塞杆向前运动送料；当松开按钮阀时，活塞杆缩回。

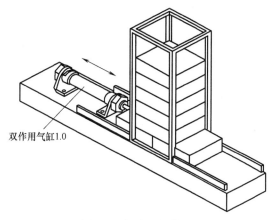

图 2-1　气动送料装置

任务 2-1　气压传动执行元件——气缸

任务引入：

在图 2-1 所示气动送料装置中，双作用气缸 1.0 是气动系统的哪一类元件？其功能和工作原理是什么？对于该元件型号如何选择呢？

任务分析：

气动送料装置的送料动作是利用气缸 1.0 驱动的，气缸的运动方向控制了气动送料装置的左、右运动方向，而气缸运动方向又是通过压缩空气的流动方向进行控制的。这种利用压缩空气的流动对外做功的元件称为气动执行元件，驱动送料运动的气缸是气动执行元件中的一个典型代表。

选择气缸型号时，必须确定气缸的主要参数，即缸径、活塞杆直径及行程等结构尺寸参数，这些需要结合实际工况通过计算来确定。要完成气缸型号的选择，必须了解气缸结构及基本参数的计算方法。

学习目标：>>>

知识目标：

1）了解气动执行元件的分类并会选用。

2）理解并掌握气缸的工作原理及图形符号。

能力目标：

1）能够识别气动执行元件并进行合理选用。

2）能够正确绘制气缸图形符号。

理 论 资 讯

一、气动执行元件

气动系统中将压缩空气的压力能转换成机械能的元件称为气动执行元件。

气动执行元件种类繁多，对初学者而言最简单、最易于分辨的分类方法是按照执行元件的运动轨迹将气动执行元件划分为气缸、摆动气缸、气动马达三类，其中应用最多的是气缸。

气缸的运动特点是做直线往复运动；摆动气缸的运动特点是在一定角度范围内做往复回转运动；气动马达的运动特点是做连续回转运动。

气动执行元件的分类如图 2-2 所示。

气动执行元件有如下特点：

1）与液压执行元件相比，气动执行元件的运动速度快、工作压力低，适用于低输出力的场合。能正常工作的环境温度范围宽，一般可在-35~80℃（有的甚至可达 200℃）的环境下正常工作。

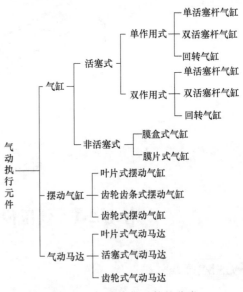

图 2-2 气动执行元件的分类

2）相对机械传动来说，气动执行元件的结构简单、制造成本低、维修方便，便于调节其输出力和速度的大小。另外，其安装方式、运动方向和执行元件的数目，又可根据机械装置的要求由设计者自由地选择。特别是随着制造技术的发展，气动执行元件已向模块化、标准化发展。借助于计算机数据传输技术发展起来的气动阀岛，使气动系统的接线大大简化。

这就为简化整个机械的结构设计和控制提供了有利条件。目前已有精密气动滑台、气动手指等功能部件构成的标准气动机械产品出售。

3）由于气体的可压缩性，气动执行元件在速度控制、抗负载影响等方面的性能劣于液压执行元件。当需要较精确地控制运动速度、减小负载变化对运动的影响时，常需要借助气动-液压联合装置等来实现。

二、气缸

气缸可按照气体作用方式划分为单作用气缸和双作用气缸两种。双作用气缸结构常见的有终端带缓冲和不带缓冲两种形式。

1. 单作用气缸结构及工作原理

单作用气缸是指利用压缩空气驱动气缸的活塞产生一个方向的运动，而活塞另一个方向运动靠弹簧力或其他外力驱动的气缸。（微课：2-1　单作用气缸）

图 2-3a 为单作用气缸的结构原理图，图 2-3b 为单作用气缸的图形符号。压缩空气从进气口进入气缸无杆腔，作用在活塞上产生向右的推力，当推力大于弹簧力和活塞的摩擦力时，气缸的活塞向右运动，活塞杆伸出；当进气口与大气相通时，活塞左腔的压缩空气排出，活塞在弹簧力的作用下向左运动，活塞杆缩回。

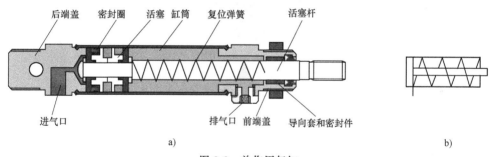

图 2-3　单作用气缸
a）结构原理图　b）图形符号

单作用气缸有如下特点：

1）由于单边进气，所以结构简单，耗气量小。

2）由于用弹簧复位，使压缩空气的能量有一部分用来克服弹簧的反作用力，因而减小了活塞杆的输出推力。

3）缸筒内因安装弹簧而减小了空间，缩短了活塞的有效行程。

4）气缸复位弹簧的弹力是随其变形的大小而变化的，因此活塞杆的推力和运动速度在行程中是变化的。

单作用活塞式气缸一般多用于短行程及对活塞杆推力、运动速度要求不高的场合，如定位和夹紧装置等。

2. 双作用气缸结构及工作原理

双作用气缸是指活塞两个方向的运动均由压缩空气来驱动的气缸。（微课：2-2　双作用气缸）

（1）不带缓冲的双作用气缸结构及工作原理　图 2-4 为不带缓冲的双作用气缸结构原理图。如图 2-4a 所示，当左接口与大气相通，压缩空气从右接口进入气缸有杆腔时，压缩空气作用在活塞面积和活塞杆面积差所形成的环形腔上产生向左的推力，当推力大于活塞的摩擦力时，气缸的活塞向左运动，活塞左腔的压缩空气排出，活塞杆缩回；如图 2-4b 所示，当压缩空气从左接口进入气缸无杆腔时，压缩空气作用在活塞上产生向右的推力，当推力大于活塞的摩擦力时，气缸的活塞向右运动，活塞杆伸出。

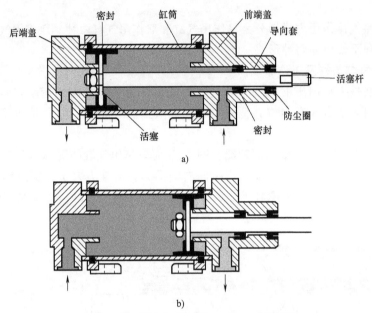

图 2-4　不带缓冲的双作用气缸结构原理图
a）右侧进气　b）左侧进气

（2）带缓冲的双作用气缸结构及工作原理　气缸的活塞在缸筒中做往复运动，为防止活塞在行程终端撞击缸盖，发生机械碰撞，造成机件变形、损坏及产生噪声，需在气缸运行到接近终端的位置进行缓冲。缓冲的方式很多，其中最常见的是活塞在接近行程终端前，借助排气受阻，使背腔形成一定的压力，反作用在活塞上使气缸运行速度降低。带缓冲的双作用气缸结构原理如图 2-5 所示。

当压缩空气从右接口进入气缸，压缩空气经过右侧的缓冲柱塞腔进入气缸右腔，作用在活塞的右面，产生向左的推力，活塞左行，活塞左腔的气体经缓冲柱塞腔从左接口排出。当活塞运动到接近行程终端时，即缓冲柱塞进入左侧的缓冲柱塞腔时，原排气通道被封堵，排气腔中的气体需经后端盖上节流阀的节流口排出。由于节流口与原排气通道相比，通流面积较小，排气不畅，压力升高，活塞进入缓冲行程，形成一个甚至高于工作气源压力的背压，使活塞向左运动的速度逐渐减慢。调节节流阀的开度，可控制气缸接近终端时活塞运动的速度，即可调节缓冲的效果。

3. 双作用气缸图形符号

常见双作用气缸图形符号见表 2-1。

4. 气缸型号表示方法

（1）单作用气缸型号的表示方法　单作用气缸型号的表示方法如图 2-6 所示。

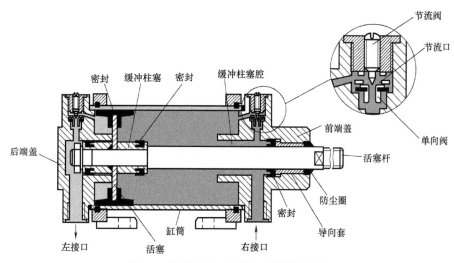

图 2-5 带缓冲的双作用气缸结构原理图

表 2-1 常见双作用气缸图形符号

名 称		图形符号
不带缓冲的双作用气缸	单活塞杆气缸	
	双活塞杆气缸	
带缓冲的双作用气缸	不可调缓冲气缸 单向缓冲	
	不可调缓冲气缸 双向缓冲	
	可调缓冲气缸 单向可调	
	可调缓冲气缸 双向可调	

以 SMC 公司生产的型号为 CDJ2B-12-50S-B 的气缸为例进行说明。

CDJ2B 表示产品型号，即内置磁环型，带一个磁性开关的气缸；12 表示气缸的缸径为 12mm；50 表示气缸行程为 50mm；S 表示单作用气缸为弹簧压出型；B 表示 1 个脚架的连接形式。

（2）双作用气缸型号的表示方法　双作用气缸型号的表示方法如图 2-7 所示。

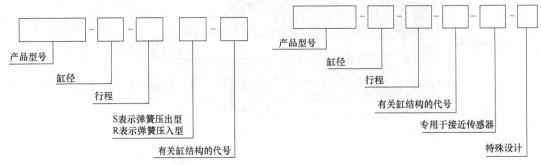

图 2-6　单作用气缸型号　　　　　　　　　　图 2-7　双作用气缸型号

以 FESTO 公司生产的型号为 DGS-32-80-PPV-A 的气缸为例进行说明。

DGS 表示活塞带磁环的双作用气缸；32 表示气缸的缸径为 32mm；80 表示气缸行程为 80mm；PPV 表示两端带可调式缓冲功能；A 表示在气缸上可安装接近开关。

5. 满足特定工况要求的气缸

除了前面学习到的单作用气缸、双作用气缸外，在工业应用中还有许多为满足特定工况要求的特殊形式的气缸。

（1）双活塞杆气缸　双活塞杆气缸是具有两个活塞杆的气缸，活塞两端气体作用面积相同，因此两个方向的输出力和输出的速度相同，如图 2-8 所示。

（2）无杆气缸　如图 2-9 所示，由于气缸没有活塞杆，节约安装空间，受力好，承载部件与活塞为刚性连接，故可传递较高的扭矩及径向载荷，导向性好，两个方向的作用力和速度相同。

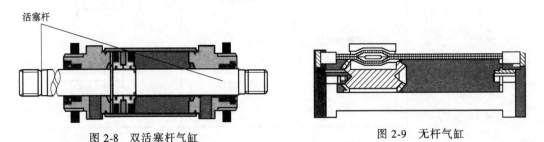

图 2-8　双活塞杆气缸　　　　　　　　　　　图 2-9　无杆气缸

（3）多级气缸　如图 2-10 所示，多级气缸将两个或多个气缸组装在一起，可实现多个准确的输出位置，可应用于闸阀控制、生产线分选等。

（4）串级气缸　如图 2-11 所示，串级气缸由两个以机械形式串联在一起的双作用气缸组成，用于行程较短、输出力要求较大或径向空间受限制的场合。

（5）膜片式气缸　如图 2-12 所示，膜片式气缸的活塞为夹持在左右端盖中由橡胶材料制成的膜片，依靠膜片在压缩空气作用下的变形推动活塞杆运动。膜片式气缸不需要加注润滑油，工作行程受限制，寿命短。

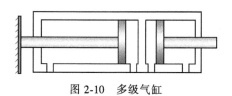

图 2-10　多级气缸

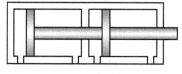

图 2-11　串级气缸

（6）伸缩气缸　如图 2-13 所示，伸缩气缸由多个互相套在一起的套筒组成，整体长度短，工作行程长。与同缸径的普通气缸相比，伸缩气缸的输出力小，适用于轴向空间受限制，但工作行程要求又较长的场合。

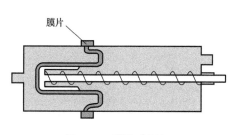

图 2-12　膜片式气缸

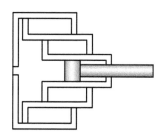

图 2-13　伸缩气缸

（7）冲击气缸　如图 2-14 所示，冲击气缸通过对活塞上腔即蓄能腔快速充气而迫使活塞杆快速下行并产生冲击。

（8）气动气爪　如图 2-15 所示，气动手爪利用杠杆原理将气缸的直线往复运动转换成手爪的开、闭，实现抓取工件的功能。

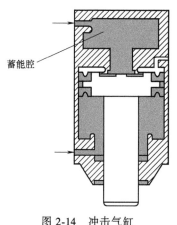

图 2-14　冲击气缸

图 2-15　气动气爪

6. 气缸的主要参数

气缸的主要参数包括气缸的缸径、活塞杆直径、气缸行程、工作压力等。其中缸径的大小、工作压力的高低标志着气缸理论推力的大小，活塞杆直径的大小标志着气缸活塞杆的强度好坏，行程长度标志着气缸的作用范围。

（1）缸径　气缸的缸径与气缸输出力、负载工况和负载率等因素有关。气缸的理论输出力与气缸实际负载力以及气缸的负载率关系如下：

$$负载率 \beta = \frac{实际负载力\ F}{理论输出力\ F_0}$$

式中，气缸的理论输出力 F_0 与气缸的缸径和工作压力有关，单位为 N；气缸实际负载力 F 与气缸所受的负载状态有关，单位为 N。

负载率与负载状态和运动状态有关。当确定了气缸理论输出力 F_0 的表达式，根据负载状态确定气缸的实际负载力 F 和负载率 β，就可反推出气缸的缸径大小。计算出缸径 D 后，再参照标准气缸缸径进行圆整（应大于计算出的数值）即可。具体计算方法如下：

1）气缸理论输出力 F_0 表达式的确定。气缸理论输出力 F_0 的计算公式见表 2-2。

表 2-2　气缸理论输出力 F_0 计算公式（忽略摩擦力）

单活塞杆单作用气缸		说　　明
理论输出推力	理论返回拉力	
$F_0 = \dfrac{\pi D^2 p}{4} - F_1$	$F_0 = F_1$	式中，F_0 为理论输出力，单位为 N；D 为气缸缸径，单位为 mm；d 为活塞杆直径，单位为 mm；p 为工作压力，一般取系统中减压阀调定压力的 85%，单位为 MPa；F_1 为弹簧力，单位为 N
单活塞杆双作用气缸		
理论输出推力（活塞杆伸出）	理论输出拉力（活塞杆返回）	
$F_0 = \dfrac{\pi D^2 p}{4}$	$F_0 = \dfrac{\pi}{4}(D^2 - d^2)p$	

2）气缸实际负载力 F 计算。气缸实际负载力 F 与负载状况有关，两者的关系见表 2-3。

表 2-3　气缸负载力与负载状况的关系

负载状况	示意图	负载力计算公式
提升运动		$F = W$
夹紧运动		$F = K$（夹紧力）
水平滚动		$F = \mu W$ 滚动摩擦系数 $\mu = 0.1 \sim 0.4$
水平滑动		$F = \mu W$ 滑动摩擦系数 $\mu = 0.2 \sim 0.8$
斜面运动		$F = mg\sin\alpha + \mu mg\cos\alpha + ma$

3）负载率 β。根据气缸负载运动状态选取负载率 β，负载率与负载运动状态的关系见表2-4。

表 2-4　负载率与负载运动状态的关系

负载运动状态	阻性负载 （如夹紧、低速铆接）	惯性负载的运动速度		
		<100mm/s	100~500mm/s	>500mm/s
负载率 β	≤0.8	≤0.65	≤0.5	≤0.35

4）工作压力 p 的计算。工作压力 p 根据气源供气条件来确定，一般取系统中减压阀调定压力的85%代入公式。

如果确定了上述四项内容，即气缸理论输出力 F_0 的表达式及 F、β、p 的数值，代入公式中即可计算出气缸缸径，经过圆整后得出所需气缸缸径。

以单活塞杆双作用气缸为例，且气缸伸出时为工作行程，根据表2-2可确定气缸理论输出力的表达式为 $F_0 = \dfrac{\pi D^2 p}{4}$，代入公式中，得出 $D = \sqrt{\dfrac{4F}{\pi p \beta}}$。

根据实际工况，通过查表和计算，将 F、β、p 数值代入，即可计算出气缸缸径数值，通过查找产品手册，将缸径值圆整后即得出所需气缸缸径大小。

（2）活塞杆直径　确定了气缸缸径后，一般活塞杆的直径按 $d = (0.2\sim0.3)D$ 计算。如果气缸所驱动的负载较大，对气缸活塞杆强度要求较高，也可按 $d = (0.3\sim0.4)D$ 进行计算。活塞杆直径同样也需要圆整，部分活塞杆直径的圆整数值见表2-5。

表 2-5　部分活塞杆直径圆整数值表　　　　　（单位：mm）

活塞杆直径	4	5	6	8	10	12	14	16
	18	20	22	25	32	36	40	45
	50	56	63	70	80	90	100	125
	140	160	180	200	220	250	280	320

（3）气缸行程　气缸的有效行程表示气缸的作用范围。以SMC公司生产的普通气缸为例，部分气缸标准行程数值见表2-6。

表 2-6　部分气缸标准行程数值　　　　　（单位：mm）

气缸标准行程	5	10	15	20	25	30	45	50
	60	63	75	100	125	150	175	200
	250	300	350	400	450	500	600	700

7. 气缸的选用原则

1）根据工作任务对机构运动的要求选择气缸的结构形式及安装方式。

2）根据工作机构所需力的大小来确定活塞杆的推力和拉力。

3）根据气缸负载力的大小确定气缸的输出力，由此计算出气缸的缸径。

4）根据工作机构任务的要求确定行程。一般不使用满行程。

5）根据活塞的速度决定是否应采用缓冲装置。

6）推荐气缸工作速度在 $0.5\sim1\text{m/s}$ 之间，并按此原则选择管路及控制元件。对高速运动的气缸，应选择内径大的进气管道；对于负载有变化的场合，可选用速度控制阀或气-液阻尼缸，实现缓慢而平稳的速度控制。

7）如气缸工作在有灰尘等恶劣环境下，需在活塞杆伸出端安装防尘罩。要求无污染时需选用无给油或无油润滑气缸。

任 务 实 践

结合理论资讯内容，气动送料装置中的气缸 1.0 是气动执行元件，把压缩空气的压力能转换成直线往复运动的机械能。气动执行元件可分为气缸、摆动气缸、气动马达三类。气缸可分为单作用气缸、双作用气缸和特殊气缸。

单作用气缸是指利用压缩空气驱动气缸的活塞产生一个方向的运动，而活塞另一个方向运动靠弹簧力或其他外力驱动的气缸。双作用气缸是指活塞两个方向的运动均由压缩空气来驱动的气缸。其图形符号如图 2-16 所示。

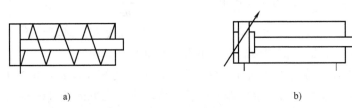

a)   b)

图 2-16　普通气缸图形符号

a）单作用气缸图形符号　b）双作用气缸图形符号

在气缸选型时，主要考虑气缸的主要参数，包括气缸的缸径、活塞杆直径、气缸行程、工作压力等。其中缸径的大小、工作压力的高低标志着气缸理论推力的大小，活塞杆直径的大小标志着气缸活塞杆的强度好坏，行程长度标志着气缸的作用范围。具体参数计算和圆整方法参见理论资讯内容。

课后拓展： ⟫⟫⟫

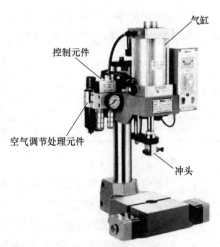

图 2-17 所示的小型气动冲床是完成小型工件的冲裁加工所使用的设备，通常选用气压传动系统来驱动。如果气源提供压缩空气的压力为 0.6MPa，该气动冲床所能输出的最大冲裁力为 1800N，最大有效行程为 290mm，每分钟冲裁 20 个工件。试确定冲床所使用的气缸的参数（缸径、活塞杆直径、行程）。

确定气缸参数步骤：

（1）选择驱动冲头的气缸类型　由图 2-17 可知，气缸驱动冲头向下快速运动对工件产生冲击力，进行冲裁加工，所以气缸向下运行时会遇到工件的阻力，气缸需要一定的推力，而返回时也要将冲头带回，需要一定的拉力。气缸在进行两个方向运动时都需要一定的力，且向下运动的力大于回程的

图 2-17　小型气动冲床

力，所以选择双作用气缸更合适。因为伸出时利用无杆腔进气产生大的冲裁力，返回时利用有杆腔进气产生小一些的拉力即可带动冲头返回。

（2）选择气缸的连接方式 由于气缸需固定在冲床的支架上，在工作时承受的是垂直载荷，负载的运动方向与活塞杆轴线一致，应采用前法兰的连接形式将气缸固定在支架上，如图 2-18 所示。

（3）确定气缸的主要参数

1）气缸缸径。

2）活塞杆直径。

3）气缸行程。

以上参数计算方法请参照任务资讯中的气缸参数计算方法内容自主完成。

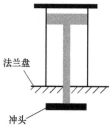

图 2-18 气缸往复的工作状态及安装

任务 2-2 单缸的直接控制与间接控制

任务引入： >>>

在图 2-19 所示气动回路图中，图 a 和图 b 分别是气动控制的什么回路？这两种回路有何区别？这两种回路有何特点？应用场合分别是什么？

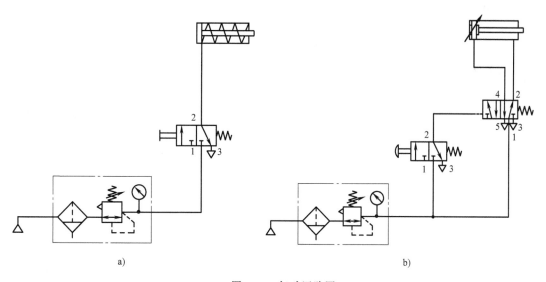

a)　　　　　　　　　　　　b)

图 2-19 气动回路图

任务分析： >>>

图 2-19 中两个回路均为单缸的气动控制回路，单缸气动回路的控制类型分为直接控制和间接控制。要想理解和熟练掌握单缸的直接控制和间接控制，必须了解单缸直接控回路和间接控制回路的定义，熟悉直接控制和间接控制回路的结构，理解并掌握直接控制和间接控制回路的特点及应用。

知识目标：

1）了解单个气缸的控制类型及区别。

2）理解并掌握气控换向阀的工作原理、图形符号及选用。

3）理解并掌握单缸直接与间接控制回路的工作原理。

能力目标：

1）能区分单缸的直接与间接控制。

2）能识别气控换向阀及正确使用。

3）能正确绘制单缸的直接与间接控制回路。

理 论 资 讯

一、气压控制换向阀

气压控制换向阀是以压缩空气为动力切换气阀，使气路换向或通断的阀类。气压控制换向阀的用途很广，多用于组成全气阀控制的气压传动系统或易燃、易爆以及高净化等场合，可分为加压控制、卸压控制和差压控制三种形式。

（一）加压控制

加压控制是指加在阀芯上的控制信号压力值是逐渐上升的控制方式，当气压增加到阀芯的动作压力时，主阀芯换向。它有单气控和双气控两种。

1. 单气控二位三通换向阀 （微课：2-3 单气控换向阀解析）

图 2-20 所示为单气控二位三通阀结构示意图及图形符号。单气控二位三通阀由控制口 (12) 上的气信号直接驱动。由于在此换向阀中只有一个控制信号，因此，这种阀被称为直动式换向阀。该换向阀靠弹簧复位。

图 2-21a 为控制口 (12) 无控制信号（即气控信号口 12 无压缩空气进入）时的状态（即常态），阀芯在弹簧与输入口 1 腔气压作用下，进气口 1 关闭，输出口 2 与排气口 3 相通，排气口 3 排气，此时，阀处于排气状态；图 2-21b 为控制口 (12) 有控制

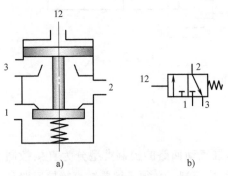

图 2-20 单气控二位三通阀结构
示意图及图形符号
a）结构示意图 b）图形符号

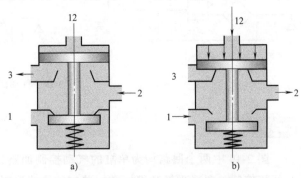

图 2-21 单气控二位三通阀工作原理
a）无控制信号 12 时 b）有控制信号 12 时

信号（即气控信号 12 口有压缩空气进入）时的状态（即工作状态），阀芯在控制信号（压缩空气）的作用下，阀芯克服弹簧力向下运动，排气口 3 关闭，输入口 1 与输出口 2 相通，此时，阀处于工作状态。

2. 单气控二位五通换向阀

图 2-22 所示的单气控二位五通换向阀采用滑阀式结构，阀芯复位采取弹簧式。（动画：单气控二位五通换向阀）

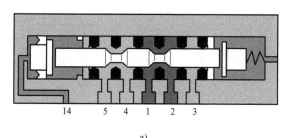
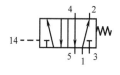

图 2-22　单气控二位五通阀结构示意图及图形符号
a）结构示意图　b）图形符号

当控制口 14 没有通入压缩空气时，阀芯被弹簧力推向左端，此时单气控二位五通阀在初始位置即右位，输入口 1 与输出口 2 相通，输出口 4 与排气口 5 相通，排气口 3 截止；当控制口 14 通入压缩空气时，作用在阀芯上的气压力克服弹簧力将阀芯推向右端，此时单气控二位五通阀工作在左位，输入口 1 与输出口 4 相通，输出口 2 与排气口 3 相通，排气口 5 截止。

3. 双气控二位五通换向阀（微课：2-4　双气控换向阀解析）

图 2-23 所示的双气控二位五通换向阀采用滑阀式结构，阀芯复位采取气控式。

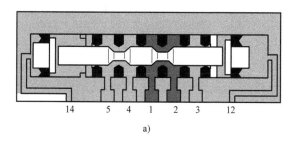
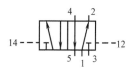

图 2-23　双气控二位五通换向阀结构示意图及图形符号
a）结构示意图　b）图形符号

当控制口 14 无压缩空气，控制口 12 通入压缩空气时，作用在阀芯上的气压力将阀芯推向左端，此时双气控二位五通阀工作在右位，输入口 1 与输出口 2 相通，输出口 4 与排气口 5 相通，排气口 3 截止；当控制口 12 无压缩空气，控制口 14 通入压缩空气时，作用在阀芯上的气压力将阀芯推向右端，此时双气控二位五通阀工作在左位，输入口 1 与输出口 4 相通，输出口 2 与排气口 3 相通，排气口 5 截止。

双气控二位五通换向阀具有记忆功能。

（二）卸压控制

卸压控制是指加在阀芯上的控制信号的压力值渐降的控制方式，当压力降至某一值时阀便被切换。卸压控制阀的切换性能不如加压控制阀好。

（三）差压控制

差压控制是利用阀芯两端受气压作用的有效面积不等，在气压作用力的差值作用下，使阀芯动作而换向的控制方式。

图 2-24 所示为二位五通差压控制换向阀的图形符号。当控制口 14 无控制信号时，输入口 1 与输出口 4 相通，输出口 2 与排气口 3 相通，排气口 5 截止；当控制口 14 有控制信号时，输入口 1 与输出口 2 相通，输出口 4 与排气口 5 相通，排气口 3 截止。差压控制的阀芯靠气压复位，不需要复位弹簧。

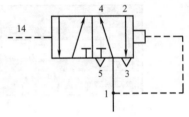

图 2-24　二位五通差压控制
换向阀的图形符号

二、直接与间接控制

1. 直接控制

通过人力或机械外力直接控制换向阀的换向实现执行元件动作控制，这种控制方式称为直接控制。（微课：2-5　单缸直接控制回路）

图 2-25 所示为气缸直接控制回路。启动按钮阀气缸伸出，松开按钮阀气缸缩回，即回路中的手动换向阀直接控制执行元件的伸出和缩回。（微课：单缸直接控制回路仿真）

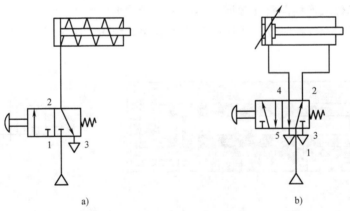

a)　　　　　　　　　　　b)

图 2-25　气缸直接控制回路
a）单作用气缸直接控制回路　b）双作用气缸直接控制回路

直接控制所用元件少，回路简单，多用于单作用气缸或双作用气缸的简单控制，但无法满足有多个换向条件时的回路或较复杂的控制系统的控制，也不易实现控制的自动化。由于直接控制是由人力和机械外力操控换向阀换向的，所以只适用于所需气流量和控制阀尺寸相对较小以及控制系统较简单的场合。

2. 间接控制

间接控制就是指执行元件由气控换向阀来控制动作，人力、机械外力等外部输入信号直

接控制气控换向阀的换向，从而间接控制执行元件的动作。（微课：2-6　单缸间接控制回路）

图 2-26 中，图 a 所示为单作用气缸间接控制回路，启动按钮阀，单气控二位三通换向阀换向，气缸伸出，松开按钮阀，单气控二位三通换向阀复位，气缸缩回。回路中的手动换向阀控制气控换向阀，气控换向阀再控制执行元件，即手动换向阀间接控制执行元件。图 b 所示为双作用气缸间接控制回路，启动按钮阀，单气控二位五通换向阀换向，气缸伸出，松开按钮阀，单气控二位五通换向阀复位，气缸缩回。（微课：单缸间接控制回路仿真）

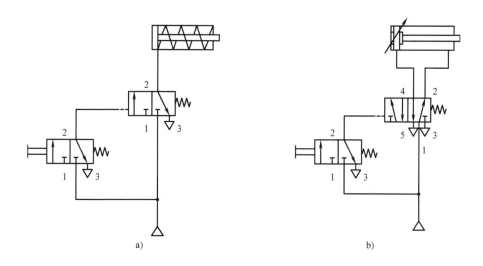

图 2-26　气缸间接控制回路

a）单作用气缸间接控制回路　b）双作用气缸间接控制回路

间接控制回路利用小通径的阀去控制大通径的换向阀，操作更容易；能实现远程操作，即按钮阀可安装在远离气缸的位置上，此种控制方式也适用于工作现场存在危险的工况，是系统回路设计中常常采用的控制方式。

任 务 实 践

结合理论资讯内容，图 2-19 中的图 a 是直接控制回路，图 b 是间接控制回路，如图 2-27 所示。

图 a 直接控制回路中的二位三通手动换向阀直接控制执行元件（单作用气缸）的伸出和缩回。图 b 间接控制回路中的二位三通手动阀控制单气控二位五通阀，单气控二位五通阀再控制执行元件（双作用气缸）的伸出和缩回。

直接控制回路系统简单、成本低、操作容易，但不适宜操作大通径的阀。

间接控制回路利用小通径的阀去控制大通径的换向阀，操作更容易；能实现远程操作，即按钮可安装在远离气缸的位置上，此种控制方式也适用于工作现场存在危险的工况，是系统回路设计中常常采用的控制方式。

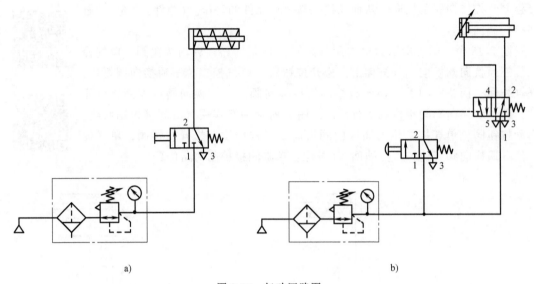

图 2-27　气动回路图

a）直接控制回路　b）间接控制回路

任务 2-3　气动送料系统的构建与装调

任务引入：》》》

　　图 2-1 所示的气动送料装置，其功能是将阀门块件送到加工装置。按下按钮阀，双作用气缸 1.0 的活塞杆向前运动送料；松开按钮阀，活塞杆缩回。试设计气动送料装置的气动系统回路图，将气动回路安装在实训台上，启动操作按钮阀运行系统。

任务分析：》》》

　　从任务要求来看，送料缸是一个双作用气缸，有两个接口的压缩空气需要控制，所以选择二位五通换向阀控制送料缸。送料缸无须自动往返运动，另外，结合任务 2-2 中的直接控制和间接控制的特点及应用，采用间接控制方式，因此选择单气控二位五通换向阀作为气缸的主控阀。

学习目标：》》》

知识目标：

1）理解并掌握气动送料系统气动回路的工作原理。

2）理解并掌握气控换向阀的工作原理、图形符号及选用。

能力目标：

1）能识别气控换向阀并正确使用。

2）能正确安装气动送料系统回路并调试。

3）能分析调试现象及进行故障排除。

理 论 资 讯

一、气动送料系统气动回路构建

完整的气动系统包含五部分 [气源装置、气动二联件（或气动三联件）、控制元件、执行元件、辅助元件]，结合任务分析，气动送料系统气动回路图构建如图 2-28 所示。（微课：2-7 气动送料系统构建与控制）

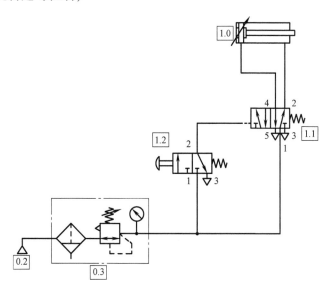

图 2-28 气动送料系统气动回路图

二、气动送料系统气动回路分析

气动送料包括气缸伸出和缩回两个过程。（微课：气动送料回路仿真）

气缸伸出过程（启动）：按住二位三通手动阀 1.2，阀 1.2 切换至左位。

控制回路：▷→气动二联件 0.3→二位三通手动阀 1.2（左）→单气控二位五通阀 1.1（控制口），此时单气控二位五通阀 1.1 切换至左位。

主回路进气路：▷→气动二联件 0.3→单气控二位五通阀 1.1（左）→双作用气缸 1.0（左）。

主回路回气路：双作用气缸（右）→单气控二位五通阀 1.1（左）→大气，双作用气缸 1.0 活塞杆向右伸出。

气缸缩回过程（停止）：松开二位三通手动阀 1.2，阀 1.2 在弹簧作用下切换至右位。

控制回路：单气控二位五通阀 1.1（控制口）→二位三通手动阀 1.2（右）→大气，此时单气控二位五通阀 1.1 在弹簧作用下切换至右位。

主回路进气路：▷→气动二联件 0.3→单气控二位五通阀 1.1（右）→双作用气缸 1.0（右）。

主回路回气路：双作用气缸 1.0（左）→单气控二位五通阀 1.1（右）→大气，双作用气缸 1.0 活塞杆向左缩回。

任 务 实 践

一、气动送料系统气动回路安装与调试步骤

1）元件识别与选型。

2）将实验元件按照元件布局图安装在实验台上。

3）参考气动送料系统气动回路图 2-28 用气管将元件连接可靠。

4）打开气源，启动二位三通手动阀，观察系统运行情况。

5）总结实验过程，完成任务工单。

二、元件识别与选用

气动送料系统气动回路图中元件识别与选用见表 2-7。

表 2-7   元件识别与选用

序号	元件编号	元件名称	图形符号	实物图	备注
1	0.2	气源			
2	0.3	气动二联件	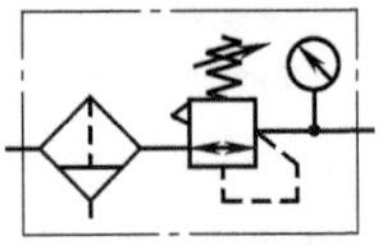	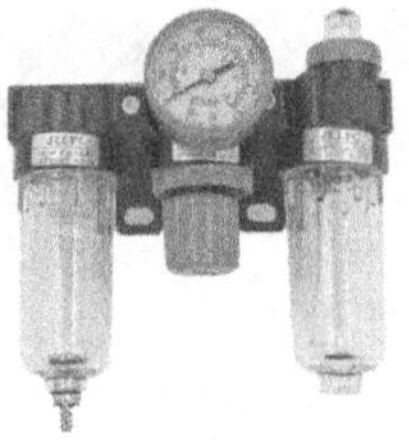	实物是气动三联件
3	1.2	二位三通手动阀	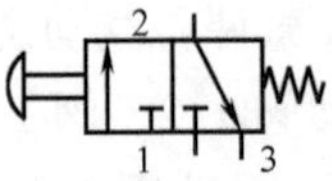		
4	1.1	单气控二位五通换向阀	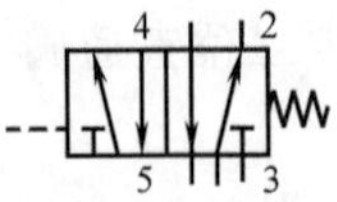		实物的初始位在左位
5	1.0	双作用气缸	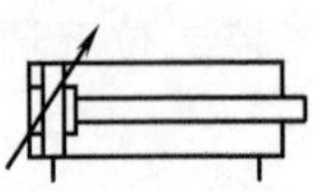		

三、元件布局

气动送料系统气动回路元件原则上是按照气动送料回路从下到上、从左到右的顺序进行合理布局,其中气源装置是每个实验台单独配一个,无须在实验台上体现,其他各元件在实验台上的建议安装位置如图 2-29 所示。

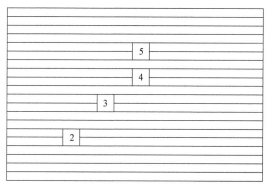

图 2-29 建议安装位置(序号)

四、主要元件安装与调整方法(视频:气动送料回路装调)

主要元件安装与调整方法具体见表 2-8。

表 2-8 主要元件安装与调整方法

序号	部分实验元件		安装与调整方法
1	气动三联件	入口 出口	取一根气管,一端与气源出口连接,另一端与左图气动三联件入口连接 取第二根气管,一端与气动三联件出口连接,另一端与三通管其中一个接口连接 注意插管时要用力插入
2	三通管		取第三根气管,一端与三通管的另一个接口连接,另一端与二位三通手动阀的输入口 1(P)连接 注意插管时要用力插入

（续）

序号	部分实验元件		安装与调整方法
3	二位三通手动阀	输入口1(P)　　　输出口2(A)	取第四根气管，一端与二位三通手动阀的输出口2(A)连接，另一端与单气控二位五通阀控制口连接 注意插管时要用力插入
4	单气控二位五通阀	输出口4(A)　　输出口2(B) TELPC VALVE 控制口 输入口1(P)	取第五根气管，一端与三通管的第三个接口连接，另一端与单气控二位五通阀的输入口1(P)连接 取第六根气管，一端与单气控二位五通阀的输出口4(A)连接，另一端与双作用气缸右接口连接 取第七根气管，一端与单气控二位五通阀的输出口2(B)连接，另一端与双作用气缸左接口连接 注意插管时要用力插入
5	双作用气缸		连接方法见序号4第2和第3步

五、气动送料系统回路调试

打开气源装置上面的电源开关和压力开关，空气压缩机开始工作，等空气压缩机停止工作后，同时观察气源装置上面的气源压力表（表针指示压力 0.5~0.8MPa），再打开气源装置的气源开关（具体操作参照任务1-5中相关内容），此时压缩空气从气源装置输送到气动三联件的入口。

1. 正常调试现象

打开气源：

1）按住二位三通手动阀1.2，双作用气缸1.0活塞杆伸出。

2）松开二位三通手动阀1.2，双作用气缸1.0活塞杆缩回。

2. 故障现象

打开气源：

1）能听到气体排出声音，此时按住二位三通手动阀，无气体排出声音，双作用气缸活塞杆伸出；松开二位三通手动阀，双作用气缸活塞杆仍保持伸出状态，同时听到气体排出声音。

2）双作用气缸活塞杆直接伸出。此时按住二位三通手动阀，双作用气缸活塞杆缩回；松开二位三通手动阀，双作用气缸活塞杆伸出。

3）双作用气缸活塞杆直接伸出，同时能听到气体排出声音。此时按住二位三通手动阀，双作用气缸活塞杆缩回，无气体排出声音；松开二位三通手动阀，双作用气缸活塞杆仍保持缩回状态，同时听到气体排出声音；再次按住二位三通手动阀，双作用气缸活塞杆保持缩回状态，无气体排出声音；再次松开二位三通手动阀，双作用气缸活塞杆仍保持缩回状态，同时听到气体排出声音。即此种状态双作用气缸只能伸出一次。

拓展思考： >>>

请结合气动送料系统气动回路的仿真，试分析上述三种故障现象的原因。

项目三

气动折边系统的构建与控制

项目介绍：

图 3-1 所示为气动折边装置。同时操作两个相同阀门的按钮开关，使折边装置的成形模具向下锻压，将面积为 40cm×5cm 的平板折边；松开两个或仅松开一个按钮开关，都使折边装置（气缸）退回到初始位置。

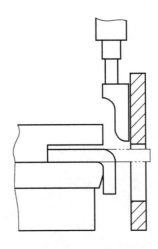

图 3-1 气动折边装置

任务 3-1 气压传动逻辑元件

任务引入：

在图 3-1 所示气动折边装置中，要求同时操作两个相同阀门的按钮开关，气动折边装置开始工作，松开两个或仅松开一个按钮开关，都使折边装置（气缸）退回到初始位置。这两个按钮开关之间有什么逻辑关系呢？如何能实现同时操作的功能？

任务分析:》》》

气动折边装置是利用成形模具猛地向下锻压把钢板进行折弯操作，此类设备工作速度快，为了避免伤及人手，控制系统采用双手操作的逻辑控制回路。

由于进行锻压加工，成形模具在向下运动时速度快，输出力要大，因此采用双作用气缸控制成形模具比采用单作用气缸控制更合理。

要想完成此控制回路的设计，就要了解气动逻辑元件、逻辑回路和自锁回路，这些内容是本任务要学习和认识的内容。

学习目标:》》》

知识目标:

1）掌握气动逻辑元件的作用、结构、工作原理及图形符号。

2）掌握气动典型逻辑回路。

3）掌握气动自锁回路。

能力目标:

1）能识别各种逻辑元件。

2）能进行逻辑回路的设计。

3）能进行气动自锁回路的安装。

4）能进行气动逻辑回路的安装与调试。

理 论 资 讯

在利用气动执行元件驱动机构动作的工业机械中，系统的动作要考虑许多相关联的因素，例如，动作的初始条件、安全因素、机械设备中各驱动装置的动作是否存在干扰等。驱动装置的动作往往受很多条件制约，这些条件也称为控制信号。执行元件能否运动，取决于这些信号是否满足其启动所需具备的条件，因此，在气动系统中不可避免地要对各种控制信号进行综合和加工，找出所需的控制信号去控制执行元件动作。控制信号的综合和加工就是进行逻辑运算，凡是具有此功能的气动元件称为气动逻辑元件，由此类元件组成的回路称为逻辑控制回路。

一、气动逻辑元件

1. "或"门元件

"或"门元件又称梭阀，图3-2所示为梭阀的结构。这种阀相当于由两个单向阀串联而成，有两个输入信号口P1、P2和一个输出信号口A。若在一个输入口上有气信号，则与该输入口相对的阀口就被关闭，同时在输出口A上有气信号输出。这种阀具有"或"逻辑功能，即只要在任一输入口上有气信号，在输出口A上就会有气信号输出。（微课：3-1　梭阀及其应用）

其工作原理如图3-3所示。当输入口P1进气时将阀芯推向右端，通路P2被关闭，于是气流从P1进入通路A，如图3-3a所示；当输入口P2进气时将阀芯推向左端，

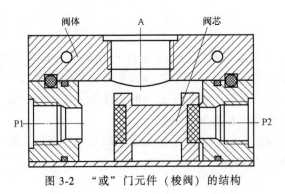

图 3-2   "或"门元件（梭阀）的结构

通路 P1 被关闭，于是气流从 P2 进入通路 A，如图 3-3b 所示；若 P1、P2 同时进气，则压力高的一端与 A 相通，另一端就自动关闭。图 3-3c 所示为其图形符号。

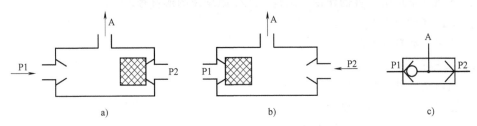

图 3-3   "或"门元件（梭阀）工作原理图
a）气流从 P1 进入 A   b）气流从 P2 进入 A   c）图形符号

梭阀在逻辑回路和气动程序控制回路中应用广泛，常用作信号处理元件。梭阀常用于选择信号，如手动和自动控制并联的回路中，如图 3-4 所示。电磁阀通电，梭阀阀芯推向右端，A 有输出，气控阀被切换，活塞杆伸出；电磁阀断电，则活塞杆缩回。电磁阀断电后，按下手动阀按钮，梭阀阀芯推向左端，A 有输出，活塞杆伸出；放开按钮，则活塞杆缩回。即手动或自动均能使活塞杆伸出。（视频：梭阀控制回路装调）

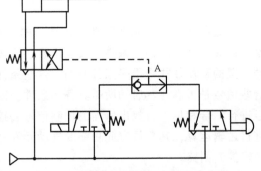

图 3-4   梭阀应用于手动-自动换向回路

补充：单向阀

单向阀是指气流只能向一个方向流动而不能反向流动的阀，且压降较小。单向阀的工作原理、结构和图形符号与液压传动中的单向阀基本相同。这种单向阻流作用可由锥密封、球密封、圆盘密封或膜片来实现。如图 3-5 所示，利用弹簧力将阀芯顶在阀座上，故压缩空气要通过单向阀时必须先克服弹簧力。

正向流动时，P 腔气压推动活塞的力大于作用在活塞上的弹簧力和活塞与阀体之间的摩擦阻力，则活塞被推开，P、A 接通。为了使活塞保持开启状态，P 腔与 A 腔应保持一定的压差，以克服弹簧力。反向流动时，受气压力和弹簧力的作用，活塞关闭，A、P 不通。弹簧的作用是增加阀的密封性，防止低压泄漏，另外，在气流反向流动时帮助阀迅速关闭。

单向阀特性包括最低开启压力、压降和流量特性等。因单向阀是在压缩空气作用下开启的，因此在阀开启时，必须满足最低开启压力，否则不能开启。即使阀处在全开状态也会产生压降，因此在精密的压力调节系统中使用单向阀时，需预先了解阀的开启压力和压降值。一般最低开启压力为（0.1~0.4）×10^5Pa，压降为（0.06~0.1）×10^5Pa。

在气动系统中，为防止储气罐中的压缩空气倒流回空气压缩机，在空气压缩机和储气罐之间应装有单向阀。单向阀还可与其他的阀组成单向节流阀、单向顺序阀等。

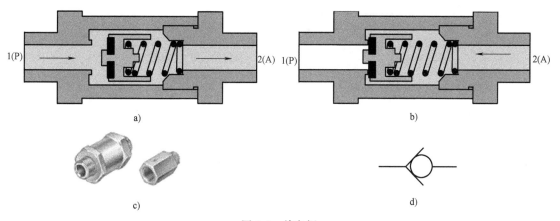

图 3-5　单向阀
a）正向流通　b）反向截止　c）外形　d）图形符号

2. "与"门元件

"与"门元件又称双压阀，双压阀有两个输入口、一个输出口。其结构如图 3-6 所示。当输入口 P1、P2 同时都有气信号输入时，A 才会有气信号输出，因此具有逻辑"与"的功能。双压阀相当于两个输入元件串联。（微课：3-2　双压阀及其应用）

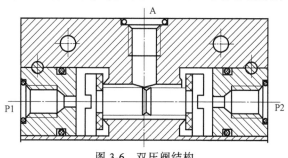

图 3-6　双压阀结构

图 3-7 所示为双压阀的工作原理。

当 P1 输入时，A 无输出，如图 3-7a 所示；当 P2 输入时，A 无输出，如图 3-7b 所示；当两输入口 P1 和 P2 同时有输入时，A 有输出，如图 3-7c 所示。双压阀的图形符号如图 3-7d 所示。

与梭阀一样，双压阀在气动控制系统中也作为信号处理元件。双压阀的应用很广泛，主要用于互锁控制、安全控制、检查功能或者逻辑操作，如用于钻床控制回路中，如图 3-8 所示。只有工件定位信号压下行程阀 1 和工件夹紧信号压下行程阀 2 之后，双压阀 3 才会有输

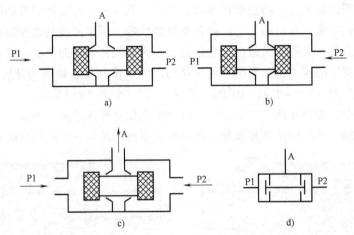

图 3-7　双压阀工作原理图

a) P1 输入时，A 无输出　b) P2 输入时，A 无输出　c) P1 和 P2 同时输入时，A 有输出　d) 图形符号

出，使气控阀换向，钻孔缸进给。定位信号和夹紧信号仅有一个时，钻孔缸不会进给。

3. 快速排气阀

快速排气阀是用于给气动元件或装置快速排气的阀，简称快排阀。

通常气缸排气时，气体从气缸经过管路，由换向阀的排气口排出。如果气缸到换向阀的距离较长，而换向阀的排气口又小时，排气时间就较长，气缸运动速度较慢；若采用快速排气阀，则气缸内的气体就能直接由快速排气阀排向大气，加快气缸的运动速度。

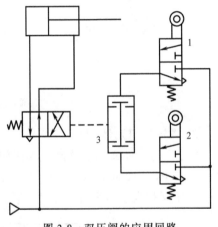

图 3-8　双压阀的应用回路

图 3-9 是快速排气阀的结构原理图，其中图 3-9a 为结构示意图。当 P 进气时，膜片被压下封住排气孔 O，气流经膜片四周小孔从 A 腔输出，如图 3-9b 所示；当 P 腔排空时，A 腔压力将膜片顶起，隔断 P、A 通路，A 腔气体经排气孔口 O 迅速排向大气，如图 3-9c 所示。快速排气阀的图形符号如图 3-9d 所示。

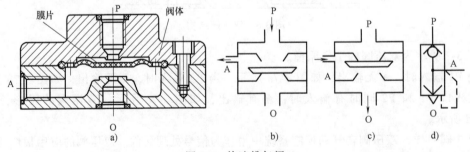

图 3-9　快速排气阀

a) 结构示意图　b) 气流从 A 腔输出　c) 气体经排气孔 O 排出　d) 图形符号

图 3-10 所示为快速排气阀的应用。图 3-10a 是快速排气阀使气缸往复运动加速的回路，把快速排气阀装在换向阀和气缸之间，使气缸排气时不用通过换向阀而直接排空，可大大提高气缸运动速度。图 3-10b 是快速排气阀用于气阀的速度控制回路，按下手动阀，由于节流阀的作用，气缸缓慢进气；手动阀复位，气缸中的气体通过快速排气阀迅速排空，因而缩短了气缸回程时间，提高了生产率。

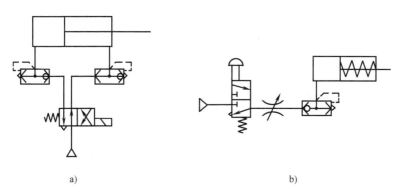

a) b)

图 3-10　快速排气阀的应用

a）气缸往复运动加速回路　b）速度控制回路

二、典型逻辑回路

1. 双手操作回路

如图 3-11 所示，只有双手同时按动两个启动按钮阀，双压阀 A 口才有气体输出，进入主控阀（单气控二位四通换向阀）的控制口 14，推动此阀换向，压缩空气经主控阀输出口 4 进入气缸无杆腔，作用在活塞的左腔，有杆腔气体经主控阀 2 口可从排气口 3 排向大气，活塞右行，活塞杆伸出；只要松开一个按钮，双压阀 A 口就没有输出，主控阀在弹簧力的作用下复位，压缩空气经主控阀输出口 2 进入气缸有杆腔，作用在活塞的右腔，无杆腔气体经 4 口从主控阀 3 口排向大气，活塞左行，活塞杆返回。图中虚线部分表示控制回路，实线部分表示主控回路。

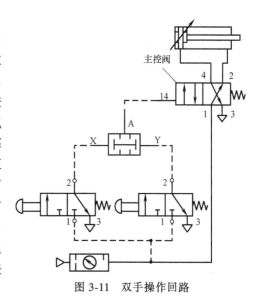

图 3-11　双手操作回路

2. 多信号"或"、"与"逻辑回路

如果遇到三个或四个，甚至 n 个输入信号，满足什么逻辑关系才有输出信号？图 3-12a 所示为有三个输入信号"或"逻辑关系时的连接方法；图 3-12b 所示为有四个输入信号"或"逻辑关系时的连接方法；图 3-12c 所示为有三个输入信号"与"逻辑关系时的连接方法；图 3-12d 所示为有四个输入信号"与"逻辑关系时的连接方法。

因此，当有 n 个输入信号时，需借助 n-1 个逻辑元件实现逻辑"或"或"与"功能。

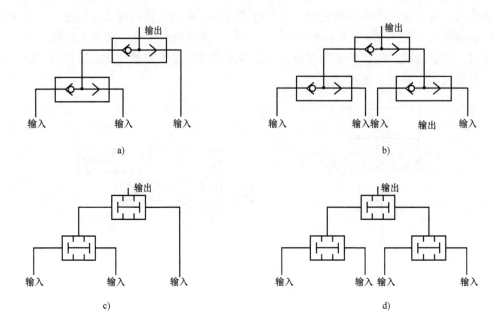

图 3-12　多信号逻辑关系图

a) 三个输入信号逻辑"或"　　b) 四个输入信号逻辑"或"

c) 三个输入信号逻辑"与"　　d) 四个输入信号逻辑"与"

三、自锁回路

如图 3-13 所示，启动二位三通手动换向阀（启动按钮阀），气体从阀 1 口进入，从 2 口流出到达梭阀的进气口 Y，进入二位三通常开式换向阀（停止按钮阀）入口 1，从其出口 2 输出，进入主控阀（单气控二位五通换向阀）控制口，推动主控阀换向，压缩空气从主控阀入口 1 输入，4 口输出，一部分进入气缸无杆腔，推动气缸活塞右行，背腔气体从有杆腔经主控阀 2 口从排气口 3 排出；另一部分气体返回梭阀 X 口，以保证始终有气体输入到主控阀（单气控二位五通换向阀）的控制口，保证其一直处于换向的位置，则主控阀 4 口一直有压缩空气输出，即实现气缸活塞杆始终向右运行，并停在前终端保持不动；直到启动停止按钮，则主控阀控制口的气体经停止按钮上的排气口 3 排出，主控阀复位，输出口 2 输出的压缩空气进入气缸有杆腔，气缸活塞杆返回。图中虚线部分表示控制回路，实线部分表示主控回路。（微课：3-4　气动自锁回路）

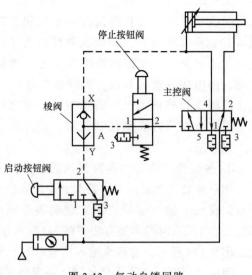

图 3-13　气动自锁回路

任务实践

一、气动自锁回路安装与调试步骤

1) 元件识别与选型。
2) 将实验元件安装在实验台上。
3) 参考图 3-13 自锁回路用气管将元件连接可靠。
4) 打开气源，分别按下启动按钮阀和停止按钮阀，观察系统运行情况。
5) 总结实验过程，完成任务工单。

二、气动自锁回路元件布局

气动自锁回路元件原则上按照自锁回路从下到上、从左到右的顺序进行合理布局，其中气源装置是每个实验台单独配一个，无须在实验台上体现，其他各元件在实验台上的建议安装位置如图 3-14 所示（元件序号见表 3-1）。

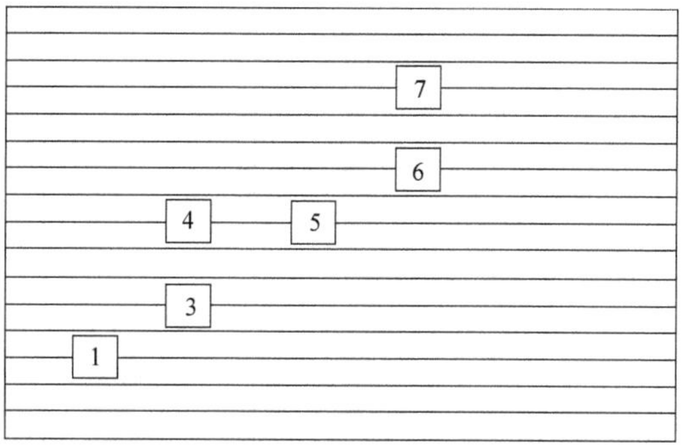

图 3-14　建议安装位置（序号）

三、主要元件安装与调整方法

主要元件安装与调整方法具体见表 3-1。

表 3-1　主要元件安装与调整方法

序号	部分实验元件	安装与调整方法
1	气动三联件	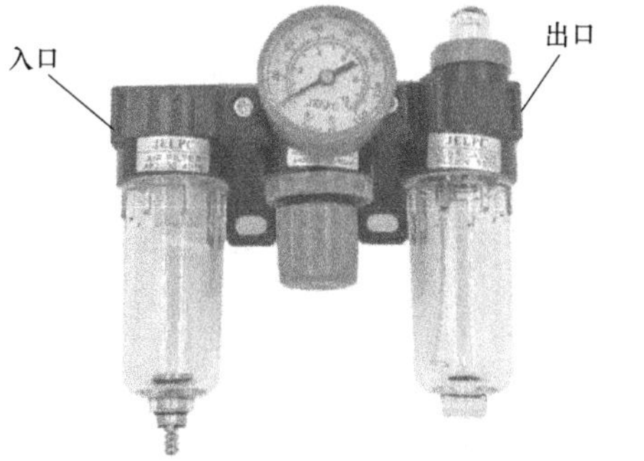 取一根气管，一端与气源出口连接，另一端与左图气动三联件入口连接 取第二根气管，一端与气动三联件出口连接，另一端与三通管其中一个接口连接 注意要用力插管
2	三通管	 取两根气管分别将启动按钮阀和主控阀的输入口 1 与三通管连接在一起 注意要用力插管

(续)

序号	部分实验元件	安装与调整方法
3	启动按钮阀 输入口1(P) 输出口2(A)	取一根气管,一端与启动按钮阀的输出口2(A)连接在一起,另一端与梭阀的输入口1连接在一起 注意要用力插管
4	梭阀 输出口2 输入口1 输入口1	取一根气管,一端与梭阀输出口2连接,另一端与停止按钮阀的输入口1(P)连接 注意要用力插管
5	停止按钮阀 输入口1(P) 输出口2(A)	取一根气管,一端与停止按钮阀输出口2(A)连接,另一端与主控阀(单气控二位五通阀)的控制口连接 注意要用力插管
6	单气控二位五通阀 输出口4(A) 输出口2(B) 控制口 输入口1(P)	用气管一端与单气控二位五通阀的输出口2(B)连接,另一端与三通管连接 用两根气管一端分别接入三通管,另外一端分别与梭阀的另一个输入口1和双作用气缸左接口连接 用气管一端与单气控二位五通阀的输出口4(A)连接,另一端与双作用气缸右接口连接 注意要用力插管
7	双作用气缸	连接方法见序号6的第2和第3步

四、气动自锁回路调试

1. 按住启动按钮阀

观察系统运行情况。

2. 松开启动按钮阀

观察系统运行情况。

3. 按下停止按钮阀

观察系统运行情况。

任务3-2 方向控制回路的分析与装调

任务引入：》》》

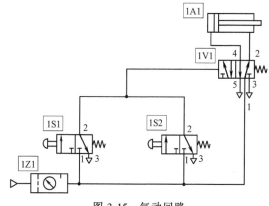

图3-15 所示气动回路中，能否实现以下功能：按下 1S1 或者 1S2 中任意一个按钮阀，双作用气缸 1A1 都能伸出；同时松开两个按钮阀，则气缸活塞杆才缩回。如果不能，该如何修改和完善该回路？

任务分析：》》》

图 3-15 气动回路

要分析该气动回路能否实现上述功能，就要系统学习了解气动基本回路之一的方向控制回路：什么是方向控制回路？方向控制回路的形式有哪些？典型的方向控制回路有哪些？这些内容是本任务要学习和认识的内容。

学习目标：》》》

知识目标：

1）掌握气动方向控制阀的作用、结构、工作原理及图形符号。

2）掌握单作用气缸换向回路。

3）掌握双作用气缸换向回路。

能力目标：

1）能识别各种方向控制阀。

2）能进行方向控制回路的设计。

3）能进行方向控制回路的安装与调试。

理 论 资 讯

方向控制回路也称换向回路，其功能是利用各种方向控制阀改变压缩空气的流动方向，从而改变气动执行元件的运动方向。方向控制阀按其通路数来分，有二通阀、三通阀、四通阀、五通阀等；按其控制方式又有气控阀、电磁阀、机动阀、手动阀等。利用这些方向控制阀可以构成单作用气缸、双作用气缸以及气动马达的各种换向回路。典型的方向控制回路见表 3-2。

表 3-2　典型的方向控制回路

类型	特点
单作用气缸换向回路	控制单作用气缸的运动方向
双作用气缸换向回路	改变双作用气缸的运动方向
	完成一次直动循环
	实现连续直动循环
气动马达换向回路	控制气动马达正、反转及停止

一、单作用气缸换向回路

1. 手动阀控制换向回路

图 3-16 所示为二位三通手动阀换向回路，此方法适用于气缸缸径较小的场合。图 3-16a 所示为采用弹簧复位式手控二位三通阀的换向回路，当按下按钮后阀进行切换，活塞杆伸出，松开按钮后阀复位，气缸活塞杆靠弹簧力返回。图 3-16b 所示为采用带定位机构手控二位三通阀的换向回路，按下按钮后活塞杆伸出，松开按钮，因阀有定位机构而保持原位，活塞杆仍保持伸出状态，只有把按钮上拔时，二位三通阀才能换向，气缸进行排气，活塞杆返回。

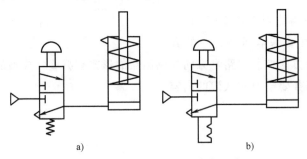

图 3-16　二位三通手动阀换向回路

2. 电磁阀控制换向回路

图 3-17 所示为常闭型二位三通电磁阀换向回路。当电磁铁得电时，气压使活塞杆伸出工作；当电磁铁失电时，活塞杆在弹簧作用下缩回。

在图 3-18 所示的三位五通电磁阀换向回路中，电磁铁失电后能自动复位，故能使气缸停留在行程中任意位置，不过由于空气的可压缩性，其定位精度较差。

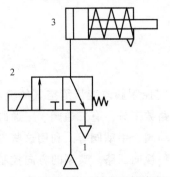 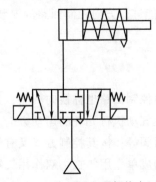

图 3-17　常闭型二位三通电磁阀换向回路　　图 3-18　三位五通电磁阀换向回路

图 3-19 所示为采用一个二位二通阀和一个二位三通阀的联合控制换向回路，该回路也能实现单作用气缸的中间停止功能。

3. 气控阀换向回路

图 3-20 所示为二位三通气控阀换向回路。当缸径很大时，手控阀的通流能力过小将影响气缸运动速度。因此，直接控制气缸换向的主控阀需采用通径较大的气控阀。阀 2 也可用机控阀代替。

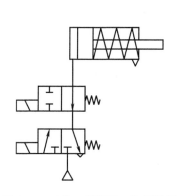

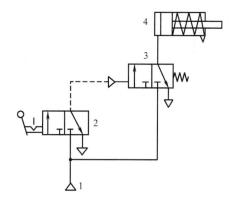

图 3-19　二位二通阀和二位三通阀
联合控制换向回路

图 3-20　二位三通气控阀换向回路
1—气源　2—手动换向阀　3—气控
换向阀　4—单作用气缸

二、双作用气缸换向回路

图 3-15 所示的气动回路是采用单气控二位五通换向阀的双作用气缸换向回路。结合 FluidSIM-P 仿真软件分析该回路如下：

若驱动按钮阀（1S1）动作，压缩空气就会通过按钮阀（1S2）的排气口 3 排出，这样就不能驱动换向阀（1V1）换向，如图 3-21 所示。

同理，若驱动按钮阀（1S2）动作，压缩空气就会通过按钮阀（1S1）的排气口 3 排出，这样也不能驱动换向阀（1V1）换向。

将两个按钮阀（1S1 和 1S2）的工作口连接起来。在这种情况下，由于压缩空气通过按钮阀排气口排出，气缸将不动作，因此，这种气动回路是不能正常工作的。

如果想让回路能正常工作，即实现按下其中一个按钮阀，双作用气缸能伸出，同时松开两个按钮阀，双作用气缸才缩回的功能，我们可以分析得出两个按钮阀是一种"或"逻辑关系，所以在图 3-15 的气动回路中增加一个梭阀（1V2）即可，如图 3-22 所示。

梭阀与两个按钮阀的工作口相连接，只要操作两个按钮阀中的任何一个动作，梭阀的 1 口就有气信号，这样梭阀工作口（2）才有气信号输出，从而使气缸活塞杆伸出，如图 3-23 所示。

在图 3-24a 所示回路中通过对换向阀左右两侧分别输入控制信号，使气缸活塞杆伸出和缩回。此回路不允许左右两侧同时加等压控制信号。图 3-24b 所示回路，除控制双作用气缸换向外，还可在行程中的任意位置停止运动。

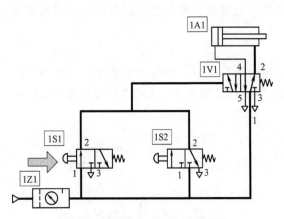

图 3-21　驱动按钮阀 1S1 动作回路

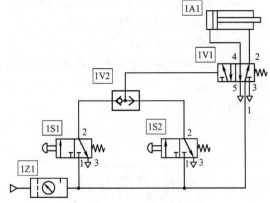

图 3-22　"或"逻辑气动回路

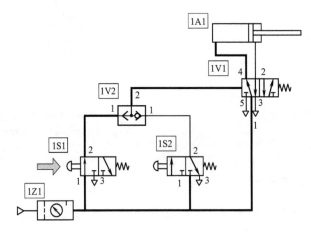

图 3-23　"或"逻辑气动回路

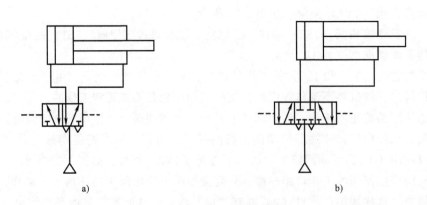

a)　　　　　　　　　　　　　　　　b)

图 3-24　双作用气缸换向回路

a）采用双气控二位五通阀　b）采用双气控中位封闭式三位五通阀

双作用气缸换向回路请观看微课：3-3　双作用气缸换向回路及微课：双作用气缸换向回路仿真。

任 务 实 践

一、"或"逻辑气动回路安装与调试步骤

1）元件识别与选型。

2）将实验元件安装在实验台上。

3）参考图 3-22 "或"逻辑气动回路用气管将元件连接可靠。

4）打开气源，按下其中任意一个按钮阀，观察系统运行情况。

5）总结实验过程，完成任务工单。

二、"或"逻辑气动回路元件布局

"或"逻辑气动回路元件原则上按照回路从下到上、从左到右的顺序进行合理布局，其中气源装置是每个实验台单独配一个，无须在实验台上体现，其他各元件在实验台上的建议安装位置如图 3-25 所示（元件序号见表 3-3)。

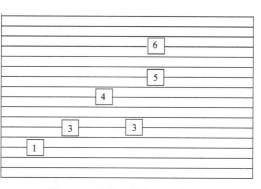

图 3-25　建议安装位置（序号）

三、主要元件安装与调整方法

主要元件安装与调整方法具体见表 3-3。

表 3-3　主要元件安装与调整方法

序号	部分实验元件		安装与调整方法
1	气动三联件	入口　出口	取一根气管，一端与气源出口连接，另一端与左图气动三联件入口连接 取第二根气管，一端与气动三联件出口连接，另一端与四通管其中一个接口连接 注意要用力插管
2	四通管		利用两根气管分别将两个二位三通手动阀的输入口 1 与四通管连接在一起 注意要用力插管

（续）

序号	部分实验元件		安装与调整方法
3	二位三通手动阀	输入口1(P)　输出口2(A)	取两根气管,一端分别与梭阀的输入口1(P)连接在一起,另一端分别与两个二位三通手动阀的输出口2(A)连接在一起 注意要用力插管
4	梭阀	输出口2 输入口1　输入口1	取一根气管,一端与梭阀输出口2连接,另一端与单气控二位五通阀的控制口连接 注意要用力插管
5	单气控二位五通阀	输出口4(A)　输出口2(B)　控制口 输入口1(P)	用气管一端与四通管的第四个接口连接,另一端与单气控二位五通阀的输入口1(P)连接 用气管一端与单气控二位五通阀的输出口4(A)连接,另一端与双作用气缸右接口连接 用气管一端与单气控二位五通阀的输出口2(B)连接,另一端与双作用气缸左接口连接 注意要用力插管
6	双作用气缸		连接方法见序号5中的第2和第3步

四、"或"逻辑气动回路调试

1. 按下其中任意一个二位三通手动阀

观察系统运行情况。

2. 同时按下两个二位三通手动阀

观察系统运行情况。

3. 松开二位三通手动阀

观察系统运行情况。

任务3-3 气动折边系统的构建与装调

任务引入：

图3-1所示气动折边装置中，同时操作两个相同阀门的按钮开关，使折边装置的成形模具向下锻压，将面积为40cm×5cm的平板折边；松开两个或仅松开一个按钮开关，都使折边装置（气缸）退回到初始位置。试设计满足气动折边装置工作要求的气动回路图并在实验台上安装、调试、运行气动折边系统。

任务分析：

气动折边装置是利用成形模具猛地向下锻压把钢板进行折弯操作，此类设备工作速度快，为了避免伤及人手，控制系统采用双手操作的逻辑控制回路。

由于进行锻压加工，成形模具在向下运动时速度快，输出力要大，因此采用双作用气缸控制成形模具比采用单作用气缸控制更合理。

要想完成此控制回路的设计，任务3-1已经介绍了气动逻辑元件和典型逻辑回路，本任务要学习了解气动折边系统回路构建思路和方法，以完成气动折边系统气动回路的设计。

学习目标：

知识目标：
1）掌握气动折边系统回路的构建方法。
2）理解并掌握气动折边系统回路的工作原理。

能力目标：
1）能进行气动折边系统控制回路的设计。
2）能进行气动折边系统控制回路的安装与调试。

理 论 资 讯

一、气动折边系统回路构建

1. 两个按钮开关

同时操作两个相同阀门的按钮开关，使折边装置的成形模具向下锻压，将面积为40cm×5cm的平板折边；松开两个或仅松开一个按钮开关，都使折边装置（气缸）退回到初始位置。按钮开关选择二位三通手动阀，如图3-26所示。

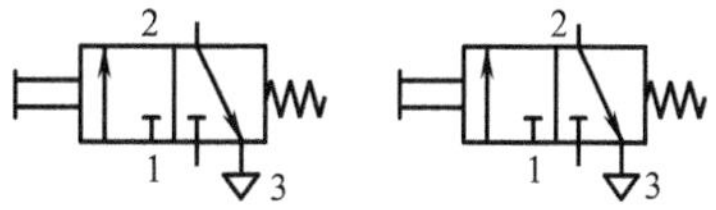

2. 双压阀（与门阀）

气动折边装置工作要求同时操作两个相同阀门的按钮开关，则这两个按钮阀之间的关系是"与"逻辑，实现"与"逻辑功能的元件是双压阀，如图3-27所示。

图3-26 两个二位三通手动阀

3. 控制方式

单缸的控制方式有两种：直接控制和间接控制。

直接控制所用元件少，回路简单，多用于单作用气缸或双作用气缸的简单控制，但无法满足有多个换向条件时的回路或较复杂的控制系统的控制，也不易实现控制的自动化。由于直接控制是由人

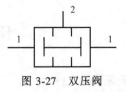

图 3-27　双压阀

力和机械外力操控换向阀换向的，所以只适用于所需气流量和控制阀尺寸相对较小以及控制系统较简单的场合。

间接控制回路利用小通径的阀去控制大通径的换向阀，操作更容易；能实现远程操作，即按钮阀可安装在远离气缸的位置上，此种控制方式也适用于工作现场存在危险的工况，是系统回路设计中常常采用的控制方式。

综合上述直接控制和间接控制的特点，气动折边系统选择间接控制方式。

4. 执行元件选择

由于气动折边装置进行的是锻压加工，成形模具在向下运动时速度快，输出力要大，因此采用双作用气缸控制成形模具比采用单作用气缸控制更合理。

两种气缸比较如下：

1）单作用气缸结构简单，耗气量少。缸体内安装了弹簧，缩短了气缸的有效行程。弹簧的反作用力随压缩行程的增大而增大，故活塞杆的输出力随运动行程的增大而减小。弹簧具有吸收动能的能力，可减小行程中断的撞击作用。一般用于行程短、对输出力和运动速度要求不高的场合。

2）双作用气缸的活塞前进或后退都能输出力（推力或拉力），结构简单，行程可根据需要选择。此类气缸使用最为广泛。

5. 主控阀选择

根据上述分析，采用的是双作用气缸间接控制，结合气动折边装置工作要求，主控阀选择单气控二位五通换向阀，如图 3-28 所示。

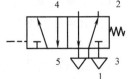

6. 气动回路图

气动折边系统气动回路图如图 3-29 所示。

图 3-28　单气控二位
五通换向阀

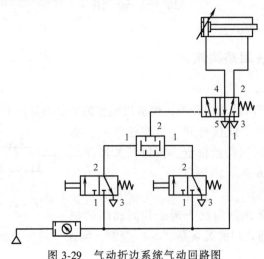

图 3-29　气动折边系统气动回路图

二、气动折边系统回路分析

借助气动仿真软件 FluidSIM-P 对气动折边气动回路进行仿真分析，具体仿真工作过程见微课：气动折边系统回路仿真。

任 务 实 践

一、气动折边系统回路安装与调试步骤

1）元件识别与选型。

2）将实验元件安装在实验台上。

3）参考图 3-29 气动折边系统气动回路用气管将元件连接可靠。

4）打开气源，分别启动其中一个按钮阀和同时启动两个按钮阀，观察系统运行情况。

5）总结实验过程，完成任务工单。

二、气动折边系统回路元件布局

气动折边系统回路元件原则上按照回路从下到上、从左到右的顺序进行合理布局，其中气源装置是每个实验台单独配一个，无须在实验台上体现，其他各元件在实验台上的建议安装位置如图 3-30 所示（元件序号见表 3-4）。

图 3-30　建议安装位置（序号）

三、主要元件安装与调整方法

主要元件安装与调整方法具体见表 3-4。
（视频：气动折边系统回路装调）

表 3-4　主要元件安装与调整方法

序号	部分实验元件		安装与调整方法
1	气动三联件	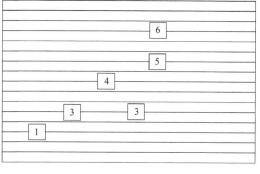 入口　出口	取一根气管，一端与气源出口连接，另一端与左图气动三联件入口连接 取第二根气管，一端与气动三联件出口连接，另一端与四通管其中一个接口连接 注意要用力插管

（续）

序号	部分实验元件	安装与调整方法
2	四通管	利用两根气管分别将两个二位三通手动阀的输入口1（P）与四通管连接在一起 注意要用力插管
3	二位三通手动阀	取两根气管，一端分别与双压阀的输入口1（P）连接在一起，另一端分别与两个二位三通手动阀的输出口2（A）连接在一起 注意要用力插管
4	双压阀	取一根气管，一端与双压阀输出口2连接，另一端与单气控二位五通阀的控制口连接 注意要用力插管
5	单气控二位五通阀	用气管一端与四通管的第四个接口连接，另一端与单气控二位五通阀的输入口1（P）连接 用气管一端与单气控二位五通阀的输出口4（A）连接，另一端与双作用气缸右接口连接 用气管一端与单气控二位五通阀的输出口2（B）连接，另一端与双作用气缸左接口连接 注意要用力插管
6	双作用气缸	连接方法见序号5中的第2和第3步

四、气动折边系统回路调试

1. 按下其中一个按钮阀

观察系统运行情况。

2. 同时按下两个按钮阀

观察系统运行情况。

项目四

气动攻丝机系统的构建与控制

项目介绍：

图 4-1 所示为气动攻丝机。气动攻丝机是一套纯气动攻丝/攻牙机具，操作者将零件装夹在底座上，在踩下脚踏开关后，气动攻丝马达正转，同时向下进给，当零件攻丝完毕后，气动攻丝马达反转，退回初始位置后停止，另外马达上升下降速度可调。试设计满足气动攻丝机工作要求的气动回路图并在实验台上安装、调试、运行气动攻丝机系统。

图 4-1 气动攻丝机

任务 4-1 气压传动执行元件——气动马达

任务引入：

在图 4-1 气动攻丝机中，要求踩下脚踏开关后，气动攻丝马达正转，同时向下进给，当零件攻丝完毕后，气动攻丝马达反转，退回初始位置后停止。气动攻丝马达是一种什么元件？它的功能是什么？它是如何工作的？要想完成此项目，有必要对气动攻丝马达进行学习和了解。

任务分析： >>>

　　气动攻丝机采用气缸和气动攻丝马达分别进行上下的进给运动和旋转的攻丝运动；该回路采用纯气动控制，需要气压控制换向阀。

　　要想完成此控制回路的设计，就要了解气动攻丝马达和气压控制换向阀，这些内容是本任务要学习和认识的内容。

学习目标： >>>

知识目标：

1）掌握气动马达的作用、工作原理、图形符号。

2）掌握气压控制换向阀的作用、工作原理、图形符号。

3）理解并掌握双气控阀的记忆功能。

能力目标：

1）能够合理选用气动马达。

2）能够识别与使用气压控制换向阀。

3）会分析双气控阀应用——记忆回路。

理 论 资 讯

一、气动马达

　　气动马达是一种做连续旋转运动的气动执行元件，是一种把压缩空气的压力能转换成回转机械能的能量转换装置，其作用相当于电动机或液压马达，它输出转矩，驱动执行机构做旋转运动。在气压传动中使用广泛的是叶片式、活塞式和齿轮式气动马达。（微课：4-1　气动马达）

1. 叶片式气动马达

　　叶片式气动马达的工作原理如图 4-2 所示，压缩空气由 A 孔输入，小部分经定子两端的密封盖槽进入叶片底部（图中未表示），将叶片推出，使叶片紧贴在定子内壁上，多数压缩空气进入相应的密封空间而作用在两个叶片上。由于两叶片伸出长度不等，因此产生了转矩差，使叶片与转子按顺时针方向旋转，做功后的气体由定子上的孔 C 和 B 排出。若改变压缩空气的输入方向（即压缩空气由 B 孔进入，从孔 A 和 C 排出）则可改变转子的转向。

　　叶片式气动马达一般在中小容量及高速回转的应用条件下使用，其耗气量比活塞式大、体积小、重量轻、结构简单。其

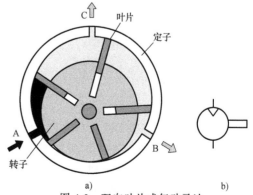

图 4-2　双向叶片式气动马达

a）结构原理　b）图形符号

输出功率为 0.1 ~ 20kW，转速为 500 ~ 25000r/min。另外，叶片式气动马达起动及低速运转时的性能不好，转速低于 500r/min 时必须配用减速机构。叶片式气动马达主要用于矿山机械和气动工具中。

2. 活塞式气动马达

活塞式气动马达是一种通过曲柄或斜盘将若干个活塞的直线运动转变为回转运动的气动马达。按其结构不同，可分为径向活塞式和轴向活塞式两种。

图 4-3 所示为径向活塞式气动马达的结构。其工作室由缸体和活塞构成 3 ~ 6 个气缸围绕曲轴呈放射状分布，每个气缸通过连杆与曲轴相连。通过压缩空气分配阀向各气缸顺序供气，压缩空气推动活塞运动，带动曲轴转动。当配气阀转到某角度时，气缸内的余气经排气口排出。改变进、排气方向，可实现气动马达的正反转换向。

活塞式气动马达适用于转速低、转矩大的场合。其耗气量不小，且构成零件多，价格高。其输出功率为 0.2 ~ 20kW，转速为 200 ~ 4500r/min。活塞式气动马达主要应用于矿山机械，也可用作传送带等的驱动马达。

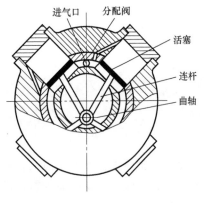

图 4-3　径向活塞式气动马达

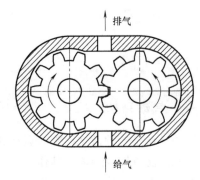

图 4-4　齿轮式气动马达

3. 齿轮式气动马达

图 4-4 所示为齿轮式气动马达结构。这种气动马达的工作室由一对齿轮构成，压缩空气由对称中心处输入，齿轮在压力的作用下回转。采用直齿轮的气动马达可以按正反两个方向转动，但供给的压缩空气通过齿轮时不膨胀，因此效率低；当采用人字齿轮或斜齿轮时，压缩空气膨胀 60% ~ 70%，提高了效率，但只能按照规定的方向运转。

齿轮式气动马达与其他类型的气动马达相比，具有体积小、重量轻、结构简单、对气源质量要求低、耐冲击及惯性小等优点，但转矩脉动较大，效率较低。小型气动马达转速能高达 10000r/min；大型的能达到 1000r/min，功率可达 50kW。主要用于矿山工具。

4. 气动马达的特点

气动马达的功能类似于液压马达或电动机。与后两者相比，气动马达有如下特点：

1）可以无级调速。只要控制进排气流量，就能在较大范围内调节其输出功率和转速。气动马达功率小到几百瓦，大到几万瓦，转速范围可以从 0 到 25000r/min 或更高。

2）能实现正反转。只要操作换向阀换向，改变进排气方向，就能达到正转和反转的目的。气动马达换向容易，换向后起动快，可在极短的时间内升到全速。

3）有较高的起动力矩。可直接带负载起动，起动和停止均迅速。

4）有过载保护作用。过载时只是转速降低或停转，不会发生烧毁。过载解除后，能立即恢复正常工作。可长时间满载工作，温升很小。

5）工作安全。适用于恶劣的工作环境，在高温、潮湿、易燃、振动、多粉尘的不利条件下都能正常工作。

6）操作简单，维修方便。

7）输出转矩和输出功率较小。

5. 气动马达的应用与润滑

目前国产叶片式气动马达的输出功率最大约为 15kW，活塞式气动马达的最大功率约为 18kW。耗气量较大，故效率低，噪声较大。

气动马达适用于要求安全、无级调速、经常改变旋转方向、起动频繁以及防爆、带负载起动、有过载可能性的场合。适用于恶劣工作条件，如高温、潮湿以及不便于人工直接操作的地方。当要求多种速度运转、瞬时起动和制动，或可能经常发生失速和过载的情况时，采用气动马达要比其他类似设备价格便宜，维修简单。目前，气动马达在矿山机械中应用较多；在专业性成批生产的机械制造业、油田、化工、造纸、冶金、电站等行业均有较多使用；工程建筑、筑路、建桥、隧道开凿等均有应用；许多气动工具如气钻、气动扳手、气动砂轮及气动铲刮机等均装有气动马达。

气动马达转速高，使用时要注意润滑。气动马达必须得到良好的润滑后才可正常运转，良好润滑可保证马达在检修期内长时间运转无误。一般在整个气动系统回路中，在气动马达操纵阀前面均设置有油雾器，使油雾与压缩空气混合再进入气动马达，从而达到充分润滑。注意保证油雾器内正常油位，及时添加新油。

6. 气动攻丝马达选择

可使用高压空气带动气动马达来攻丝。气动攻丝机使用的是紧凑型的叶片式气动马达，最大转速可达 10000r/min 以上，通过行星减速机构，可以达到大扭力输出的功能，外观小巧，并可实现正反转，如图 4-5 所示。气动马达还可以配上带有扭力保护功能的安全夹头，

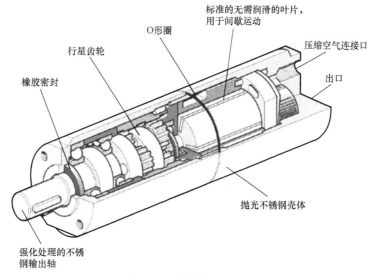

图 4-5 气动攻丝马达

对丝锥进行保护。

二、气压控制换向阀（双气控二位五通换向阀）

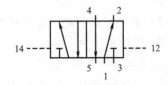

1. 双气控二位五通阀结构及工作原理（微课：4-2 双气控换向阀及应用）

双气控二位五通阀图形符号如图4-6所示。

如图4-7a所示，双气控二位五通阀有五个气接口和两个工作位置，常用来控制气缸动作。在这种换向阀中，阀芯与阀套之间的间隙不超过0.002～0.004mm。图中所示的双气控二位五通阀为在控制口12上有气信号时的工作状态，此时，输入口1与输出口2相通，输出口4与排气口5相通，排气口3截止。

图4-6　双气控二位五通阀图形符号

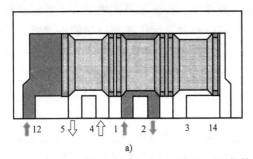

a)

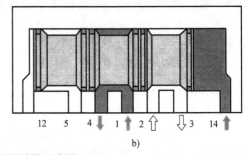

b)

图4-7　双气控二位五通阀结构示意图

如图4-7b所示，为了避免损坏密封件，各气接口通常在阀体上径向分布。图中所示为在控制口14上有气信号时的工作状态，此时，输入口1与输出口4相通，输出口2与排气口3相通，排气口5截止。与截止式换向阀相比，这种换向阀工作行程要大一些。

2. 双气控二位五通阀应用

图4-8所示为双气控二位五通阀的应用——记忆回路。当驱动左边按钮阀1S1动作时，双作用气缸活塞杆伸出。双作用气缸活塞杆一直处于伸出状态，直至驱动右边按钮

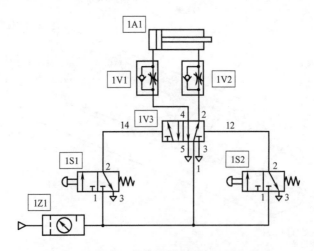

图4-8　双气控二位五通阀应用——记忆回路

阀 1S2 动作，气缸活塞杆才回缩至初始位置。气缸活塞杆伸出或缩回过程中，其运动速度可调。

由于双气控二位五通阀的记忆特性，作为信号发生元件的按钮阀，其产生的气信号可以是短信号或脉冲信号。一旦驱动按钮阀（1S1）动作，双气控二位五通阀的控制口（14）上就有气信号，结果使双气控二位五通阀换向到左位，气缸（1A1）活塞杆伸出，如图 4-9 所示。

松开按钮阀（1S1）时，控制口（14）上的气信号消失，双气控二位五通阀（1V3）保持当前位置（左位），直至再次产生气信号，双气控二位五通阀才换向，如图 4-10 所示。

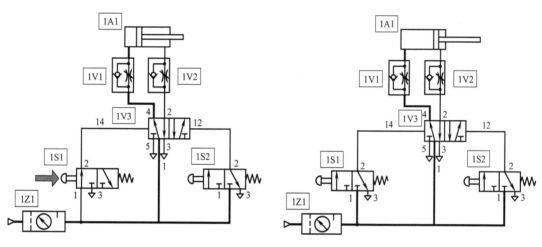

图 4-9　驱动按钮阀 1S1 动作　　　　　图 4-10　松开按钮阀 1S1 回路

当按钮阀（1S2）动作时，双气控二位五通阀（1V3）才换向到右位，气缸活塞杆缩回，如图 4-11 所示。松开按钮阀（1S2）时，控制口（12）上的气信号消失，双气控二位五通阀（1V3）保持当前位置（右位），如图 4-12 所示。只有在双气控二位五通阀的控制口（14）上再次产生气信号（该气信号由按钮阀（1S1）产生）时，气缸活塞杆才伸出。

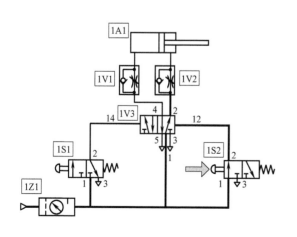

图 4-11　驱动按钮阀 1S2 动作

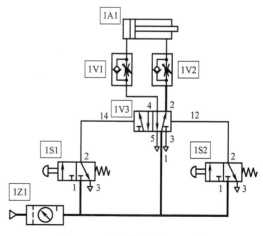

图 4-12　松开按钮阀 1S2 回路

任 务 实 践

一、记忆回路安装与调试步骤

1）元件识别与选型。

2）将实验元件安装在实验台上。

3）参考图 4-8 记忆回路用气管将元件连接可靠（单向节流阀 1V1 和 1V2 可暂时不用连接）。

4）打开气源，分别按下按钮阀 1S1 和按钮阀 1S2，观察系统运行情况。

5）总结实验过程，完成任务工单。

二、记忆回路元件布局

记忆回路元件原则上按照回路从下到上、从左到右的顺序进行合理布局，其中气源装置是每个实验台单独配一个，无须在实验台上体现，其他各元件在实验台上的建议安装位置如图 4-13 所示（元件序号见表 4-1）。

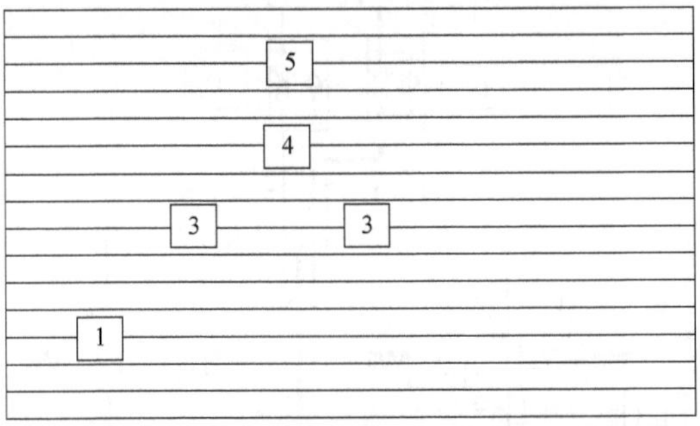

图 4-13　建议安装位置（序号）

三、主要元件安装与调整方法

主要元件安装与调整方法具体见表 4-1。

（视频：双气控阀应用——记忆回路装调）

表 4-1　主要元件安装与调整方法

序号		部分实验元件	安装与调整方法
1	气动三联件	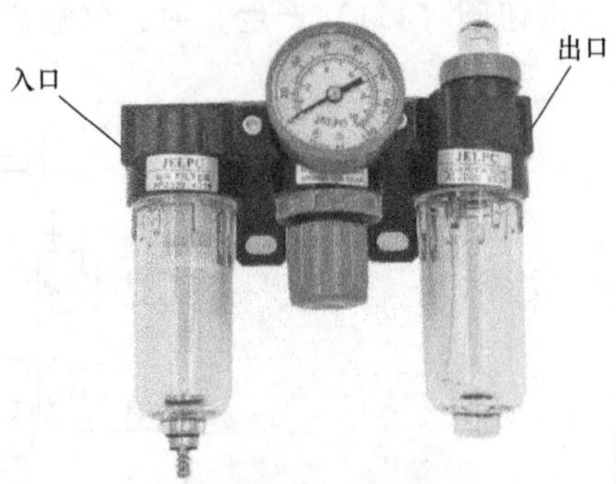 入口　出口	取一根气管，一端与气源出口连接，另一端与左图气动三联件入口连接 取第二根气管，一端与气动三联件出口连接，另一端与四通管其中一个接口连接 注意要用力插管
2	四通管		利用两根气管分别将两个二位三通手动阀 1S1 和 1S2 的输入口 1 与四通管连接在一起 注意要用力插管

（续）

序号	部分实验元件	安装与调整方法
3	二位三通手动阀 输入口1(P)　　输出口2(A)	取一根气管,一端与双气控二位五通阀 1V3 的控制口 14 连接在一起,另一端与二位三通手动阀 1S1 的输出口 2 连接在一起 取一根气管,一端与双气控二位五通阀 1V3 的控制口 12 连接在一起,另一端与二位三通手动阀 1S2 的输出口 2 连接在一起 注意要用力插管
4	双气控二位五通阀 输出口4(A)　　输出口2(B) 控制口14　　控制口12 输入口1(P)	用气管一端与四通管的第四个接口连接,另一端与双气控二位五通阀 1V3 的输入口 1(P) 连接 用气管一端与双气控二位五通阀 1V3 的输出口 4(A) 连接,另一端与双作用气缸左接口连接 用气管一端与双气控二位五通阀 1V3 的输出口 2(B) 连接,另一端与双作用气缸右接口连接 注意要用力插管
5	双作用气缸	连接方法见序号 4 中的第 2 和第 3 步

四、记忆回路调试

1. 按住按钮阀 1S1

观察系统运行情况。

2. 松开按钮阀 1S1

观察系统运行情况。

3. 按住按钮阀 1S2

观察系统运行情况。

4. 松开按钮阀 1S2

观察系统运行情况。

5. 同时按住按钮阀 1S1 和 1S2

观察系统运行情况。

任务4-2　气压传动控制元件——流量控制阀

任务引入：>>>>

在气动攻丝机中,要求气动攻丝马达的上升下降速度可调。在气动控制中,用什么元件来进行速度调节？该元件的结构是什么样的？工作原理是什么？要想完成此项目，有必要对速度控制的元件——流量控制阀进行学习和了解。

任务分析：

在气压传动控制元件中，有一类流量控制阀，用来控制和调节压缩空气的流量，从而控制执行元件的运动速度。本任务要学习和认识流量控制阀的分类、作用、结构和工作原理。

学习目标：

知识目标：
1）了解流量控制阀的分类。
2）掌握流量控制阀的作用、工作原理、图形符号。
3）理解进气节流与排气节流。

能力目标：
1）能够合理选用流量控制阀。
2）能够识别不同的流量控制阀。
3）能够正确使用流量控制阀。

理 论 资 讯

流量控制阀是通过改变阀的通流面积来实现流量（或流速）控制的元件。流量控制阀包括节流阀、单向节流阀、排气消声节流阀等。

一、节流阀

节流阀是将空气的流通截面缩小以增加气体的流通阻力，而降低气体的压力和流量。如图 4-14 所示，阀体上有一个调整螺钉，可以调节节流阀的开度（无级调节），并可保持其开度不变，此类阀称为可调节开口节流阀。流通截面固定的节流阀，称为固定开口节流阀。（微课：4-3　节流阀解析）

可调节流阀常用于调节气缸活塞运动速度，若有可能，应直接安装在气

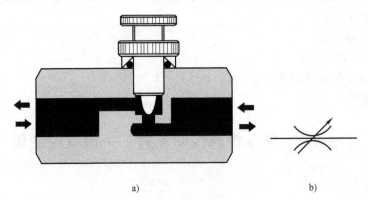

a)   b)

图 4-14　节 流 阀

a）结构示意图　b）图形符号

缸上。这种节流阀有双向节流作用。使用节流阀时，节流面积不宜太小，因空气中的冷凝水、尘埃等塞满阻流口通路会引起节流量的变化。

节流口的形式有多种，常用的有针阀型、三角沟槽型和圆柱斜切型等，如图 4-15 所示。针阀型节流口，当阀开度较小时，调节比较灵敏，当超过一定开度时，调节流量的灵敏度就变差了；三角沟槽型节流口，流通面积与阀芯位移量成线性关系；圆柱斜切型节流口，通流面积与阀芯位移量成指数关系，能进行小流量精密调节。

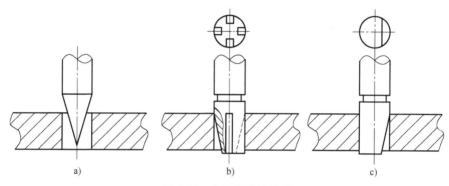

图 4-15　常用节流口形式
a）针阀型　b）三角沟槽型　c）圆柱斜切型

二、单向节流阀

单向节流阀是由单向阀和节流阀并联而成的组合式流量控制阀，通常用于控制气缸的运动速度，也称为"速度控制阀"。（微课：4-4　单向节流阀解析）

1. 结构及工作原理

图 4-16 为单向节流阀结构原理图。其节流阀口为针阀型结构。当气流从 P 口进入时，单向阀被顶在阀座上处于关闭状态，压缩空气只能从节流口流向出口 A，如图 4-17a 所示。流量被节流阀节流口的大小所限制，调节螺钉可以调节节流面积。当气流从 A 口进入时，推开单向阀自由流到 P 口，不受节流阀限制，如图 4-17b 所示。（动画：单向节流阀）

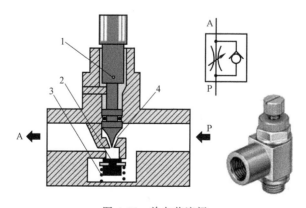

图 4-16　单向节流阀
1—调节针阀　2—单向阀阀芯　3—压缩弹簧　4—节流口

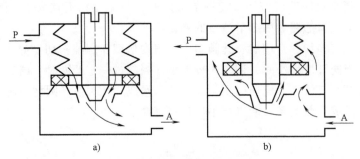

图 4-17　单向节流阀工作原理图

a）P—A 状态　b）A—P 状态

2. 速度控制方式

利用单向节流阀控制气缸速度的方式有进气节流和排气节流两种。（微

课：4-6　进气节流与排气节流）

（1）进气节流调速　图 4-18 所示为进气节流调速，它利用单向节流阀控

制进入气动执行元件中的压缩空气流量达到控制气缸速度的目的。采用这种控制方式，如活塞杆上的负荷有轻微变化，将导致气缸速度的明显变化，因此速度稳定性差，仅用于单作用气缸、小型气缸或短行程气缸的速度控制。

在要求执行元件低速运行的系统中，节流口必须开得很小，才能保证单位时间内进入执行元件的压缩空气量少，因此执行元件运行中由于位置变化引起的容积变化，压缩空气不能及时补充进来，压力降低，容易发生走走停停的现象，即"爬行"现象。另外，当负载力与执行元件运动方向一致时，即拉力负载时，采用进气节流调速无法控制执行元件速度。

（2）排气节流调速　图 4-19 所示为排气节流调速，它通过控制气缸排气量的大小达到控制气缸速度的目的。由于对排气进行了节流，气体不能及时排出，执行元件运行的过程中

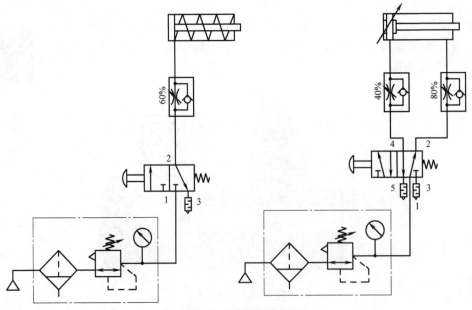

图 4-18　进气节流调速

背腔始终具有一定的压力。执行元件在一定阻力的作用下运行，当负载有微小波动时有利于其速度保持稳定，并且在拉力负载作用下仍能控制其运行的速度，是气动系统首选的调速方法，常用于双作用气缸的速度控制。单向节流阀用于气动执行元件的速度调节时应尽可能直接安装在气缸上。

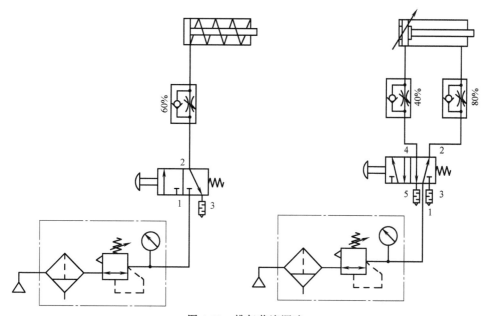

图 4-19　排气节流调速

一般情况下，单向节流阀的流量调节范围为管道流量的 20%～30%。对于要求能在较宽范围内进行速度控制的场合，可采用单向阀开度可调的速度控制阀。

三、排气消声节流阀

图 4-20 所示为排气消声节流阀的工作原理图和图形符号。排气消声节流阀的节流原理和节流阀一样，也是靠调节通流面积来调节流量的。它们的区别是：节流阀通常是安装在系统中调节气流的流量；而排气消声节流阀由于节流口后有消声器件，所以它必须安装在执行元件的排气口处，用来控制执行元件排入大气中气体的流量，以此来调节执行元件的运动速度，同时还可以降低排气噪声。从图 4-20a 中可以看出，气流从 A 口进入阀内，由节流口 1 节流后经消声套排出。（微课：4-5　排气消声节流阀解析）

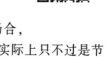

排气消声节流阀宜用于换向阀与气缸之间不能安装速度控制阀的场合，通常安装在换向阀的排气口处，与换向阀联用，起单向节流阀的作用。它实际上只不过是节流阀的一种特殊形式。由于其结构简单，安装方便，能简化回路，故应用日益广泛。

四、流量控制阀的选择与使用注意事项

流量控制阀应根据气动装置或气动执行元件的进气口、出气口的通径来选择，且应考虑到流量调节范围及使用条件。

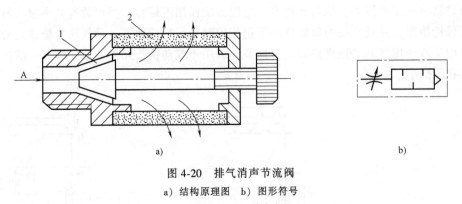

图 4-20 排气消声节流阀
a）结构原理图 b）图形符号
1—节流口 2—消声套

由于受空气的压缩性及空气阻力的影响，一般气缸的运动速度不得低于 30mm/s。在气缸速度控制中，若能注意以下几点，则在多数场合可以达到比较满意的控制结果：

1）彻底防止管路中的气体泄漏，包括各元件接管处的泄漏。如接管螺纹的密封不严、软管的弯曲半径过小、元件的质量欠佳等因素都会引起泄漏。

2）要注意减小气缸的摩擦力。为此，应选用高质量的气缸，使用中要保持良好的润滑状态。要注意正确、合理地安装气缸，超长行程的气缸应安装导向支架。

3）控制气动执行元件的速度有进气节流和排气节流两种方式，但多采用后者。用排气节流的方法调控速度更稳定和可靠。

4）加在气动执行元件上的载荷必须稳定。若载荷在行程中途有变化或变化不定，其速度控制相当困难，甚至不可能控制。在不能消除载荷变化的情况下，可借助液压传动如气-液阻尼缸以达到运动平稳、无冲击的效果。

任务实践

一、进气节流仿真分析

1）打开气动仿真 FluidSIM-P 软件。

2）参考图 4-18 进气节流调速回路进行绘制。

3）启动仿真，观察单作用气缸活塞杆伸出和缩回的速度快慢。

4）调节单向节流阀的开度大小，继续观察单作用气缸活塞杆伸出和缩回的速度变化。

5）启动仿真，观察双作用气缸活塞杆伸出和缩回的速度快慢。

6）分别调节左侧和右侧单向节流阀的开度大小，继续观察双作用气缸活塞杆伸出和缩回的速度变化。

7）得出进气节流调速的速度控制结论。

二、排气节流仿真分析

1）打开气动仿真 FluidSIM-P 软件。

2）参考图 4-19 排气节流调速回路进行绘制。

3）启动仿真，观察单作用气缸活塞杆伸出和缩回的速度快慢。

4）调节单向节流阀的开度大小，继续观察单作用气缸活塞杆伸出和缩回的速度变化。

5）启动仿真，观察双作用气缸活塞杆伸出和缩回的速度快慢。

6）分别调节左侧和右侧单向节流阀的开度大小，继续观察双作用气缸活塞杆伸出和缩回的速度变化。

7）得出排气节流调速的速度控制结论。

三、进气节流与排气节流故障仿真分析

在绘制的进气节流调速回路中，把双作用气缸进气节流调速回路中的右侧单向节流阀旋转180°再重新连接：

1）启动仿真，观察双作用气缸活塞杆伸出和缩回的速度快慢。

2）分别调节左侧和右侧单向节流阀的开度大小，继续观察双作用气缸活塞杆伸出和缩回的速度变化。

3）得出此回路的调速结论。

在绘制的进气节流调速回路中，把双作用气缸进气节流调速回路中的左侧单向节流阀旋转180°再重新连接：

1）启动仿真，观察双作用气缸活塞杆伸出和缩回的速度快慢。

2）分别调节左侧和右侧单向节流阀的开度大小，继续观察双作用气缸活塞杆伸出和缩回的速度变化。

3）得出此回路的调速结论。

在绘制的排气节流调速回路中，把双作用气缸排气节流调速回路中的右侧单向节流阀旋转180°再重新连接：

1）启动仿真，观察双作用气缸活塞杆伸出和缩回的速度快慢。

2）分别调节左侧和右侧单向节流阀的开度大小，继续观察双作用气缸活塞杆伸出和缩回的速度变化。

3）得出此回路的调速结论。

在绘制的排气节流调速回路中，把双作用气缸排气节流调速回路中的左侧单向节流阀旋转180°再重新连接：

1）启动仿真，观察双作用气缸活塞杆伸出和缩回的速度快慢。

2）分别调节左侧和右侧单向节流阀的开度大小，继续观察双作用气缸活塞杆伸出和缩回的速度变化。

3）得出此回路的调速结论。

任务4-3　气缸单循环控制回路的分析与装调

（任务引入：）>>>

在任务4-2中系统学习了流量控制阀。用流量控制阀进行速度控制的回路有哪些？它们是如何进行速度控制的？

另外，在气动攻丝机中，要求踩下脚踏开关后，气动攻丝马达正转，同时向下进给；当零件攻丝完毕后，气动攻丝马达反转，退回初始位置后停止。气动控制中实现位置控制的元件是什么元件？它是如何工作的？

任务分析：》》》

速度控制回路有单作用气缸速度控制回路、双作用气缸速度控制回路、高速驱动控制回路和双速驱动控制回路等。

气动攻丝机有攻丝完毕位置和初始位置的位置要求，在纯气动控制中需要采用机械控制换向阀来进行位置控制。

学习目标：》》》

知识目标：
1）掌握速度控制回路的工作原理。
2）掌握机械控制换向阀的作用、工作原理、图形符号。
3）掌握气缸单循环控制回路的工作原理。

能力目标：
1）能够分析和装调速度控制回路。
2）能够识别与使用机械控制换向阀。
3）能够分析和装调气缸单循环控制回路。

理 论 资 讯

一、速度控制回路

1. 单作用气缸速度控制回路（微课：4-7 单作用气缸速度控制回路）

（1）双向调速回路 图 4-21 所示为单作用气缸双向调速回路，采用两个单向节流阀 1 和 2 串联分别实现进气节流和排气节流，控制气缸活塞的运动速度。其中进气时依次通过单向节流阀 1 的节流阀和单向节流阀 2 的单向阀，所以通过调节单向节流阀 1 的开度大小，控制单作用气缸活塞杆伸出的速度；排气时依次通过单向节流阀 2 的节流阀和单向节流阀 1 的单向阀，所以通过调节单向节流阀 2 的开度大小，控制单作用气缸活塞杆缩回的速度。

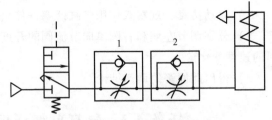

图 4-21 单作用气缸双向调速回路

（2）快速返回回路 图 4-22 所示为单作用气缸快速返回回路。活塞伸出时通过节流阀调节伸出的速度；活塞返回时，气缸下腔通过快速排气阀迅速排气，以实现单作用气缸活塞杆快速返回。（微课：4-9 快速排气阀及其应用）

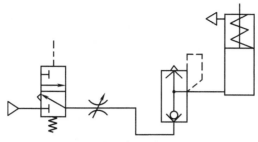

图 4-22 单作用气缸快速返回回路

2. 双作用气缸速度控制回路（微课：4-8 双作用气缸速度控制回路；微课：双作用气缸速度控制回路仿真）

（1）双作用气缸单向调速回路 图 4-23 所示为双作用气缸单向调速回路，两个单向节流阀均采用进气节流的方式，分别控制双作用气缸活塞杆的伸出和缩回速度。

（2）双作用气缸双向调速回路 图 4-24 所示为双作用气缸双向调速回路，单向节流阀采用排气节流的方式，回路中左侧单向节流阀控制双作用气缸活塞杆的缩回速度；右侧单向节流阀控制双作用气缸活塞杆的伸出速度。（视频：双作用气缸速度控制回路装调）

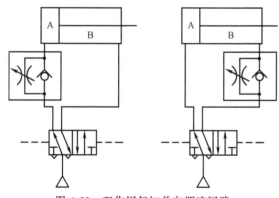

图 4-23 双作用气缸单向调速回路

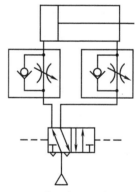

图 4-24 双作用气缸双向调速回路

3. 高速驱动控制回路

图 4-25 所示为高速驱动控制回路。该回路利用两个快速排气阀放在双作用气缸和单电控二位五通阀之间，减小排气背压，实现高速驱动。

4. 双速驱动控制回路（微课：4-10 双速驱动控制回路）

图 4-26 所示为双速驱动控制回路。该回路利用高低速两个节流阀实现高低速切换。图中排气消声节流阀 S1 调节为高

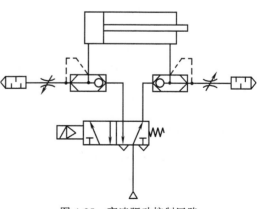

图 4-25 高速驱动控制回路

速，单向节流阀 S2 调节为低速。

当电磁阀 SD1 和 SD2 都不通电时，双作用气缸不动作，气缸速度为 0。

当电磁阀 SD1 通电、SD2 不通电时，双作用气缸活塞杆低速伸出，通过调节单向节流阀 S2 的开度大小，控制双作用气缸活塞杆的低速伸出，如图 4-27 所示。

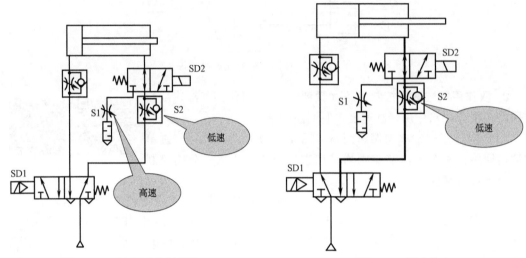

图 4-26 双速驱动控制回路   图 4-27 低速伸出

当电磁阀 SD1 和 SD2 都通电时，双作用气缸活塞杆高速伸出，通过调节排气消声节流阀 S1 的开度大小，控制双作用气缸活塞杆的高速伸出，如图 4-28 所示。

二、机械控制换向阀

机械控制换向阀是利用执行机构或其他机构的运动部件，借助凸轮、滚轮、杠杆和撞块等机械外力推动阀芯，实现换向的阀。

如图 4-29 所示，机械控制换向阀按阀芯的头部结构形式来分，常见的有：直动圆头式、杠杆滚轮式、可通过滚轮杠杆式、旋转杠杆式、可调杠杆式、弹簧触须式等。

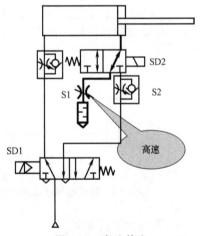

图 4-28 高速伸出

直动圆头式是由机械力直接推动阀杆的头部使阀切换。滚轮式头部结构可以减小阀杆所受的侧向力，杠杆滚轮式可减小阀杆所受的机械力。可通过滚轮杠杆式结构的头部滚轮是可折回的，当机械撞块正向运动时，阀芯被压下，阀换向。撞块走过滚轮，阀芯靠弹簧力返回。撞块返回时，由于头部可折，滚轮折回，阀芯不动，阀不换向。弹簧触须式结构操作力小，常用于计数发信号。

1. 3/2 机械控制换向阀（球密封）

如图 4-30a 所示，复位弹簧将阀芯挤压在阀座上，从而使阀口关闭，输入口 1 与输出口 2 不相通。该换向阀未驱动时，其输入口 1 关闭，输出口 2 与排气口 3 相通。

驱动压杆可将阀口打开。阀口打开时，需克服复位弹簧力和气压力（由压缩空气产

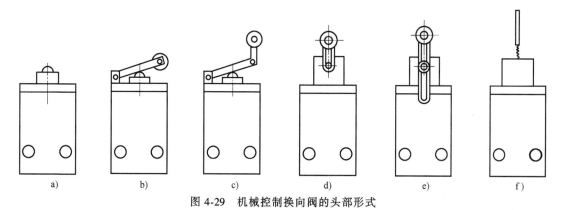

图 4-29　机械控制换向阀的头部形式

a) 直动圆头式　b) 杠杆滚轮式　c) 可通过滚轮杠杆式　d) 旋转杠杆式　e) 可调杠杆式　f) 弹簧触须式

生)。一旦阀口打开，输入口 1 就与输出口 2 相通，压缩空气可进入换向阀输出侧，即换向阀有气信号输出，如图 4-30b 所示。

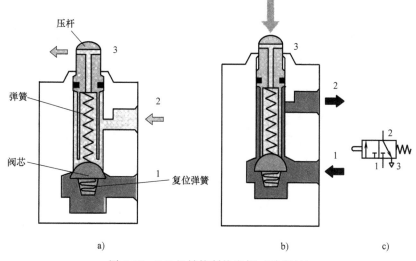

图 4-30　3/2 机械控制换向阀（球密封）

a) 未驱动　b) 已驱动　c) 图形符号

驱动力大小取决于换向阀通径。

这种换向阀结构紧凑，可安装各种类型的驱动头。对于直接驱动方式来说，驱动压杆动作的驱动力限制了其应用。大流量时，阀芯有效面积也大，这就需较大的驱动力才能将阀口打开，因此，此类型机控阀通径不宜过大。

2. 3/2 机械控制换向阀（圆盘密封）

如图 4-31a 所示，这种换向阀采用圆盘密封结构，较小位移就可产生较大的过流面积，具有响应快的特点。

如图 4-31b 所示，即使缓慢驱动该换向阀，也不存在压缩空气损失。在未驱动状态下，输入口 1 与输出口 2 不相通。该换向阀未驱动时，其输入口 1 关闭，输出口 2 与排气口 3 相通，压缩空气经排气口 3 排出。当按下压杆时，输入口 1 就与输出口 2 相通，压缩空气可进入换向阀输出侧，即换向阀有气信号输出。采用圆盘式密封结构的换向阀具有抗污染能力强、寿命长等特点。

采用圆盘密封结构的二位三通换向阀具有较大通流能力。考虑到其阀芯工作面积，此类换向阀的驱动力较大。

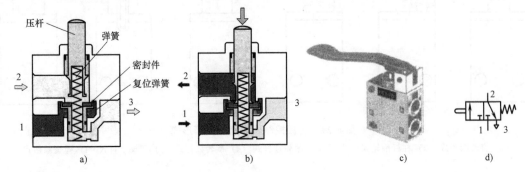

图 4-31　3/2 机械控制换向阀（圆盘密封）

a）未驱动　b）已驱动　c）实物图　d）图形符号

3. 机械控制换向阀应用

（1）单往复动作回路　如图 4-32 所示，按下手动阀，双气控二位五通换向阀处于左位，气缸外伸；当活塞杆挡块压下机动阀后，双气控二位五通阀换至右位，气缸缩回，完成一次往复运动。

（2）连续往复动作回路　如图 4-33 所示，手动阀 1 换向，高压气体经阀 3 使阀 2 换向，气缸活塞杆外伸，阀 3 复位，活塞杆挡块压下行程阀 4 时，阀 2 换至左位，活塞杆缩回，阀 4 复位，当活塞杆缩回压下行程阀 3 时，阀 2 再次换向，如此循环往复。

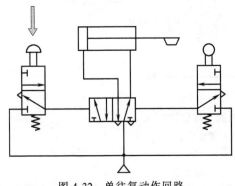

图 4-32　单往复动作回路

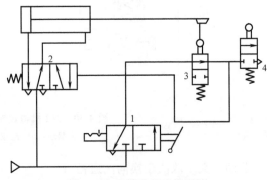

图 4-33　连续往复动作回路

三、气缸单循环控制回路

根据图 4-34 元件所示，采用滚轮行程阀设计实现气缸单循环控制。设计回路如图 4-35 所示。

气缸单循环回路工作原理分析：（微课：4-11　气缸单循环控制回路；微课：气缸单循环控制回路仿真）

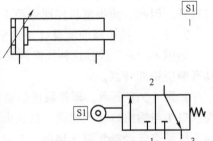

图 4-34　滚轮行程阀

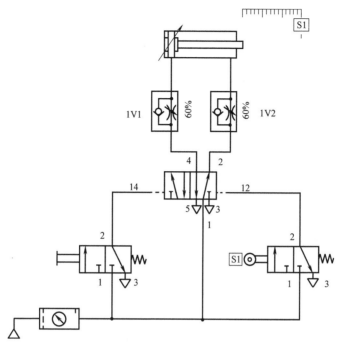

图 4-35 气缸单循环控制回路

按下二位三通手动阀，双作用气缸向右伸出，伸出速度可通过调节单向节流阀 1V2 的开度大小来调节（单向节流阀为排气节流方式安装）。

气缸伸出到位，压下二位三通滚轮行程阀 S1，双作用气缸自动向左缩回，缩回速度可通过调节单向节流阀 1V1 的开度大小来调节。

由于双气控二位五通阀具有记忆功能，所以二位三通手动阀无须一直按住，同时气缸缩回离开滚轮行程阀时，仍持续缩回。

任 务 实 践

一、气缸单循环控制回路安装与调试步骤

1）元件识别与选型。

2）将实验元件安装在实验台上。

3）参考图 4-35 气缸单循环控制回路用气管将元件连接可靠。

4）打开气源，按下二位三通手动阀，观察系统运行情况。

5）总结实验过程，完成任务工单。

二、气缸单循环控制回路元件布局

气缸单循环控制回路元件原则上按照回路从下到上、从左到右的顺序进行合理布局，其中气源装置是每个实验台单独配一个，无须在实验台上体现，其他各元件在实验台上的建议安装位置如图 4-36 所示（元件序号见表 4-2）。

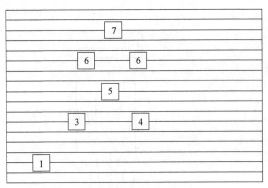

图 4-36 建议安装位置（序号）

三、主要元件安装与调整方法

主要元件安装与调整方法具体见表 4-2。

表 4-2 主要元件安装与调整方法

序号	部分实验元件		安装与调整方法
	元件名称	实验元件	
1	气动三联件	入口　　　　出口	取一根气管，一端与气源出口连接，另一端与左图气动三联件入口连接 取第二根气管，一端与气动三联件出口连接，另一端与四通管其中一个接口连接 注意要用力插管
2	四通管		利用两根气管分别将二位三通手动阀和二位三通滚轮杠杆阀的输入口 1（P）与四通管连接在一起 注意要用力插管
3	二位三通手动阀	输入口1(P)　　输出口2(A)	取一根气管，一端与双气控二位五通阀的控制口 14 连接在一起，另一端与二位三通手动阀的输出口 2（A）连接在一起 注意要用力插管

（续）

序号	部分实验元件		安装与调整方法
	元件名称	实验元件	
4	二位三通滚轮杠杆阀	输入口1(P)　输出口2(A)	取一根气管，一端与双气控二位五通阀的控制口12连接在一起，另一端与二位三通滚轮杠杆阀的输出口2(A)连接在一起。注意要用力插管
5	双气控二位五通阀	输出口4(A)　输出口2(B)　控制口14　控制口12　输入口1(P)	用气管一端与四通管的第四个接口连接，另一端与双气控二位五通阀的输入口1(P)连接。用气管一端与双气控二位五通阀的输出口4(A)连接，另一端与单向节流阀1V1的右接口连接。用气管一端与双气控二位五通阀的输出口2(B)连接，另一端与单向节流阀1V2的右接口连接。注意要用力插管
6	单向节流阀		用气管一端与单向节流阀1V1的左接口连接，另一端与双作用气缸左接口连接。用气管一端与单向节流阀1V2的左接口连接，另一端与双作用气缸右接口连接。注意要用力插管
7	双作用气缸		连接方法见序号6中的第1和第2步

四、气缸单循环控制回路调试

1. 按住二位三通按钮阀

观察系统运行情况（气缸能否自动缩回）。

2. 松开二位三通按钮阀

观察系统运行情况。

3. 顺时针方向调节单向节流阀1V1开度

观察双作用气缸活塞杆运动速度情况（伸出/缩回，快/慢）。

4. 逆时针方向调节单向节流阀 1V1 开度

观察双作用气缸活塞杆运动速度情况（伸出/缩回，快/慢）。

5. 顺时针方向调节单向节流阀 1V2 开度

观察双作用气缸活塞杆运动速度情况（伸出/缩回，快/慢）。

6. 逆时针方向调节单向节流阀 1V2 开度

观察双作用气缸活塞杆运动速度情况（伸出/缩回，快/慢）。

任务4-4　气动攻丝机系统的构建与装调

任务引入：

前面三个任务中系统学习了气动马达、流量控制阀、机械控制换向阀及单循环控制回路，试设计满足气动攻丝机工作要求的气动回路图并在实验台上安装、调试、运行气动攻丝机系统。

气动攻丝机工作要求：在踩下脚踏开关后，气动攻丝马达正转，同时向下进给，当零件攻丝完毕后，气动攻丝马达反转，退回初始位置后停止，另外马达上升下降速度可调。

任务分析：

气动攻丝机执行元件有气动攻丝马达和上下直线运动的气缸，启动元件为脚踏开关，攻丝完毕位置和初始位置采用机械控制换向阀来进行控制，马达上升下降速度的速度采用单向节流阀进行控制。

学习目标：

知识目标：

1）掌握气动攻丝机系统回路的构建方法。

2）掌握气动攻丝机系统回路的工作原理。

能力目标：

1）能够构建与分析气动攻丝机控制回路。

2）能够安装与调试气动攻丝机控制回路。

理 论 资 讯

一、气动攻丝机系统回路构建

1. 分析气动攻丝机控制要求

气动攻丝机是一套纯气动攻丝/攻牙机具，操作者将零件装夹在底座上，在踩下脚踏开关后，气动攻丝马达正转，同时向下进给，当零件攻丝完毕后，气动攻丝马达反转，退回初始位置后停止，另外马达上升下降速度可调。

2. 确定系统所需元件

根据系统控制要求，小组讨论所需元件，填入表 4-3 中。

表 4-3　系统所需元件

序号	元件名称	元件作用	备注
1			
2			
3			
4			
5			
6			
7			
8			
9			
10			

3. 气动攻丝机回路构建

根据表 4-3 确定的元件，构建气动攻丝机回路图如图 4-37 所示，也可构建气动攻丝机回路图如图 4-38 所示。（微课：4-12　气动攻丝机系统构建与控制）

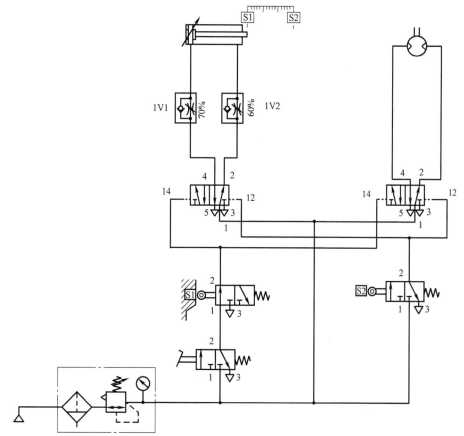

图 4-37　气动攻丝机回路 1

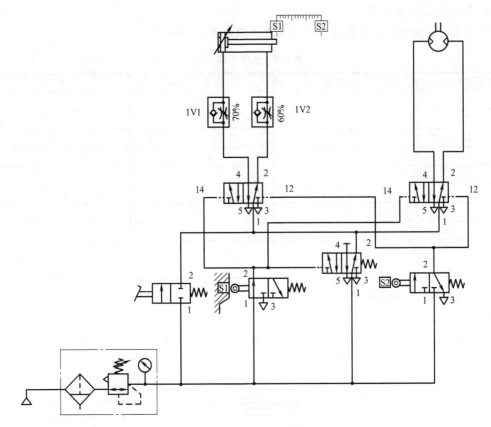

图 4-38　气动攻丝机回路 2

二、气动攻丝机系统回路分析

以图 4-37 气动攻丝机回路 1 为例分析其工作原理。

1. 气缸伸出原理

踩下二位三通脚踏阀，气缸处于初始位置，压住二位三通滚轮杠杆阀 S1，所以 S1 处于初始位置（即左位）。

控制回路：压缩空气从气源经气动二联件，依次通过二位三通脚踏阀的左位和二位三通滚轮杠杆阀 S1 的左位，同时流向两个双气控二位五通阀的控制口 14。

两个双气控二位五通阀均切换至左位。

主回路进气路：压缩空气从气源经气动二联件，分别流向两个双气控二位五通阀的左位，左侧通过单向节流阀 1V1 的单向阀流向双作用气缸左端，同时右侧直接流向气动马达的左端。

主回路回气路：双作用气缸右端压缩空气经过单向节流阀 1V2 的节流阀，流向左侧双气控二位五通阀的左位，从而排入大气；同时气动马达右端压缩空气流向右侧双气控二位五通阀的左位，从而排入大气。

双作用气缸活塞杆伸出，同时气动马达正转。可通过调节单向节流阀 1V2 的开度大小调节气缸伸出的速度。

2. 气缸缩回原理

气动马达攻丝完毕，压下滚轮杠杆阀 S2，S2 切换至左位。

控制回路：压缩空气从气源经气动二联件，通过二位三通滚轮杠杆阀 S2 的左位，同时流向两个双气控二位五通阀的控制口 12。

主回路进气路：压缩空气从气源经气动二联件，分别流向两个双气控二位五通阀的右位，左侧通过单向节流阀 1V2 的单向阀流向双作用气缸右端，同时右侧直接流向气动马达的右端。

主回路回气路：双作用气缸左端压缩空气经过单向节流阀 1V1 的节流阀，流向左侧双气控二位五通阀的右位，从而排入大气；同时气动马达左端压缩空气流向右侧双气控二位五通阀的右位，从而排入大气。

双作用气缸活塞杆缩回，同时气动马达反转。可通过调节单向节流阀 1V1 的开度大小调节气缸缩回的速度。

任 务 实 践

一、气动攻丝机控制回路安装与调试步骤

1）元件识别与选型。
2）将实验元件安装在实验台上。
3）参考图 4-37 气动攻丝机控制回路 1 用气管将元件连接可靠。
4）打开气源，按下二位三通手动阀（脚踏阀用手动阀代替），观察系统运行情况。
5）总结实验过程，完成任务工单。

二、气动攻丝机回路元件布局

气动攻丝机回路元件原则上按照气动攻丝机回路从下到上、从左到右的顺序进行合理布局，其中气源装置是每个实验台单独配一个，无须在实验台上体现，其他各元件在实验台上的建议安装位置如图 4-39 所示。

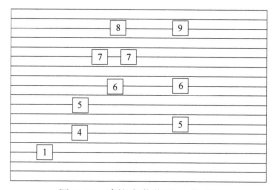

图 4-39　建议安装位置（序号）

三、主要元件安装与调整方法

主要元件安装与调整方法具体见表 4-4。

表 4-4　主要元件安装与调整方法

序号	元件名称	部分实验元件		安装与调整方法
		实验元件		
1	气动三联件	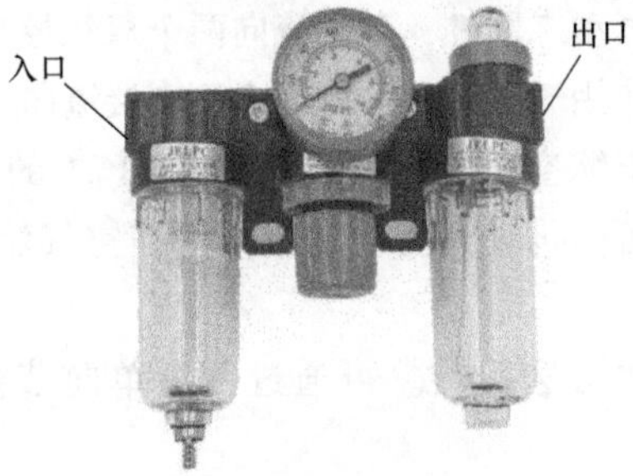 入口　出口		取一根气管,一端与气源出口连接,另一端与左图气动三联件入口连接 取第二根气管,一端与气动三联件出口连接,另一端与四通管其中一个接口连接 注意要用力插管
2	四通管			利用两根气管分别将二位三通手动阀和二位三通滚轮行程阀 S2 的输入口 1 与四通管连接在一起 利用一根气管将四通管和三通管 1 其中一个接口连接 注意要用力插管
3	三通管			利用两根气管分别将两个双气控二位五通阀的输入口 1(P)与三通管 1 连接在一起 注意要用力插管
4	二位三通手动阀	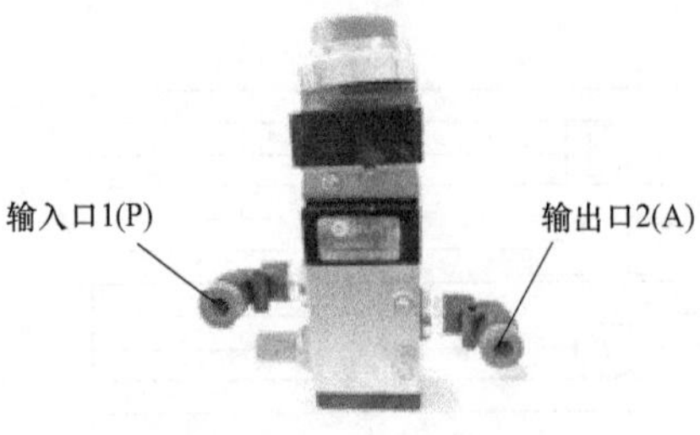 输入口1(P)　输出口2(A)		取一根气管,一端与二位三通手动阀的输出口 2 连接,另外一端与二位三通滚轮行程阀 S1 的输入口 1 连接 注意要用力插管
5	二位三通滚轮杠杆阀	 输入口1(P)　输出口2(A)		取一根气管,一端与三通管 2 连接,另一端与二位三通滚轮杠杆阀 S1 的输出口 2 连接 取一根气管,一端与三通管 3 连接,另一端与二位三通滚轮杠杆阀 S2 的输出口 2 连接 注意要用力插管

（续）

序号	元件名称	部分实验元件		安装与调整方法
		实验元件		
6	双气控二位五通阀	 输出口4(A)　输出口2(B) 控制口14　　控制口12 输入口1(P)		取两根气管分别与双气控二位五通阀的控制口 14 连接在一起,另一端与三通管 2 连接在一起 取两根气管分别与双气控二位五通阀的控制口 12 连接在一起,另一端与三通管 3 连接在一起 用气管一端与左侧双气控二位五通阀的输出口 4(A) 连接,另一端与单向节流阀 1V1 的右接口连接 用气管一端与左侧双气控二位五通阀的输出口 2(B) 连接,另一端与单向节流阀 1V2 的右接口连接 用气管一端与右侧双气控二位五通阀的输出口 4(A) 连接,另一端与气动马达的左接口连接 用气管一端与右侧双气控二位五通阀的输出口 2(B) 连接,另一端与气动马达的右接口连接 注意要用力插管
7	单向节流阀			用气管一端与单向节流阀 1V1 的左接口连接,另一端与双作用气缸左接口连接 用气管一端与单向节流阀 1V2 的左接口连接,另一端与双作用气缸右接口连接 注意要用力插管
8	双作用气缸			连接方法见序号 7 中的第 1 和第 2 步
9	攻丝马达			连接方法见序号 6 中的第 5 和第 6 步

四、气动攻丝机控制回路调试

1. 按住二位三通手动阀

观察系统运行情况（气缸和气动马达运动情况）。

2. 松开二位三通手动阀

观察系统运行情况。

3. 顺时针方向调节单向节流阀 1V1 开度

观察双作用气缸活塞杆运动速度情况（伸出/缩回，快/慢）。

4. 逆时针方向调节单向节流阀 1V1 开度

观察双作用气缸活塞杆运动速度情况（伸出/缩回，快/慢）。

5. 顺时针方向调节单向节流阀 1V2 开度

观察双作用气缸活塞杆运动速度情况（伸出/缩回，快/慢）。

6. 逆时针方向调节单向节流阀 1V2 开度

观察双作用气缸活塞杆运动速度情况（伸出/缩回，快/慢）。

项目五

气动圆管焊接机系统的构建与控制

项目介绍：

图 5-1 所示为气动圆管焊接机，用双作用气缸 1.0 将电热焊接压铁卷在可以旋转的滚筒上的塑料板片上，将塑料板片焊接成圆管。按下按钮开关使气缸做前向冲程运动，用带有压力表的压力调节阀将最大气缸压力调至 $p=0.4MPa$。回程运动只有在达到前端位置后且活塞压力都达到 $p=0.3MPa$ 才能发生。

气缸的压缩空气进给受到节流控制，应调节节流阀使得压力在气缸活塞杆达到前端位置后 3s 才增至 0.3MPa。塑料板片重叠在一起通过焊接压铁随着压力的增加而加热焊接。重新启动必须在气缸回到尾端位置约 2s 后才能动作。定位开关二位三通阀可将过程切换到连续循环工作状态。

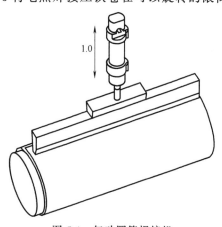

图 5-1　气动圆管焊接机

试设计满足气动圆管焊接机工作要求的气动回路图，并在实验台上进行安装、调试，运行气动圆管焊接机系统。

任务 5-1　气压传动控制元件——压力控制阀

任务引入：

在气动圆管焊接机中，要求前向冲程运动时，最大气缸压力调至 $p=0.4MPa$，回程运动只有在达到前端位置后且活塞压力都达到 $p=0.3MPa$ 才能发生。在气动控制中，用什么元件来进行压力调节？该元件的结构是什么样的？工作原理是什么？要想完成此项目，有必要对压力控制的元件——压力控制阀进行学习和了解。

任务分析：>>>

在气压传动控制元件中，有一类压力控制阀，用来控制和调节压缩空气的压力大小。本任务要学习和认识压力控制阀的分类、作用、结构和工作原理，以及使用压力控制阀的压力控制回路。

学习目标：>>>

知识目标：

1）了解压力控制元件的分类。

2）掌握压力控制元件的作用、工作原理、图形符号。

3）理解并掌握常用压力控制回路。

能力目标：

1）能够合理选用压力控制阀。

2）能够识别与使用压力控制阀。

3）能够分析常用压力控制回路。

理 论 资 讯

一、压力控制阀

压力控制阀主要用来控制系统中压缩气体的压力或依靠空气压力来控制执行元件动作顺序，以满足系统对不同压力的需要及执行元件工作顺序的不同要求。压力控制阀是利用压缩空气作用在阀芯上的力和弹簧力相平衡的原理来进行工作的。压力控制阀主要有减压阀、溢流阀和顺序阀。

1. 减压阀

在一个气动系统中，来自于同一个压力源的压缩空气可能要去控制不同的执行元件（气缸或马达等），不同的执行元件对于压力的需求是不一样的。因此，在各个气动支路的压力也是不同的。这就需要使用一种控制元件为每一个支路提供不同的稳定的压力，这种元件就是减压阀。减压阀的作用是降低压缩空气的压力，以适用于每台气动设备的需要，并使气体压力保持稳定，即减压和稳压的作用。

（1）减压阀的基本结构和工作原理　减压阀的调压方式有直动式和先导式两种：直动式是借助弹簧力直接操纵的调压方式；先导式是用预先调整好的气压来代替直动式调压弹簧进行调压的。

1）直动式减压阀。图5-2所示为直动式减压阀。当通过旋转调压手轮压缩调压弹簧，在弹簧力的作用下，节流口打开，从入口进入的压缩空气经节流口减压后，从出口流出，通过旋转调压手轮可改变调压弹簧的压缩量，从而可控制节流口的开口大小，达到控制出口压力高低的目的。节流口越大，阻力越小，出口压力越高；节流口越小，阻力越大，出口压力越低。（微课：5-1　直动式减压阀解析）

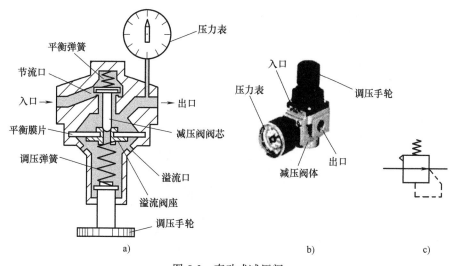

图 5-2　直动式减压阀

a）结构原理图　b）外形　c）图形符号

当出口压力受负载的影响发生变化时，例如，负载变大、出口压力增高、作用在平衡膜片上向下的作用力增大，平衡被打破，平衡膜片下移，减压阀阀芯在平衡弹簧的作用下下移，节流口关小，出口压力减小，即恢复设定压力，达到稳压的目的；若出口压力继续升高，膜片下移量大，节流口关闭，减压阀阀芯与溢流阀座脱开，气体从溢流口流出，压力下降，平衡膜片逐渐上移，找到新的平衡位置。

当负载变小、出口压力降低、作用在平衡膜片上向下的作用力变小，平衡被打破，膜片上移，减压阀阀芯上移，节流口开大，出口压力增高，即恢复设定压力，达到稳定压力的目的。不难看出，无论负载变大还是变小，减压阀总是具有将出口压力稳定在调定压力附近的功能，因此减压阀也称为调压阀。直动式减压阀适用于小流量、低压系统。（动画：直动式减压阀）

2）先导式减压阀。先导式减压阀是使用预先调整好的压力空气来代替直动式调压弹簧进行调压的。其调节原理和主阀部分的结构与直动式减压阀相同。这种直动式减压阀装在主阀内部，称为内部先导式减压阀；若将它装在主阀外部，则称外部先导式或远程控制减压阀。

图 5-3 所示先导式减压阀由先导阀和主阀两部分组成。当气流从左端流入阀体后，一部分经阀口 9 流向输出口，另一部分经固定节流孔 1 进入中气室 5，经喷嘴 2、挡板 3、孔道反馈至下气室 6，再经阀杆 7 中心孔及排气孔 8 排至大气。把手柄旋到一定位置，使喷嘴挡板的距离在工作范围内，减压阀就进入工作状态。中气室 5 的压力随喷嘴与挡板间距离的减小而增大，于是推动阀芯打开进气阀口 9，即有气流流到出口，同时经孔道反馈到上气室 4，与调压弹簧相平衡。若输入压力瞬时升高，输出压力也相应升高，通过孔口的气流使下气室 6 的压力也升高，破坏了膜片原有的平衡，使阀杆 7 上升，节流阀口减小，节流作用增强，输出压力下降，使膜片两端作用力重新平衡，输出压力恢复到原来的调定值。当输出压力瞬时下降时，经喷嘴挡板的放大也会引起中气室 5 的压力较明显升高，而使阀芯下移，阀口开大，输出压力升高，并稳定到原数值上。

（2）减压阀的安装和使用
减压阀的使用过程中应注意以下
事项：

1）减压阀的进口压力应比最
高出口压力大 0.1MPa 以上。

2）安装减压阀时，最好手柄
在上，以便于操作。阀体上的箭
头方向为气体的流动方向，安装
时不要装反。阀体上堵头可拧下
来，装上压力表。

3）连接管道安装前，要用压
缩空气吹净或用酸蚀法将锈屑等
清洗干净。

4）在减压阀前安装分水过滤
器，阀后安装油雾器，以防减压
阀中的橡胶件过早变质。

5）减压阀不用时，应旋松手
柄回零，以免膜片经常受压产生
塑性变形。

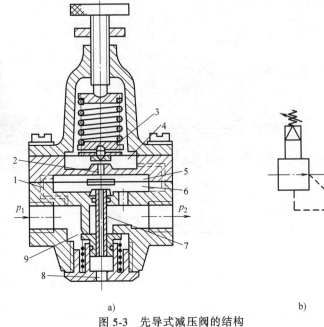

图 5-3　先导式减压阀的结构

a）结构原理图　b）图形符号

1—固定节流孔　2—喷嘴　3—挡板　4—上气室　5—中气室
6—下气室　7—阀杆　8—排气孔　9—进气阀口

2. 溢流阀（安全阀）

溢流阀的作用是当系统中的工作压力超过调定值时，把多余的压缩空气排入大气，以保
持进口压力的调定值。实际上气动系统中的溢流阀既可作为保持系统工作压力恒定的压力控
制阀，又可作为防止系统过载、保证安全的压力控制阀（安全阀）。

溢流阀也有直动式和先导式两种结构。

图 5-4 所示为直动式溢流阀。图 5-4a 所示为阀在初始工作位置，预先调整手柄，使调压
弹簧压缩，阀门关闭。图 5-4b 所示为当气压达到给定值时，气体压力克服预紧弹簧力，活
塞上移，开启阀门排气。当系统内压力降至给定压力以下时，阀重新关闭。
调节弹簧的预紧力，即可改变阀的开启压力。图 5-4c 所示为其图形符号。（微
课：5-2　直动式溢流阀解析）

溢流阀（安全阀）的直动式和先导式的含义同减压阀。直动式溢流阀一
般适用于管路通径较小的系统，先导式溢流阀一般用于管路通径较大或需要远距离控制的
系统。

3. 顺序阀

（1）顺序阀结构及工作原理　顺序阀也称压力联锁阀，是依靠回路中压力的变化来控
制顺序动作的一种压力控制阀。顺序阀是当进口压力或先导压力达到设定值时，便允许压缩
空气从进口侧向出口侧流动的阀。使用它，可依据气压的大小，来控制气动回路中各元件动
作的先后顺序。顺序阀常与单向阀并联，构成单向顺序阀。（微课：5-3　顺序阀解析）

顺序阀的工作原理比较简单。如图 5-5a 所示，压缩空气从 P 口进入阀后，作用在阀芯
下面的环形活塞面积上，当此作用力低于调压弹簧的作用力时，阀关闭。图 5-5b 所示为当

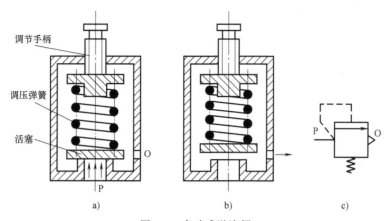

图 5-4　直动式溢流阀
a）关闭状态　b）开启状态　c）图形符号

空气压力超过调定的压力值时将阀芯顶起，气压立即作用于阀芯的全面积上，使阀达到全开状态，压缩空气便从 A 口输出。当 P 口的压力低于调定压力时，阀再次关闭。图 5-5c 所示为其图形符号。

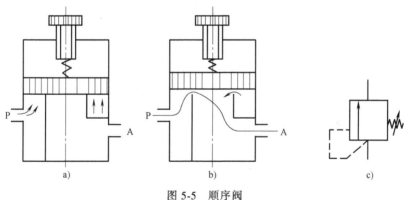

图 5-5　顺序阀
a）关闭状态　b）开启状态　c）图形符号

（2）顺序阀应用——过载保护回路　图 5-6 所示为过载保护回路。当气缸活塞杆外伸超载时，气缸左腔压力升高，顺序阀 3 打开，压缩空气经梭阀 4 排出，换向阀 2 换向并处于右位，活塞杆缩回。因而，防止了系统因过载而可能造成的事故。

（3）单向顺序阀　图 5-7 所示为单向顺序阀。图 5-7a 所示为气体正向流动时，进口 P 的气压力作用在活塞上，当它超过压缩弹簧的预紧力时，活塞被顶开，出口 A 就有输出；单向阀在压差力和弹簧力作用下处于关闭状态。图 5-7b 所示为气体反向流动时，进口变

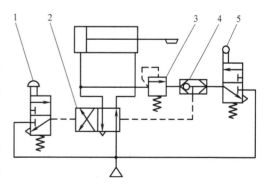

图 5-6　过载保护回路
1—二位三通手动阀　2—双气控二位四通换向阀
3—顺序阀　4—梭阀　5—二位三通行程阀

为排气口，出口压力将顶开单向阀，使 A 口和排气口接通。调节手柄可改变顺序阀的开启压力。图 5-7c 所示为其图形符号。

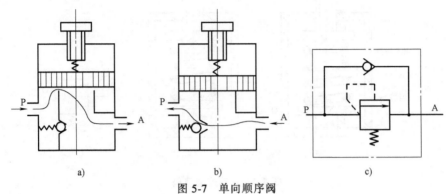

图 5-7　单向顺序阀

a）气体正向流动　b）气体反向流动　c）图形符号

二、压力控制回路

在气动系统中，压力控制不仅是维持系统正常工作所必需的，而且也是关系到总的经济性、安全性及可靠性的重要因素。对气动系统压力进行调节和控制的回路称为压力控制回路。压力控制方法通常可分为气源压力控制、工作压力控制、多级压力控制、双压驱动、增压控制等。

1. 气源压力控制住回路（微课：5-4　压力控制回路1）

图 5-8 所示为气源压力控制回路，也称为一次压力控制回路，该回路用于控制气源的压力，使之不超过规定的压力值。

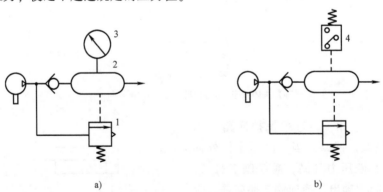

图 5-8　气源压力控制回路

1—安全阀　2—储气罐　3—压力表　4—压力继电器

2. 工作压力控制回路

（1）二次压力控制回路　图 5-9 所示的二次压力控制回路由气动三联件组成，主要由减压阀来实现压力控制，把经一次调压后的压力再经减压阀减压稳压后所得到的输出压力（称为二次压力）作为气动控制系统的工作气压使用。

（2）高、低压输出控制回路　图 5-10 所示为高、低压输出控制回路。该回路由两个减压阀控制，实现两个压力同时输出，用于系统同时需要高、低压力的场合。

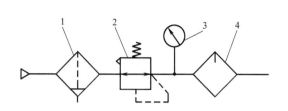

图 5-9　二次压力控制回路

1—分水过滤器　2—减压阀　3—压力表　4—油雾器

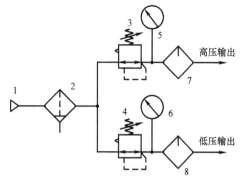

图 5-10　高、低压输出控制回路

1—气源　2—分水过滤器　3—减压阀（高压）　4—减压阀（低压）　5，6—压力表　7，8—油雾器

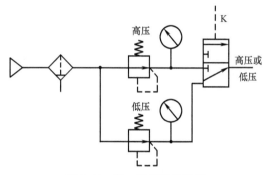

图 5-11　高、低压切换回路

（3）高、低压切换回路　图 5-11 所示的高、低压切换回路利用换向阀和减压阀实现高、低压切换输出，用于系统分别需要高、低压力的场合。

3. 多级压力控制回路

（1）远程多级压力控制回路　在一些场合，例如在平衡系统中，需要根据工件重量的不同提供多种平衡压力，这时就需要用到多级压力控制回路。图 5-12 所示为采用远程调压阀的多级压力控制回路。该回路中的远程调压阀 1 的先导压力通过三个二位三通电磁换向阀 2、3、4 的切换来控制，可根据需要设定低、中、高三种先导压力。在进行压力切换时，必须用阀 5 先将先导压力泄压，然后再选择新的先导压力。

（2）连续压力控制回路　图 5-13 所示为采用比例阀构成的连续压力控制回路。气缸有杆腔的压力由减压阀 1 调为定值，而无杆腔的压力由计算机输出的控制信号控制比例阀 2 的输

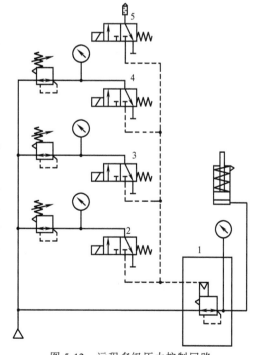

图 5-12　远程多级压力控制回路

1—远程调压阀　2~5—电磁换向阀

出压力来实现控制，从而使气缸的输出力得到连续控制。

4. 双压驱动回路

在气动系统中，有时需要提供两种不同的压力，来驱动双作用气缸在不同方向上的运动。图 5-14 所示为采用单向减压阀的双压驱动回路。当电磁换向阀 2 通电时，系统采用正常压力驱动活塞杆伸出，对外做功；当电磁换向阀 2 断电时，气体经减压阀 3、快速排气阀 4 进入气缸有杆腔，以较低的压力驱动气缸缩回，达到节省耗气量的目的。

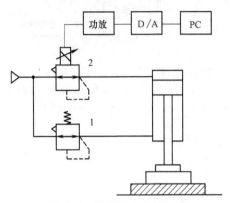

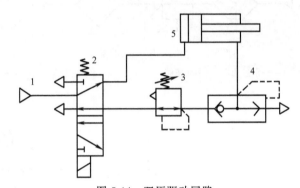

图 5-13　连续压力控制回路
1—减压阀　2—比例阀

图 5-14　双压驱动回路
1—气源　2—电磁换向阀　3—减压阀　4—快速排气阀　5—气缸

5. 增压回路

当压缩空气的压力较低，或气缸设置在狭窄的空间里，不能使用较大面积的气缸，而又要求很大的输出力时，可采用增压回路。增压一般使用增压器，增压器可分为气体增压器和气-液增压器。气-液增压器的高压侧用液压油，以实现从低压空气到高压油的转换。

（1）采用气体增压器的增压回路　图 5-15 所示为采用气体增压器的增压回路。二位五通电磁阀通电，气控信号使二位三通阀换向，经增压器增压后的压缩空气进入气缸无杆腔；二位五通电磁阀断电，气缸在较低的供气压力作用下缩回，可以达到节能的目的。

（2）采用气-液增压器的增压回路　图 5-16 所示为采用气-液增压器的增压回路。电磁

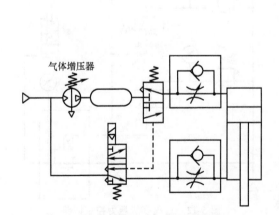

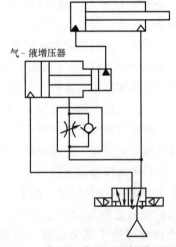

图 5-15　采用气体增压器的增压回路

图 5-16　采用气-液增压器的增压回路

阀左侧通电，对增压器低压侧施加压力，增压器动作，其高压侧产生高压油并供给工作缸，推动工作缸活塞动作并夹紧工件。电磁阀右侧通电可实现工作缸及增压器回程。使用该增压回路时，油与气关联处密封要好，油路中不得混入空气。

6. 增力回路（微课：5-5 压力控制回路2）

在气动系统中，力的控制除了可以通过改变输入气缸的工作压力来实现外，还可以通过改变有效作用面积来实现。图5-17所示为利用串联气缸实现多级力控制的增力回路。串联气缸的活塞杆上连接有数个活塞，每个活塞的两侧可分别供给压力。通过对电磁阀1、2、3的通电个数进行组合，可实现气缸的多级力输出。

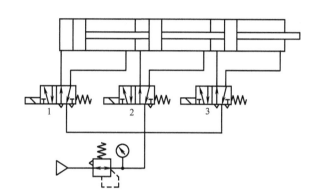

图 5-17 增力回路

任 务 实 践

一、压力控制回路安装与调试步骤

1）元件识别与选型。

2）将实验元件安装在实验台上。

3）参考图5-18用气管将元件连接可靠。

4）打开气源，分别按下按钮阀1S1和按钮阀1S2，同时调节减压阀压力，观察系统运行情况。

5）总结实验过程，完成任务工单。

二、压力控制回路元件布局

压力控制回路元件原则上是按照回路从下到上、从左到右的顺序进行合理布局，其中气源装置是每个实验台单独配一个，无须在实验台上体现，其他各元件在实验台上的建议安装位置如图5-19所示。

三、主要元件安装与调整方法

主要元件安装与调整方法具体见表5-1。

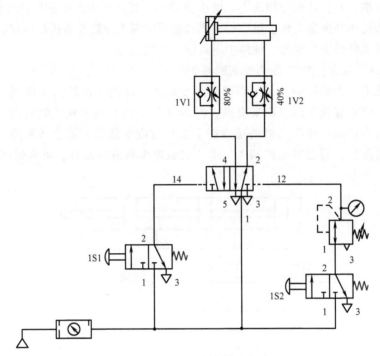

图 5-18　压力控制回路

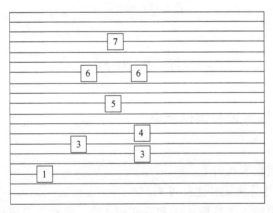

图 5-19　建议安装位置（序号）

表 5-1　主要元件安装与调整方法

序号	部分实验元件		安装与调整方法
1	气动三联件	入口　出口	取一根气管，一端与气源出口连接，另一端与左图气动三联件入口连接 取第二根气管，一端与气动三联件出口连接，另一端与四通管其中一个接口连接 注意要用力插管

（续）

序号	部分实验元件		安装与调整方法
2	四通管		利用两根气管分别将两个二位三通手动阀 1S1 和 1S2 的输入口 1 与四通管连接在一起 注意要用力插管
3	二位三通手动阀	输入口1(P)　输出口2(A)	取一根气管，一端与双气控二位五通阀的控制口 14 连接在一起，另一端与二位三通手动阀 1S1 的输出口 2 连接在一起 取一根气管，一端与减压阀的输入口 1 连接在一起，另一端与二位三通手动阀 1S2 的输出口 2(A) 连接在一起 注意要用力插管
4	带压力表的减压阀	输入口1　输出口2	取一根气管，一端与双气控二位五通阀的控制口 12 连接在一起，另一端与减压阀的输出口 2 连接在一起 注意要用力插管
5	双气控二位五通阀	输出口4(A)　输出口2(B)　控制口14　控制口12　输入口1(P)	用气管一端与四通管的第四个接口连接，另一端与双气控二位五通阀的输入口 1(P) 连接 用气管一端与双气控二位五通阀的输出口 4(A) 连接，另一端与单向节流阀 1V1 右接口连接 用气管一端与双气控二位五通阀的输出口 2(B) 连接，另一端与单向节流阀 1V2 右接口连接 注意要用力插管
6	单向节流阀		用气管一端与单向节流阀 1V1 左接口连接，另一端与双作用气缸左接口连接 用气管一端与单向节流阀 1V2 左接口连接，另一端与双作用气缸右接口连接 注意要用力插管
7	双作用气缸		连接方法见序号 6 中的第 1 和第 2 步

四、压力控制回路调试

1. 按下按钮阀 1S1

观察系统运行情况。

2. 按住按钮阀 1S2

观察系统运行情况，同时观察减压阀压力表的读数。

3. 调节减压阀的压力大小

观察系统运行情况。

任务 5-2　气动延时换向阀及应用

任务引入：》》》

在气动圆管焊接机中，要求重新启动必须在气缸回到尾端位置约 2s 后才能动作。在气动控制中，用什么元件来进行时间调节和控制？该元件的结构是什么样的？工作原理是什么？要想完成此项目，有必要对气动延时换向阀进行学习和了解。

任务分析：》》》

在气压传动控制元件中，有一种延时换向阀，用来控制和调节时间。本任务要学习和认识气动延时换向阀的分类、作用、结构和工作原理，以及使用气动延时换向阀的时间控制回路。

学习目标：》》》

知识目标：

1）了解气动延时换向阀的结构。

2）掌握气动延时换向阀的作用、工作原理、图形符号。

3）理解并掌握时间控制回路。

能力目标：

1）能够合理选用延时换向阀。

2）能够识别与使用延时换向阀。

3）能够安装和调试时间控制回路。

理 论 资 讯

一、气动延时阀

延时换向阀具有延迟发出气动信号的功能。在不允许使用时间继电器（电控）的场合（如易燃、易爆、粉尘大等），用气动时间控制就显示出其优越性。

1. 延时换向阀结构

延时换向阀是一个组合阀，其结构原理如图 5-20 所示，由单气控二位三通换向阀、单向节流阀及气容（气室）组成。延时换向阀是使气流通过气阻（如小孔、缝隙等）节流后到气容（储气空间）中，经一定时间气容内建立起一定压力后，再使阀芯换向的阀。二位三通换向阀既可以是常开式，也可以是常闭式。通常，延时阀的时间调节范围为 0~30s，通过增大气室，可以使延时时间加长。（微课：5-6　气动延时阀解析）

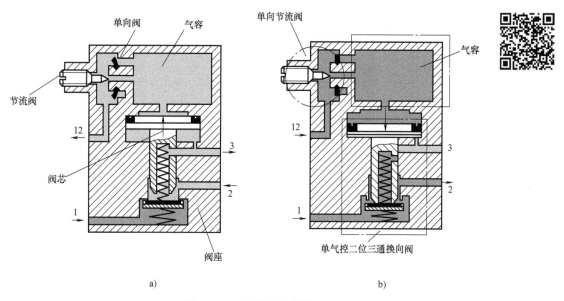

图 5-20　延时换向阀结构

2. 延时换向阀工作原理

如图 5-20a 所示，当控制口 12 没有压缩空气时，阀芯在弹簧力的作用下紧紧地顶在阀座上，阀口闭合，1 口与 2 口不通，2 口与 3 口相通。

如图 5-20b 所示，当控制口 12 有压缩空气时，气体经阀内的细长流道，一方面作用在单向阀上，使单向阀闭合，另一方面通过节流阀进入气容内，作用在阀芯上。由于节流口很小，压力逐渐升高，经过一定时间后，作用在阀芯上的力能克服阀芯下端的弹簧力和气压力时，阀芯下移，阀口开启，1 口与 2 口导通，3 口截止，压缩空气从 2 口输出；当控制口 12 的压缩空气排出时，气容内的带压气体将单向阀顶开，经单向阀阀口快速排出，阀芯在弹簧力和气压力的作用下快速复位，切断 1 口和 2 口的通路。

当控制口 12 上有气信号，且气室中气体压力已达到预定压力时，二位三通换向阀换向。若压缩空气是洁净的，且压力稳定，则可获得精确的延时时间。

延时阀带可锁定的调节杆，可用来调节延迟时间。为满足不同流量要求，延时阀具有各种不同的规格。

3. 延时换向阀图形符号

由于单气控二位三通换向阀常态位有常通和常断之分，因此延时换向阀又可拓展为延时接通信号型和延时切断信号型两种，如图 5-21 所示。

如图 a 所示，延时接通信号型延时阀由单气控二位三通阀、可调单向节流阀和小气室组成。当控制口 12 上的压力达到设定值时，单气控二位三通阀动作，进气口 1 与工作口 2 接通。

如图 b 所示，延时切断信号型延时阀由单气控二位三通阀、可调单向节流阀和小气室组成。当控制口 10 上的压力达到设定值时，单气控二位三通阀动作，进气口 1 与工作口 2 关闭。

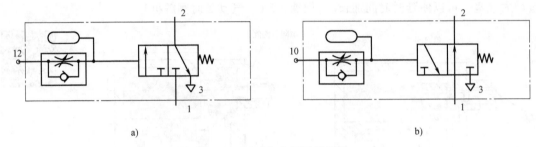

a)   b)

图 5-21　延时换向阀图形符号

a）延时接通信号型　b）延时切断信号型

二、延时阀应用（微课：5-7　时间控制回路；微课：时间控制回路仿真）

1. 任务要求

设计圆柱工件分离气动系统，系统示意图如图 5-22 所示。

用双作用气缸将气缸插销送入测量机，气缸插销用往复运动的活塞杆分送。活塞杆的往复运动用机械式换向阀控制。一个工作循环时间为 2s，气缸前向冲程的时间 0.6s，回程时间 0.4s，在前端停止 1.0s。

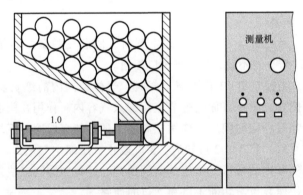

图 5-22　圆柱工件分离系统示意图

2. 确定系统所需元件

系统所需元件见表 5-2。

表 5-2　元件表

元件名称	功能	数量
双作用气缸	输出动作推动元件	1
单向节流阀	调节执行元件速度	2
双气控 5/2 阀	主控气缸换向	1

（续）

元件名称	功能	数量
3/2 手控开关阀	手动操作	1
3/2 滚轮行程阀	机控换向，气缸定位	2
双压阀	"与"逻辑控制	1
延时换向阀	调整气缸缩回时间	1

3. 系统回路原理图设计

根据表5-2确定系统所需元件，系统原理图设计如图5-23所示。

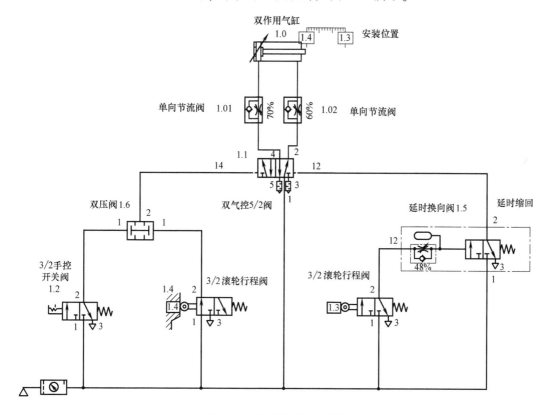

图 5-23　延时阀系统原理图

4. 系统回路工作原理

设气缸活塞杆初始位置在末端位置，则活塞杆凸轮压下了滚轮行程阀1.4，因此启动的两个条件之一被满足。

操作3/2手控开关阀1.2，双压阀导通，此时双气控5/2阀1.1换向到左位，气缸活塞杆在排气节流情况下向前运动到前端位置并压下滚轮行程阀1.3，延时换向阀被供气，压缩空气通过延时阀的节流阀进入气室，延时时间到，延时阀的3/2阀动作，输出控制信号使阀1.1切换到右位。

阀1.1控制气缸活塞杆缩回速度采用排气节流控制回程时间，直到压下滚轮行程阀1.4为回程结束，若连续循环工作，气动阀门开关1.2保持在开启位置，活塞杆继续做往复运动。

任 务 实 践

一、时间控制回路安装与调试步骤

1）元件识别与选型。

2）将实验元件安装在实验台上。

3）参考图 5-23 用气管将元件连接可靠。

4）打开气源，拨动阀 1.2 的定位开关（用二位三通手动阀代替），调节延时换向阀 1.5 的节流口开度大小，观察系统运行情况。

5）总结实验过程，完成任务工单。

二、时间控制回路元件布局

时间控制回路元件原则上是按照回路从下到上、从左到右的顺序进行合理布局，其中气源装置是每个实验台单独配一个，无须在实验台上体现，其他各元件在实验台上的建议安装位置如图 5-24 所示。

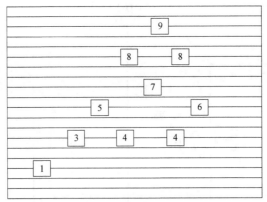

图 5-24　建议安装位置（序号）

三、主要元件安装与调整方法

主要元件安装与调整方法具体见表 5-3。（视频：时间控制回路装调）

表 5-3　主要元件安装与调整方法

序号	部分实验元件		安装与调整方法
1	气动三联件	入口　出口	取一根气管，一端与气源出口连接，另一端与左图气动三联件入口连接 取第二根气管，一端与气动三联件出口连接，另一端与四通管其中一个接口连接 注意要用力插管

（续）

序号	部分实验元件	安装与调整方法
2	四通管 	利用两根气管分别将 3/2 手控开关阀 1.2 和滚轮杠杆阀 1.4 的输入口 1 与四通管连接在一起 取一根气管连接引出第二个四通管 注意要用力插管
3	二位三通手动阀 输入口1(P) 输出口2(A)	取一根气管，一端与双压阀 1.6 的左输入口 1 连接在一起，另一端与 3/2 手控开关阀 1.2 的输出口 2 连接在一起 注意要用力插管
4	滚轮行程阀 输入口1(P) 输出口2(A)	取一根气管，一端与双压阀 1.6 的右输入口 1 连接在一起，另一端与滚轮杠杆阀 1.4 的输出口 2 连接在一起 取一根气管，一端与第二个四通管连接在一起，另一端与滚轮杠杆阀 1.3 的输入口 1 连接在一起 注意要用力插管
5	双压阀 输出口2 输入口1 输入口1	取一根气管，一端与双压阀 1.6 的输出口 2 连接在一起，另一端与双气控 5/2 阀 1.1 的左侧控制口 14 连接在一起 注意要用力插管
6	延时换向阀 输出口2 控制口12 输入口1	取一根气管，一端与延时阀 1.5 的控制口 12 连接，另一端与滚轮杠杆阀 1.3 的输出口 2 连接在一起 取一根气管，一端与延时阀 1.5 的输入口 1 连接，另一端与第二个四通管连接在一起 注意要用力插管

（续）

序号	部分实验元件	安装与调整方法
7	双气控二位五通阀 输出口4(A)　输出口2(B) 控制口14　控制口12 输入口1(P)	取一根气管，一端与双气控 5/2 阀 1.1 的右侧控制口 12 连接在一起，一端与延时阀 1.5 的输出口 2 连接在一起 取一根气管，一端与第二个四通管连接，另一端与双气控二位五通阀的输入口 1(P) 连接 用气管一端与双气控二位五通阀的输出口 4(A) 连接，另一端与单向节流阀 1.01 右接口连接 用气管一端与双气控二位五通阀的输出口 2(B) 连接，另一端与单向节流阀 1.02 右接口连接 注意要用力插管
8	单向节流阀	用气管一端与单向节流阀 1.01 左接口连接，另一端与双作用气缸 1.0 左接口连接 用气管一端与单向节流阀 1.02 左接口连接，另一端与双作用气缸 1.0 右接口连接 注意要用力插管
9	双作用气缸	连接方法见序号 8 中的第 1 和第 2 步

四、时间控制回路调试

1. 拨动阀 1.2 的定位开关

观察系统运行情况。

2. 顺时针调节延时换向阀 1.5 的节流口开度大小

观察双作用气缸缩回延时时间变化情况。

3. 逆时针调节延时换向阀 1.5 的节流口开度大小

观察双作用气缸缩回延时时间变化情况。

4. 拨回阀 1.2 的定位开关

观察系统运行情况。

任务5-3　气动圆管焊接机系统的构建与装调

任务引入：》》》

在气动圆管焊接机中，按下按钮开关使气缸做前向冲程运动，用带有压力表的压力调节阀将最大气缸压力调至 $p=0.4MPa$。回程运动只有在达到前端位置后且活塞压力都达到 $p=0.3MPa$ 时才能发生。

气缸的压缩空气进给受到节流控制，应调节节流阀使得压力在气缸活塞杆达到前端位置后 3s 才增至 0.3MPa。塑料板片重叠在一起通过焊接压铁随着压力的增加而加热焊接。重新启动必须在气缸回到尾端位置约 2s 后才能动作。定位开关二位三通阀可将过程切换到连续循环工作状态。

试设计满足气动圆管焊接机工作要求的气动回路图，并在实验台上进行安装、调试，运行气动圆管焊接机系统。

任务分析：>>>

在气动圆管焊接机控制要求中，用减压阀实现压力调节，气缸前端位置和尾端位置用滚轮行程阀来实现换向。回程运动要求压力达到 $p=0.3MPa$，需要采用压力顺序阀来实现。重新启动必须在气缸回到尾端位置约 2s 后才能动作，该时间由气动延时换向阀来实现。另外，气动圆管焊接机有两种工作状况，即单循环和连续循环，且这两种工作状况是根据需要来选择的。

学习目标：>>>

知识目标：
1）了解压力顺序阀的结构。
2）掌握压力顺序阀的作用、工作原理、图形符号。
3）理解并掌握气动圆管焊接机回路工作原理。

能力目标：
1）能够识别与使用压力顺序阀。
2）能够初步设计及分析气动圆管焊接机系统回路。
3）能够正确安装调试气动圆管焊接机系统回路。

理 论 资 讯

一、压力顺序阀

如图 5-25a 所示，压力顺序阀主要由两个部分组成：一个溢流阀和一个 3/2 常闭式气控阀。图 5-25a 中，深色表示有压缩气体，浅色表示自由空气。

压力顺序阀功能：当控制口 12 上的压力信号达到设定值时，压力顺序阀动作，进气口 1 与工作口 2 接通。如果撤消控制口 12 上的压力信号，则压力顺序阀在弹簧作用下复位，进气口 1 被关闭。通过压力调节旋钮可无级调节控制信号压力大小。

1. 压力顺序阀未驱动时

如图 5-25a 所示，3/2 的 12 口无压缩气体进入。在调压弹簧⑤的弹簧力作用下，膜片⑧连同工字顶杆⑦、C 形顶杆⑥保持在初始位置，1 口进入的压缩气体无法通过小气室②驱动阀体③，所以阀体③保持在右侧不动，密封件④将 1 口和 2 口隔断，2 口和 3 口导通。

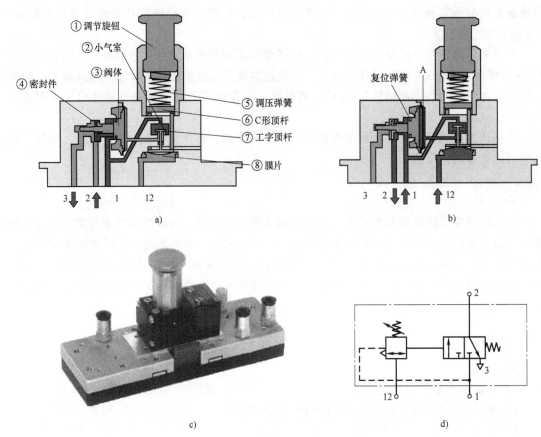

图 5-25 压力顺序阀

a）未驱动时 b）已驱动时 c）实物图 d）图形符号

2. 压力顺序阀已驱动时

如图 5-25b 所示，3/2 阀的 12 口有压缩气体进入。当其压力达到或超过调压弹簧⑤的压力（压力设定值）时，推动膜片⑧连同工字顶杆⑦、C 形顶杆⑥往上动作，从而使 1 口进入的压缩气体通过小气室进入 A 处，从而推动阀体③向左运动，密封件④将 2 口和 3 口隔断，1 口和 2 口导通。那么，压缩气体可以从压力顺序阀的 1 口导通到 2 口（工作口），从而可以实现压缩气体的顺序控制。当 12 口进入的气压降低或无气时，由于复位弹簧的作用，使得压力顺序阀回到初始未驱动的状态。

预先设定压力，当 12 口压力达到设定压力时，2 口有信号输出。

顺序阀是依靠气路中压力的变化来控制执行元件按顺序动作的压力阀。顺序阀的动作原理与溢流阀基本一样，所不同的是溢流阀的出口为溢流口，输出压力为零；而顺序阀相当于两个控制开关，当进口的气体压力达到顺序阀的调整压力而将阀打开时，阀的出口输出二次压力。

二、气动圆管焊接机回路构建与控制

1. 任务要求

气动圆管焊接机系统示意图如图 5-1 所示，控制要求参照【任务引入】内容。

2. 确定系统所需元件

系统所需元件见表 5-4。

表 5-4　元件表

元件名称	功能	数量
双作用气缸	驱动负载	1
单向节流阀	调节气缸运动速度	1
双气控 5/2 阀	主控气缸换向	1
3/2 手控开关阀	启动系统	2
3/2 滚轮行程阀	限定气缸运动位置转换	2
双压阀	"与"逻辑控制	2
梭阀	"或"逻辑控制	1
延时换向阀	延时	2
减压阀	调节系统压力	1
压力表	显示系统压力	1
压力顺序阀	保持系统压力稳定,达到顺序压力值后气缸缩回	1

3. 系统回路原理图设计

根据表 5-4 确定系统所需元件，系统原理图设计如图 5-26 所示。

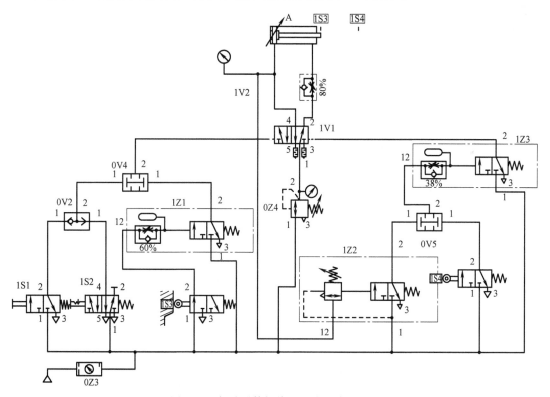

图 5-26　气动圆管焊接机系统回路原理图

4. 系统回路工作原理（微课：5-8　气动圆管焊接机回路分析）

设气缸活塞杆初始位置在末端位置，则活塞杆凸轮压下了滚轮行程阀 1S3，此时延时换向阀 1Z1 开始计时，延时大约 2s 后，延时阀接通，因此启动的两个条件之一被满足。

操作 3/2 手控开关阀 1S1，双压阀 0V4 导通，此时双气控 5/2 阀 1V1 换向到左位，气缸活塞杆在指定压力和排气节流情况下向前运动，压力顺序阀到达预设压力 0.3MPa 时导通，气缸运动到前端位置并压下滚轮行程阀 1S4 时，双压阀 0V5 导通，延时换向阀被供气，压缩空气通过延时阀的节流阀进入气室，延时时间到，延时阀的 3/2 阀动作，输出控制信号使主控阀 1V1 切换到右位。

阀 1V1 控制气缸活塞杆缩回，直到压下滚轮行程阀 1S3 为回程结束。若连续循环工作，需拨动定位手控开关阀 1S2，活塞杆继续做往复运动。

任 务 实 践

一、气动圆管焊接机回路安装与调试步骤

1）元件识别与选型。
2）将实验元件安装在实验台上。
3）参考图 5-26 用气管将元件连接可靠。
4）打开气源，按动阀 1S1 的手动开关阀，分别调节延时换向阀 1Z1 和 1Z3 的节流口开度大小，观察系统运行情况。
5）拨动阀 1S1 的手动开关阀，观察系统运行情况。
6）在系统运行过程中，调节压力顺序阀的压力大小，观察系统运行情况。
7）总结实验过程，完成任务工单。

二、气动圆管焊接机回路元件布局

气动圆管焊接机回路元件原则上是按照回路从下到上、从左到右的顺序进行合理布局，其中气源装置是每个实验台单独配一个，无须在实验台上体现，其他各元件在实验台上的建议安装位置如图 5-27 所示。

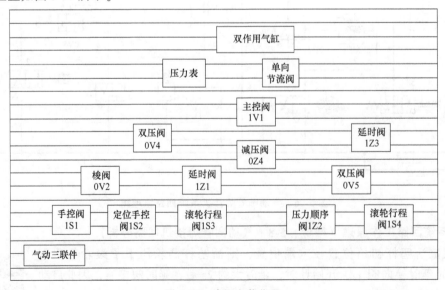

图 5-27　建议安装位置

三、主要元件安装与调整方法

主要元件安装与调整方法具体见表 5-5。

表 5-5　主要元件安装与调整方法

部分实验元件		安装与调整方法
气动三联件	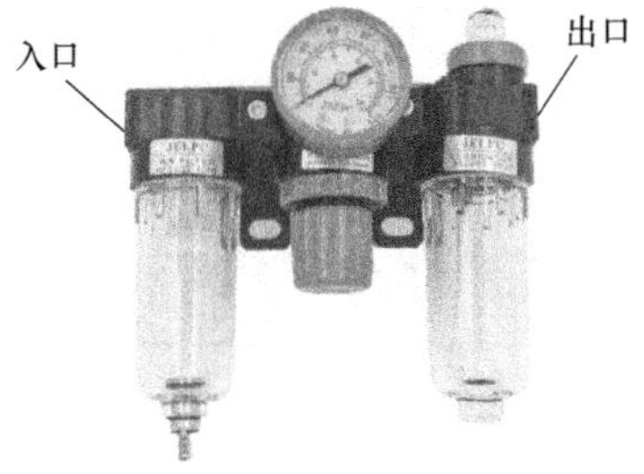 入口　　　出口	取一根气管,一端与气源出口连接,另一端与左图气动三联件入口连接 取第二根气管,一端与气动三联件出口连接,另一端与四通管的第一个接口连接 注意要用力插管
延时阀1Z1	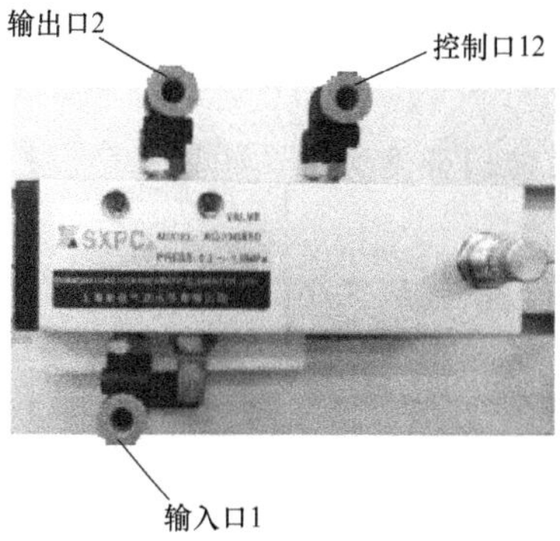 输出口2　　控制口12 输入口1	取一根气管,一端与滚轮行程阀 1S3 的输出口 2连接,另一端与延时阀 1Z1 的控制口 12 连接 取一根气管,一端与第二个四通管第二个接口连接,另一端与延时阀 1Z1 的输入口 1 连接 取一根气管,一端与双压阀 0Z4 右输入口 1 连接,另一端与延时阀 1Z1 的输出口 2 连接 注意要用力插管
压力顺序阀	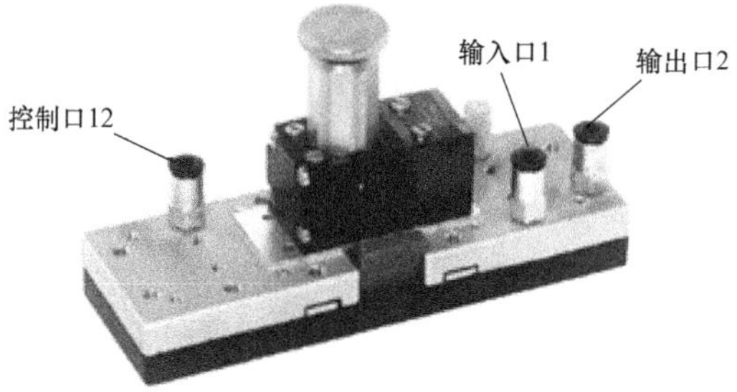 控制口12　　输入口1　输出口2	取一根气管,一端与压力表的接口连接,另一端与压力顺序阀控制口 12 连接 取一根气管,一端与第三个四通管的第二个接口连接,另一端与压力顺序阀的输入口 1 连接 取一根气管,一端与双压阀 0V5 左输入口 1 连接,另一端与压力顺序阀的输出口 2 连接 注意要用力插管
延时阀1Z3	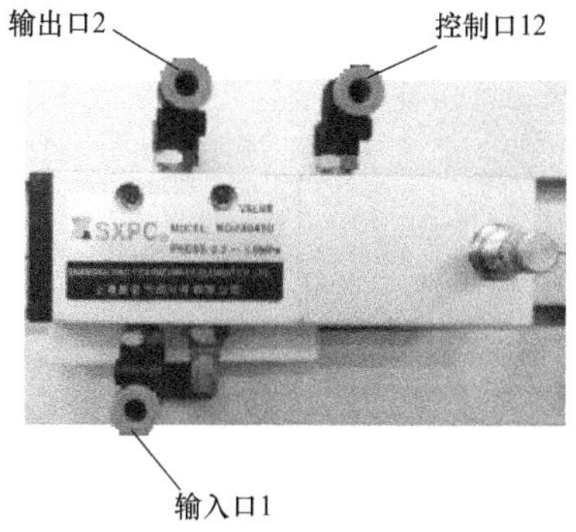 输出口2　　控制口12 输入口1	取一根气管,一端与双压阀 0V5 输出口 2 连接,另一端与延时阀 1Z3 的控制口 12 连接 取一根气管,一端与三通管第三个接口连接,另一端与延时阀 1Z3 的输入口 1 连接 取一根气管,一端与双压阀 0Z4 右输入口 1 连接,另一端与延时阀 1Z1 的输出口 2 连接 注意要用力插管

（续）

部分实验元件	安装与调整方法
双气控二位五通阀 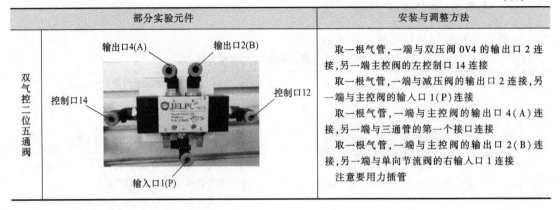 输出口4(A)　　输出口2(B)　控制口14　　控制口12　输入口1(P)	取一根气管,一端与双压阀 0V4 的输出口 2 连接,另一端主控阀的左控制口 14 连接 取一根气管,一端与减压阀的输出口 2 连接,另一端与主控阀的输入口 1(P) 连接 取一根气管,一端与主控阀的输出口 4(A) 连接,另一端与三通管的第一个接口连接 取一根气管,一端与主控阀的输出口 2(B) 连接,另一端与单向节流阀的右输入口 1 连接 注意要用力插管

四、气动圆管焊接机回路调试

1. 按下手动阀 1S1
观察系统运行情况。

2. 顺时针/逆时针调节延时换向阀 1Z1 的节流口开度大小
观察双作用气缸重新启动延时时间变化情况。

3. 顺时针/逆时针调节延时换向阀 1Z3 的节流口开度大小
观察双作用气缸伸出到位缩回延时时间变化情况。

4. 调节压力顺序阀 1Z2 的旋钮
观察压力表上的压力刻度变化。

5. 拨动定位手动阀 1S2
观察系统运行情况。

项目六

推料装置电气动系统的构建与控制

项目介绍:

在自动化生产线上经常会需要将被加工的原料或工件传递到指定的工位。传递的方式多种多样,下面介绍一种电气动推料机构,利用双作用气缸来输送工件。如图 6-1 所示,按动按钮,双作用气缸活塞杆伸出,将工件推出,当活塞杆到达终端时,自动返回。气缸活塞杆伸出速度可调,试设计电气动回路并在实验台上进行安装与调试。

项目导读:

气动技术虽然发展历史不长,但由于其显著的优点,在当前的自动化系统中应用越来越广泛。其控制方式也有多种,适应于不同的场合,从由气动逻辑元件或气控阀组成的纯气动控制,到由电气技术参与的电-气控制,再到目前的 PLC(可编程逻辑控制器)控制。

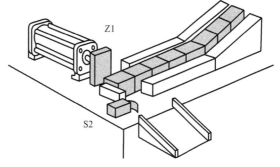

图 6-1 推料机构示意图

纯气动控制虽然发展了由计算机辅助设计的逻辑控制方式,也发展了位置控制系统和通用程序控制器等,但面对庞大、复杂、多变的气动系统,就显得力不从心了。所以,目前除了一些简单、特殊的应用场合,已很少采用纯气动控制。

电-气控制主要由继电器回路控制发展而来。其主要特点是用电信号和电控制元件来取代气信号和气控制元件,如用电磁阀代替气控阀,用按钮、继电器代替气控逻辑阀和气控组合阀。其可操作性和效率远远高于纯气动控制。同时,该控制方法也适用于 PLC 控制,使庞大、复杂、多变的气动系统的控制简单明了,使程序的编制、修改变得容易。

如今,随着工业的发展,自动化程度越来越高,气动的应用领域越来越广,加上检测技术的发展,气动控制乃至自动化控制越来越离不开 PLC,而由于阀岛技术的发展,通信变得容易,使 PLC 在气动控制中变得更加得心应手。

电气动系统广泛应用于工业生产领域和工程机械中,如机床、各种产品的自动生产线、电子产品制造机械、化工产品生产设备等。电气动系统所涉及的内容主要包括电气元件、气动回路和控制电路。

　　本项目主要针对电气动系统所涉及的常用元件、典型回路进行介绍并对其安装调整进行指导，使学习者对典型电气动系统的设计、安装与调整有所了解，为后续课程做铺垫。

任务 6-1　气压传动中的检测元件

任务引入：

　　图 6-2 所示为电气动回路图，试找出图中的检测元件，说明检测元件的名称及工作原理。

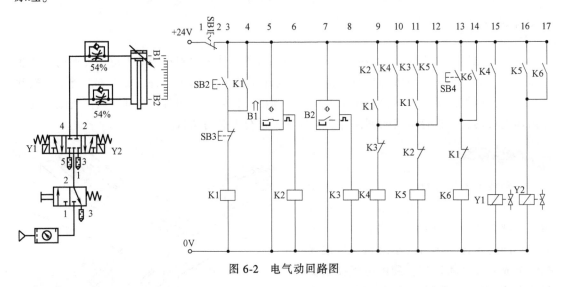

图 6-2　电气动回路图

任务分析：

　　在上图电气动回路中，有气动元件和电气元件。那么哪些是检测元件？其工作原理是什么样的？如何选用？如何接线？要想认识气压传动中的检测元件，有必要对这些问题进行学习和了解。

学习目标：

知识目标：

1）了解气压传动中常用的检测元件。

2）掌握行程开关和接近开关的作用、特点及图形符号。

能力目标：

1）能够识别各种检测元件，并进行安装和调整。

2）能够识别行程开关和各种不同类型的接近开关，并进行安装和调整。

理 论 资 讯

气压传动中的检测元件一般有行程开关、接近开关。行程开关和接近开关常用于与行程有关的顺序动作控制，通过接触式感应气缸活塞或活塞杆的位置产生转换动作的条件。

一、行程开关

行程开关又称限位开关，是一种由物体的机械位移来决定电路通断的开关。图 6-3 所示为滚轮式行程开关。

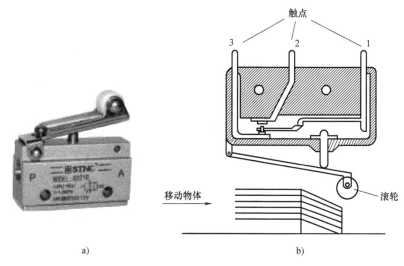

图 6-3　滚轮式行程开关

a）实物图　b）结构示意图

工作原理：移动物体将滚轮压下，触点 1、3 由接通变为断开，1、2 由断开变为接通。

行程开关由于使用寿命低和故障率高，不适于恶劣环境，因此越来越多地被接近开关或非接触式电子传感器所代替。

二、接近开关

在各类传感器中，有一种对接近它的物件有"感知"能力的元件——位移传感器。这类传感器不需要接触到被检测物体，当有物体移向位移传感器，并接近到一定距离时，位移传感器就有"感知"，通常把这个距离叫"检出距离"。利用位移传感器对接近物体的敏感特性制作的开关，就是接近开关。（微课：6-1　接近开关）

1. 干簧管式接近开关（微课：6-3　磁性开关）

干簧管式接近开关是一种结构简单、价格便宜的非接触式感应气缸活塞位置的开关，如图 6-4 所示。它可以直接以机械方式安装在气缸上，触点通过安装在活塞上的磁环产生的磁场进行吸合。也可以用电磁铁来控制接近开关。安装接近开关的气缸，活塞上装有磁铁，气缸缸筒的材料为铝合金。

（1）工作原理　当气缸中的活塞运动到接近开关附近，活塞上的磁铁产生的磁场使接近开关簧片产生异性磁化，簧片吸合，电流导通，可输出控制信号。

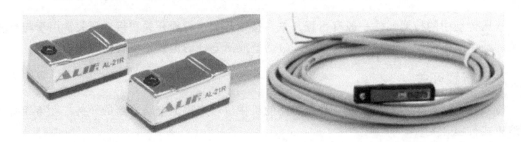

图 6-4　干簧管式接近开关

干簧管式接近开关又称磁性开关。"磁"就是指磁铁，常用的磁铁有橡胶磁、永磁铁氧体、烧结钕铁硼等。开关就是干簧管了。干簧管是"干式舌簧管"的简称，是一种有触点的无源电子开关元件，具有结构简单、体积小、便于控制等优点，其外壳一般是一根密封的玻璃管，管中装有两个铁质的弹性簧片电板，还灌有一种叫金属铑的惰性气体。

平时，玻璃管中的两个由特殊材料制成的簧片是分开的。当有磁性物质靠近玻璃管时，在磁场的作用下，管内的两个簧片被磁化而互相吸引接触，簧片就会吸合在一起，使电路连通。外磁力消失后，两个簧片由于本身的弹性而分开，线路也就断开了。因此，作为一种利用磁场信号来控制的线路开关器件，干簧管可以作为传感器用，用于计数、限位等（在安防系统中主要用于门磁、窗磁的制作），同时还被广泛使用于各种通信设备中。在实际运用中，通常用永久磁铁控制这两根金属片的接通与否，所以又被称为"磁控管"。

还有一种磁性开关是在密闭的金属或塑料管内，设置一点或多点的磁簧开关，然后将管子贯穿一个或多个中空而内部装有环形磁铁的浮球，并利用固定环控制浮球与磁簧开关在相关位置上，使浮球在一定范围内上下浮动。利用浮球内的磁铁去吸引磁簧开关的触点，产生开与关的动作。

（2）应用　干簧管式接近开关主要应用于工作环境污染严重、不能使用机械开关、安装开关的空间很小的场合，并且附近不能有其他磁场存在，否则会产生误动作。

（3）使用注意事项

1）安装时，不得给开关过大的冲击力，如打击、抛扔开关等。

2）避免在周围有强磁场、大电流（像大型磁铁、电焊机等）的环境中使用磁性开关。不要把连接导线与动力线并在一起。

3）不宜让磁性开关处于水或冷却液的环境中。如需在这种环境中使用，可用盖子加以遮挡。

4）配线时，导线不宜承受拉伸力和弯曲力。用于机械手等可动部件场合时，应使用具有耐弯曲性能的导线，以避免开关受损或断线。

5）磁性开关的配线不能直接接到电源上，必须串接负载。

6）负载电压和最大负载电流都不要超过磁性开关的最大允许容量，否则其寿命会大大降低。

7）带指示灯的有触点磁性开关，当电流超过最大电流时，发光二极管会损坏；若电流在规定范围以下，发光二极管会变暗或不亮。

8）对直流电需分正负极，若正负极接反，开关可动作，但指示灯不亮。

（4）开关在气缸上的安装注意事项

1）为安全考虑，两磁性开关的间距应比最大磁滞距离大3mm。

2）磁性开关不得安装在强磁场设备（如电焊设备等）旁。

3）两个以上带磁性开关的气缸平行使用时，为防止磁性体移动的互相干扰，影响检测精度，两缸筒间距离应大于40mm。

4）活塞接近磁性开关时的速度 v 不得大于磁性开关能检测的最大速度 v_{max}。该最大速度 v_{max}、磁性开关的最小动作范围 l_{min}、磁性开关所带负载的动作时间 t_c 之间的关系式为 $v_{max} = l_{min}/t_c$。

5）开关拧紧螺钉的力矩要适当。力矩过大会损坏开关，力矩太小有可能使开关的最佳安装位置出现偏移。

2. 电感式接近开关

电感式接近开关与电容式接近开关和光电式接近开关一样，完全没有机械式触点和机械式操纵。电感式接近开关在接近金属时有所反应，特别是对铁磁性材料如铁、镍和钴。作为气缸开关，它只能用于由非铁族金属（铝和铜）制成的气缸上，如图6-5所示。（微课：6-2电感式接近开关）

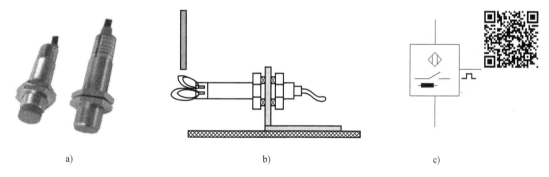

图6-5　电感式接近开关

a）实物图　b）结构示意图　c）图形符号

工作原理：电感式接近开关主要由一个振荡器、触发级和一个信号放大器组成。给电感式接近开关加上电压，这时处于静止状态的振荡器借助于振荡线圈产生一个高频电磁场，这时再将一块金属物体放入磁场，它就会对磁场产生一定影响；放入磁场的金属产生涡流，降低了振荡器能量；自由振荡的振幅减小，使得触发级动作，输出一个信号。电感式接近开关只能用来检测金属物体。

电感式接近开关感应距离与材料和工件的形状有着密切的关系。大（最大不超过150mm）而平的铁磁性材料最好识别，对于非铁族金属来讲，感应距离大约减小一半。

电感式接近开关特点是动作迅速，对周围环境的影响不敏感，但对金属物体很敏感，必须保证它的有效作用距离，它与机械式开关相比价格相对较高，具有防水、防振、防油、防尘、耐腐蚀等特点，对恶劣环境的适应性强。

电感式接近开关属于无触点型开关（即开关型传感器），一般应用于对定位要求精度高、使用寿命长、响应速度快、安装便捷的机械自动控制设备中，主要起限位、复位、行程定位、计数、自动保护、替代微动开关等作用。

3. 电容式接近开关

电容式接近开关与电感式接近开关按照相同的振荡电路原理进行工作，由电容器在一定的区域内辐射电场。当外来物体接近时，这一电场就会发生变化并由此改变电容器的电容。电子装置处理这一变化并形成一个相应的输出信号，如图 6-6 所示。

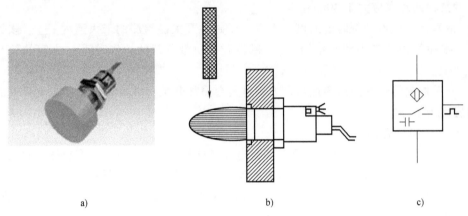

a)   b)   c)

图 6-6   电容式接近开关

a）实物图   b）结构原理图   c）图形符号

从它的工作原理可以看出，电容式接近开关受周围环境的影响较大，如果其有效工作表面有潮气，有可能产生误动作。

由于电容式接近开关内部电子装置比较复杂且生产成本较高，所以电容式传感器比较贵。而且，整个元件还要进行精确测试。对于这类接近开关来讲，开关距离与材料有着密切的关系。

电容式接近开关的优点是抗振动、冲击能力强，可检测所有金属材料，也可检测所有介电常数大于 1 的材料。例如，它除了对接近的金属有反应之外，还对油脂、水、玻璃、木材和其他材料有反应。

4. 光电式接近开关

光电式接近开关是通过光栅来获取位置信息的。光栅的优点是具有相对较大的探测距离，灵敏度高且温度范围宽。

每一个光栅都由发射器和接收器组成。作为发射器，光源绝大多数使用脉冲光（如红外线、可见光、激光）。在一般情况下，由发射器发出的光线被接收器接收。当一个物体出现在传输距离之内时，接收器产生一个二元信号。

光电式接近开关有不同的结构形式可供使用，如反射式光栅、对射式光栅、单向式光栅、脉冲式光电接近开关等。

反射式光栅和脉冲式光电接近开关结构原理相似：在元件的内部带有发射器和接收器（绝大多数是发光二极管和光电三极管）。它们的不同在于，反射式光栅需要有一个精确调整的反光板，而脉冲式光电接近开关只需要工件的反射表面即可。

单向光栅的安装和调节需要一定的时间，因为发射器和接收器是分开放置的，它可以跨越很远的距离（几百米）。

光电式接近开关很少作为气缸开关来使用。

（1）反射式光栅的工作原理　如图 6-7a 所示，当没有物体时，发射器发出的光线被反光板反射，由于反射信号较弱，接收器没有产生输出信号；当一个物体出现在发射器和反光板之间时，发射器发出的光线被物体反射，由于物体距离反射式光栅传感器较近，其上的接收器接收到较强的反射信号，因此接收器有信号输出。

反射式光栅的图形符号如图 6-7b 所示。

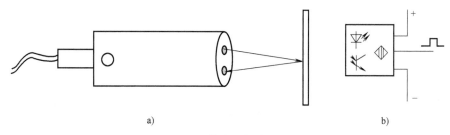

a)　　　　　　　　　　　　　　　　　　b)

图 6-7　反射式光栅接近开关

a）结构原理图　b）图形符号

（2）对射式光栅的工作原理　如图 6-8 所示，对射式光栅的发射器和接收器是分开放置的两个独立元件，将两元件对立放置，被感应物体在两元件之间。当没有物体时，发射器发出的光线被接收器接收，产生输出信号；当一个物体出现在两元件之间，即被检测距离之内时，发射器发出的光线被阻隔，接收器没有信号输出。

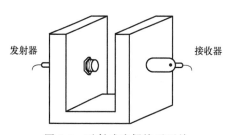

图 6-8　对射式光栅接近开关

三、接近开关接线图

电感式和电容式接近开关有 PNP 和 NPN 两种输出形式，如图 6-9 和图 6-10 所示。

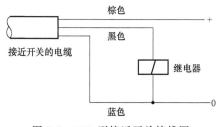

图 6-9　PNP 型接近开关接线图

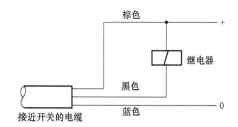

图 6-10　NPN 型接近开关接线图

任 务 实 践

结合知识认知内容，图 6-2 电气动回路中的检测元件标注如图 6-11 所示。

磁感应式接近开关是一种具有将磁信号转换为电信号功能的器件或装置。利用磁学量与其他物理量的变换关系，以磁场作为媒介，也可将其他非电物理量转变为电信号。磁感应式

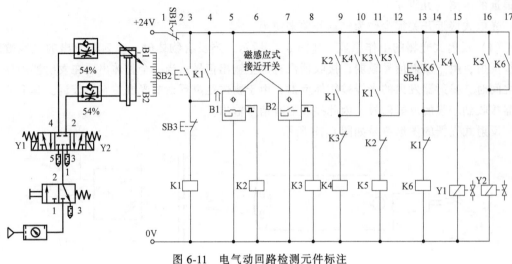

图 6-11　电气动回路检测元件标注

接近开关是磁感应传感器的一种，是一种非接触式位置检测开关。非接触式位置检测不会磨损和损伤检测对象，且响应速度快。

磁感应式接近开关的输出状态分常开、常闭和锁存，输出形式有 NPN、PNP。其接线形式有交流和直流、二线、三线、四线及五线。

通常在使用磁感应式接近开关时都串联限流电阻和保护二极管，即使引线极性接反，也不会烧毁，但磁感应式接近开关不能正常工作。

1. 结构

磁感应式接近开关是一种触点传感器。它由两片具有高导磁和低矫顽力的合金簧片组成，并密封在一个充满惰性气体的玻璃管中。两个簧片之间保持一定的重叠和适当的间隙，末端镀金作为触点，管外焊接引线。当传感器所处位置的磁感应强度足够大时，两簧片相互吸引而使触点导通；当磁场减弱到一定程度时，簧片在本身弹力的作用下而释放。

磁感应式接近开关用永久磁铁驱动时，多用于检测；如作为限位开关使用，取代靠碰撞接触的行程开关，可提高系统的可靠性和使用寿命；在 PLC 中常用作位置控制的信号发生装置。

2. 常见类型

磁感应式接近开关常见的有霍尔开关和磁性干簧开关。

（1）霍尔开关　霍尔开关具有无触点、功耗低、使用寿命长、响应频率高等特点，内部采用环氧树脂封灌，所以能在各类恶劣环境下可靠工作。霍尔开关可应用于位置开关、压力开关、里程表等，作为一种新型的电器配件使用。

霍尔开关适用于气动、液动、气缸和活塞泵的位置测定，亦可做限位开关用。当磁性目标接近时，产生霍尔效应，经放大输出开关信号。与电感传感器比较，它有以下优点：可安装在金属中，可并排紧密安装，可穿过金属进行检测；缺点是：距离受磁场强度及检测体接近方向的影响，有可能出现两个工作点，固定时不允许使用铁质材料。

（2）磁性干簧开关（又称干簧管式接近开关）　磁性干簧开关的内部结构类似于通常所说的干簧继电器。它是一种触点传感器，它由两片高导磁合金簧片组成，密封在一个充满惰性气体的玻璃管中。两个簧片之间保持一定的重叠和适当的间隙，末端镀金作为触点，管外焊接引线。当干簧管所处位置的磁场强度足够大，使触点弹簧片磁化后所产生的磁性吸引力克服弹簧片的弹力时，两弹簧片互相吸引而使触点导通。当磁场减弱到一定程度，借助弹簧片本身的弹力使它释放。体积小、惯性小、动作快是磁性干簧开关突出的特点。

3. 使用注意事项

1）直流型磁感应传感器所使用电压为 DC 3~30V，一般应用范围为 DC 5~24V。过高的电压会引起内部元器件温升而变得不稳定；但电压过低，容易受外界温度变化影响，从而引起误动作。

2）使用时，必须在接通电源前检查接线是否正确，电压是否为额定值。

任务6-2　电气动控制系统

任务引入：

推料机构要求设计电气动回路。图 6-12 为推料机构电气动系统图，试标注出电气动系统中所使用的气动、电气元件并掌握图中元件的安装与调整方法。

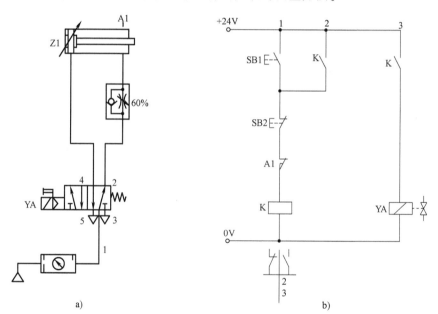

图 6-12　推料机构电气动系统图

a）气路图　b）电路图

任务分析：

电气动控制系统主要是控制电磁阀的换向，其特点是响应快、动作准确，在气动自动化应用中相当广泛。

在电气动控制系统中，电气动回路包括气动回路（执行部分）和电气回路（控制部分）。通常在设计电气回路之前，一定要先设计出气动回路，按照动力系统的要求，选择采用何种形式的电磁阀来控制气动执行元件的运动。在设计中气动回路图和电气回路图必须分开绘制。在整个系统设计中,气动回路图按照习惯放置于电气回路图的上方或左侧。

电气动系统中常用电气元件有手动开关、中间继电器、时间继电器等低压电器。本任务要理解和掌握电气动系统的组成及各自的作用,学习和认识电磁换向阀的分类、作用、结构和工作原理,以及常用电气元件的作用、结构及工作原理。

学习目标:》》》

知识目标:

1) 了解电气动系统的组成。

2) 掌握电气元件的作用及图形符号。

3) 掌握中间继电器的作用、工作原理及图形符号。

4) 掌握气动控制系统常用的电磁换向阀的工作原理及图形符号。

能力目标:

1) 能够识别和正确操作各种不同的电气开关,判断和连接开、闭触点。

2) 能够进行中间继电器线路的连接。

3) 能够识别各种电磁换向阀,并能进行安装。

理 论 资 讯

一、电气动控制系统组成

1. 能源装置:气源+电源

能源装置的作用是为气动执行元件和电气控制回路提供能源。

2. 电气控制部分

电气控制回路通过按钮或行程开关等使电磁线圈通电或断电,控制触点接通或断开被控制的主回路,这种回路也称为继电器控制回路。电路中的触点有常开触点和常闭触点。

(1) 输入部分 接收系统初始触发信号和反馈信号,例如按钮、传感器和限位开关(在纯气动系统中对应的是滚轮杠杆阀)。

(2) 处理部分 将电信号转换成气信号,控制气动执行元件动作,例如电磁换向阀。

电磁换向阀及电磁线圈的图形符号如图 6-13 所示。

a)   b)

图 6-13 电磁换向阀及电磁线圈

a) 电磁换向阀 b) 电磁线圈

3. 气动执行部分

（1）功能 气动回路实现系统的执行功能。

（2）控制元件 例如纯气动控制系统中的机控或气控换向阀；在电气动系统中利用电磁换向阀，为了实现电磁换向阀的换向，要使线圈得电。

4. 电气动系统组成

电气动系统包括气动主回路和电气控制回路。

其中气动主回路是电气动系统的执行部分（控制元件为电磁换向阀）；电气回路是电气动系统的控制部分（控制对象为电磁阀的电磁线圈）。

二、常用低压电器

在电气动控制系统中，常用的低压电器有手动电气开关、中间继电器、时间继电器等。

1. 手动电气开关

如图6-14所示，手动电气开关用于发送控制信号的电器，对这类产品要求其操作频率高、抗冲击性强、机械寿命长。使用手动电气开关可以将电路接通或断开。

手动电气开关结构由操纵机构和触点组成。

图6-14 手动电气开关

（1）操纵机构 操纵机构主要包括手动和机械式。手动操纵形式用图6-15所示的图形符号来表示。

手动操纵可进一步分为锁定式和不锁定式两种，图形符号如图6-16所示。

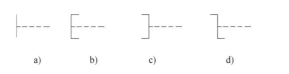

图6-15 手动操纵形式

a）一般式 b）按钮式 c）拉动式 d）旋钮式

图6-16 锁定与不锁定开关图形符号

a）不锁定式按钮开关 b）锁定式按钮开关

当按动不锁定式开关后，开关在新的开关位置上，松手后，开关自动返回原始位置。开关图形符号中数字1和2表示常闭触点，3和4表示常开触点。

当按动锁定式开关后，开关保持在新的开关位置上，重新按动才能使它复位到原始位置。

（2）触点类型 如图6-17所示，触点分为以下3种基本类型：

1）常开触点。常开触点用于接通的开关元件。

2）常闭触点。常闭触点用于断开的开关元件。

3）转换触点。转换触点用于转换的开关元件（常闭-常开组合）。

2. 中间继电器

中间继电器是电磁驱动的开关元件，用于控制电路和防护装置。对这类产品要求其分断能力强、操作频率高、触点机械寿命长。对于电气动控制系统来讲，一般情况下，只使用中间继电器，因为控制电磁阀所需的功率很小。

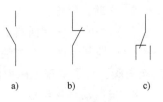

图 6-17　触点类型
a) 常开触点　b) 常闭触点
c) 转换触点

工作原理：如图 6-18 所示，中间继电器由一个带铁心的电磁线圈、一个衔铁和若干组触点组成。利用电流的磁效应，当电流通过线圈时，会产生一个强磁场作用在衔铁上，衔铁克服弹簧力（调节的原始位置）通过杠杆机构操纵触点，使触点被吸过来，完成触点的接通或切断。

中间继电器线圈的图形符号如图 6-19 所示。

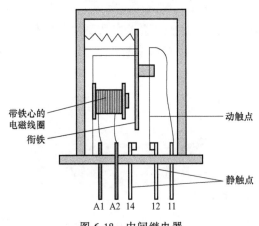

带铁心的
电磁线圈
衔铁
动触点
静触点

A1 A2 14　12 11

图 6-18　中间继电器

图 6-19　中间继电器线圈图形符号

3. 时间继电器

作为继电器的特殊种类，时间继电器可以延时接通或断开它的触点。因此，人们将时间继电器分为通电延时继电器和断电延时继电器两种。延时时间通常是可以调节的。

时间继电器又可以分为电子式时间继电器和机械式时间继电器。

电子式时间继电器精度高（误差在 1% 以下），延时时间可以从 1ms 到 24h，并且可以调节，绝大多数需要附加直流电用于内部的电子器件。

机械式时间继电器精度有限，由机械电子传动机构构成。

通电延时继电器图形符号和动作图形如图 6-20 所示。图形符号中的 "T" 表示延时时间可调节。

断电延时继电器图形符号和动作图形如图 6-21 所示。

常闭触点和常开触点的连接号为 5 和 6 或 7 和 8，在机械作用线上画一个半圆线（开口向右或向左，分别表示延时动作触点）。

（1）通电延时继电器工作原理　如图 6-20 所示，当线圈 A1、A2 通电时，常开触点 17、18 延时接通，常闭触点 25、26 延时断开；当线圈 A1、A2 断电时，常开触点 17、18 瞬时断开，常闭触点 25、26 瞬时接通。

（2）断电延时继电器工作原理　如图 6-21 所示，当线圈 A1、A2 通电时，常开触点 17、18 瞬时接通，常闭触点 25、26 瞬时断开；当线圈 A1、A2 断电时，常开触点 17、18 延时断

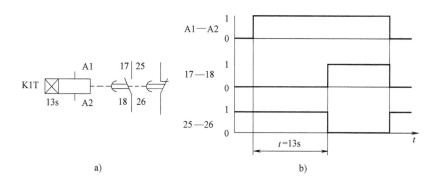

图 6-20　通电延时继电器
a）图形符号　b）动作图形

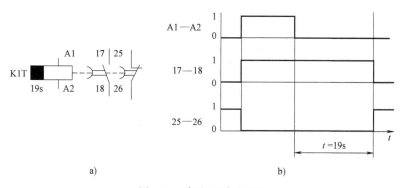

图 6-21　断电延时继电器
a）图形符号　b）动作图形

开，常闭触点 25、26 延时接通。

三、电磁换向阀

电磁换向阀是指利用电信号作为驱动信号来改变流体流动方向的阀。按控制流体的不同，可将电磁换向阀分为两大类，即气动系统使用的电磁换向阀和液压系统使用的电磁换向阀。电磁换向阀的电磁头工作原理如图 6-22 所示。

1. 电磁线圈

电磁效应是电流的一个重要特性。如果将很多电流流过的导线平行缠绕在一起，那么就形成了一个线圈。电感（线圈的特性参数）随绕组的数量成倍地增加并产生磁场强度。该磁场强度就是磁场的大小，它的分布可以用磁力线来表示，如图 6-23 所示。

磁力线是一种闭合曲线并且优先在铁（低磁阻）中传播。该特性的结果是使线圈附近的铁件受到吸引力的作用。因为在线圈内部的磁场中磁力线的密度是最大的，因此力的作用也是最大的。人们利用这一原理使衔铁吸入线圈内。这一机械式的直线运动被用来操纵阀（顶杆式或滑阀式）进行换向。

这种电磁线圈安装固定后被用来操纵阀的动作。因此，有不同电压和功率的线圈可供使用。

根据电源的形式可以选择直流或交流线圈。当使用继电器控制系统时，会有很大的不同。

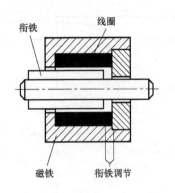

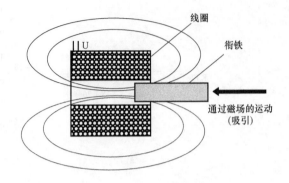

图 6-22　电磁换向阀电磁头工作原理　　　　图 6-23　电磁线圈工作原理

对于直流电压来讲，有 12V、24V、36V 和 48V 线圈可供使用。

普遍使用的交流电压为 12V、42V、110V 和 230V（频率为 50Hz 和 60Hz）。

也有一种适用于交流和直流的线圈，如 DC24V 和 AC48V。

线圈的功率消耗为 0.2~12W 或 VA（视电压和结构形式而定）。

因为在使用过程中线圈会发热（电损耗功率），所以制造商给出了一个相对的通电时间 ED。

$$ED = \frac{EIN}{工作时间} \times 100\%$$

式中，EIN 为通电时间；工作时间=通电时间+停止时间。

对于小磁铁来讲，工作时间可以为 5min，有时可以被吸持 2min、10min 或 30min。

在 50℃时，ED 绝大多数为 100%。随着环境温度升高，根据制造商提供的数据表 ED 值会减小。

在电磁铁上和产品样本中也可能出现参数"S1"（持续工作时间）用来代替 ED 值 100%。

有不同的结构用于特殊的环境（如防爆）和不同的绝缘类别（绝缘材料等级）。

电磁线圈举例见表 6-1。

表 6-1　电磁线圈举例

参数	直流电压	交流电压
额定电压	24V	48V,50/60Hz
功率消耗	4.8V	11.0VA 吸动功率
		8.6VA 吸持功率
工作方式	S1(100%)	
绝缘材料等级(VDE0580)	F(相当于 155℃)	
防护等级	IP65	

电磁线圈绝大多数是可以更换的并且带有 3 个插头接点（第 3 个接点：接地引线）。连接采用插座方式并用螺钉拧上，可以使用不同长度的连接导线。这种耦合式插座经常包含保护电路和发光二极管。

2. 单电控（3/2）二位三通电磁换向阀（微课：6-4　单电控换向阀解析）

图 6-24 所示为单电控二位三通电磁换向阀的结构。

工作原理：当图 6-24a 中电磁线圈 7 断电时，阀芯 5 在重力和弹簧力的作用下利用下端密封垫 4 将压力口 1 封闭，此时工作口 2 与排气口 3 相通。当电磁线圈 7 通电后，该阀处于换向位，线圈中流动的电流产生磁场，磁力克服弹簧力将阀芯 5 顶起。下端密封垫 4 抬起，压力口 1 与工作口 2 相通，上端密封垫 6 将排气口 3 封闭。图 6-24b 所示为此元件的图形符号。

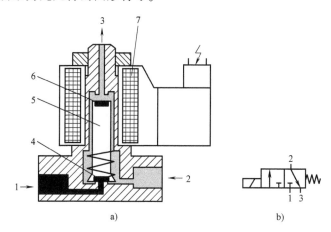

图 6-24　单电控二位三通电磁换向阀

a）结构图　b）图形符号

3. 单电控（5/2）二位五通电磁换向阀

图 6-25 所示为单电控二位五通电磁换向阀的结构。

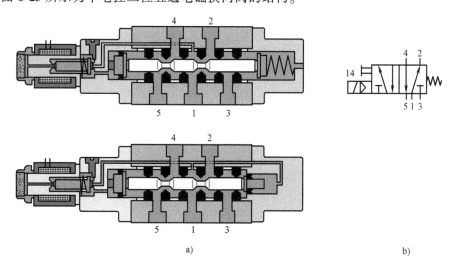

图 6-25　单电控二位五通电磁换向阀

a）结构图　b）图形符号

当电磁铁不通电时，由阀口 1 进入阀体左端的控制气体无法打开电磁阀的控制口，此时阀口 1 与 2 导通，阀口 4 与 5 导通，阀口 3 截止。当电磁铁通电时，电磁阀将控制口打开，由阀口 1 进入阀体左端的控制气体进入阀芯左端，阀芯克服右端的弹簧力被推向右端；此时阀口 1 与 4 导通，阀口 2 与 3 导通。

二位五通换向阀经常采用气弹簧结构来代替机械式弹簧。因此，阀芯必须是差动阀芯结构。面积较小的一端（右端）始终受工作压力的作用。通电时，面积较大的一端（左端）受到工作压力的作用，由于面积差的原因，两端所受的力不同，力的差值将阀芯推到工作位置（向右）。

当控制系统的工作压力由于使用的原因低于 2bar 的最低压力时，先导阀的换向将不可靠。当进气口出现真空时，根本没有内部控制气体可供使用。针对这种情况，阀采用外部控制气体（也被称为"外控式"）。

外控阀带一个附加的外部控制口 14。在该口上最低压力大约为 2.5bar。对于脉冲式电磁换向阀来讲，一部分阀达到 1.5bar 就已经足够了（见制造商说明书）。

在电气动控制系统中，作为控制执行元件（双作用气缸、气动马达）的主控阀首选使用（5/2）二位五通换向阀。因为，气缸必须伸出和缩回，气动马达必须正转和反转。该阀有两个接工作管路的接口、两个接排气管路的接口，以及一个压缩空气进气口。

图 6-25 所示为滑阀结构的单电控阀芯，它的优点是：当断电或按动急停按钮时，阀芯通过弹簧力返回到所定义的初始位置上。

任 务 实 践

结合知识认知内容，推料机构的电气动系统图中所涉及的气动、电气元件如图 6-26 所示。

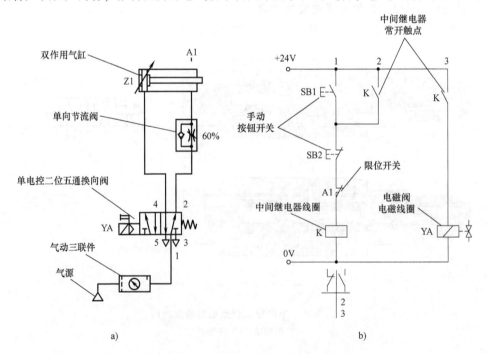

图 6-26 推料机构电气动系统图说明

a）气路图 b）电路图

任务6-3　电气动直接/间接控制

任务引入:》》》

图6-27中有两个电气动回路图，试比较图a和图b实现的功能是否相同、两个图的区别是什么。

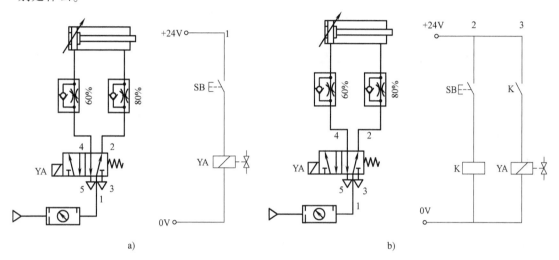

图6-27　电气动回路图

任务分析:》》》

在纯气动控制系统中，有直接控制和间接控制两种控制方式，在电气动控制系统中也有直接控制和间接控制两种控制方式。电气动直接控制和间接控制回路的结构和区别是什么？本任务我们将系统学习电气动直接控制和间接控制。

学习目标:》》》

知识目标:
1）进一步理解电气动系统的组成。
2）理解并掌握电气动直接控制回路。
3）理解并掌握电气动间接控制回路。

能力目标:
1）能用中间继电器设计电气动回路。
2）能够安装和调试电气动直接控制回路。
3）能够安装和调试电气动间接控制回路。

理　论　资　讯

电气回路图通常以梯形图来表示。梯形图的绘图原则为：

1）图形上端为相线，下端为接地线。

2）电路图由左而右进行绘制。为便于读图，接线要标示线号。

3）控制元件的连接线接于电源母线之间，且应力求直线。

4）连接线与实际的元件配置无关，其由上而下，依照动作的顺序来决定。

5）连接线所连接的元件均以电气符号表示，且均为未操作时的状态。

6）在连接线上，所有的开关、继电器等的触点位置由水平电路上侧的电源母线开始连接。

7）一个梯形图网络由多个梯级组成，每个输出元素（继电器线圈等）可构成一个梯级。

8）在连接线上，各种负载，如继电器、电磁线圈、指示灯等的位置通常是输出元素，要放在水平电路的下侧。

9）在以上各元件的电气符号旁标注文字符号。

一、简单的直接/间接控制

1. 直接控制——用按钮直接控制

图 6-28 所示为直接控制回路，按住按钮 SB，则指示灯 HL 亮；松开按钮 SB，指示灯 HL 灭。

2. 间接控制——继电器的工作原理、组成

图 6-29 所示为间接控制回路，按住按钮 SB，中间继电器 K 线圈通电，中间继电器 K 常开触点闭合，则指示灯 HL 亮；松开按钮 SB，中间继电器 K 线圈断电，中间继电器 K 常开触点断开，则指示灯 HL 灭。

电气动控制系统中，利用中间继电器线圈得电，对应的常开触点吸合的特性来实现间接控制。

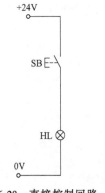

图 6-28　直接控制回路

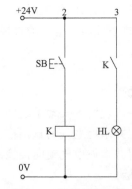

图 6-29　间接控制回路

二、电气控制与气动回路的组合

1. 电气动系统组成

电气动系统由电控回路和气动回路组成。气动回路又可分为纯气动回路和电气动回路的气动回路，分别如图 6-30 和图 6-31 所示。

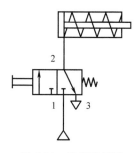

图 6-30　纯气动回路

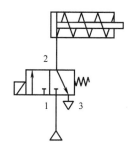

图 6-31　电气动回路的气动回路

2. 电磁换向阀

电磁换向阀的图形符号如图 6-32 和图 6-33 所示。

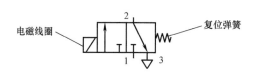

图 6-32　3/2 单控电磁换向阀

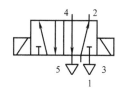

图 6-33　5/2 双控电磁换向阀

三、电气动直接控制回路

电气动直接控制回路包含气动主回路和电控回路，所谓直接控制就是按钮和电磁线圈直接相连。电气动直接控制回路分为单作用气缸直接控制回路和双作用气缸直接控制回路。（微课：6-6　电气动直接控制回路）

1. 单作用气缸直接控制回路

图 6-34 所示为单作用气缸直接控制回路。单作用气缸直接控制回路工作原理包括启动和停止两个过程，分析思路为电气控制回路→气动主回路。

（1）启动过程：按住按钮 SB

电气控制回路：电磁线圈 YA 通电，单电控二位三通阀切换至左位。

气动主回路（进气路）：▷→气动二联件→单电控二位三通阀（左）→单向节流阀（单向阀）→单作用气缸，此时单作用气缸活塞杆向右伸出。

（2）停止过程：松开按钮 SB

电气控制回路：电磁线圈 YA 断电，单电控二位三通阀在弹簧作用下切换至右位（初始位）。

气动主回路（回气路）：单作用气缸→单向节流阀（节流阀）→单电控二位三通阀（右）→大气，此时单作用气缸活塞杆向左缩回。（微课：电气动直接控制回路仿真）

2. 双作用气缸直接控制回路

图 6-35 所示为双作用气缸直接控制回路。双作用气缸直接控制回路工作原理包括启动和停止两个过程，分析思路为电气控制回路→气动主回路（其中气动主回路包括进气路和回气路）。

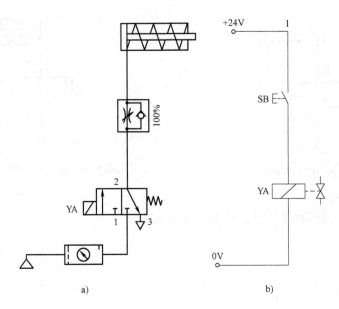

图 6-34　电气动直接控制回路（单作用气缸）

a）气动主回路　b）电气控制回路

（1）启动过程：按住按钮 SB

电气控制回路：电磁线圈
YA 通电，单电控二位五通阀切
换至左位。

气动主回路（进气路）：
▷→气动二联件→单电控二位五
通阀（左）→左侧单向节流阀
（单向阀）→双作用气缸（左）。

气动主回路（回气路）：双
作用气缸（右）→右侧单向节流
阀（节流阀）→单电控二位五通
阀（左）→大气，此时双作用气
缸活塞杆向右伸出，通过调节右
侧单向节流阀的开度调节双作用
气缸伸出速度。

（2）停止过程：松开按钮 SB

电气控制回路：电磁线圈
YA 断电，单电控二位五通阀在
弹簧作用下切换至右位（初始位）。

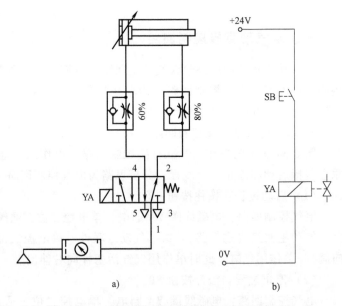

图 6-35　电气动直接控制回路（双作用气缸）

a）气动主回路　b）电气控制回路

气动主回路（进气路）：▷→气动二联件→单电控二位五通阀（右）→右侧单向节流阀
（单向阀）→双作用气缸（右）。

气动主回路（回气路）：双作用气缸（左）→左侧单向节流阀（节流阀）→单电控二位

五通阀（右）→大气，此时双作用气缸活塞杆向左缩回，通过调节左侧单向节流阀的开度调节双作用气缸缩回速度。

四、电气动间接控制回路

电气动控制系统中，利用中间继电器线圈得电，对应的常开触点吸合的特性来实现间接控制。也就是按钮直接控制中间继电器线圈，中间继电器常开触点控制电磁线圈。

电气动间接控制回路包含气动主回路和电控回路，电气动间接控制回路分为单作用气缸间接控制回路和双作用气缸间接控制回路。（微课：6-7　电气动间接控制回路）

1. 单作用气缸间接控制回路

图 6-36 所示为单作用气缸间接控制回路。单作用气缸间接控制回路工作原理包括启动和停止两个过程，分析思路为电气控制回路→气动主回路。

（1）启动过程：按住按钮 SB

电气控制回路：中间继电器 K 线圈通电→中间继电器 K 常开触点闭合→电磁线圈 YA 通电，单电控二位三通阀切换至左位。

气动主回路（进气路）：▷→气动二联件→单电控二位三通阀（左）→单向节流阀（单向阀）→单作用气缸，此时单作用气缸活塞杆向右伸出。

（2）停止过程：松开按钮 SB

电气控制回路：中间继电器 K 线圈断电→中间继电器 K 常开触点断开→电磁线圈 YA 断电，单电控二位三通阀在弹簧作用下切换至右位（初始位）。

气动主回路（回气路）：单作用气缸→单向节流阀（节流阀）→单电控二位三通阀（右）→大气，此时单作用气缸活塞杆向左缩回，缩回速度由单向节流阀开度进行调节。（微课：电气动间接控制回路仿真）

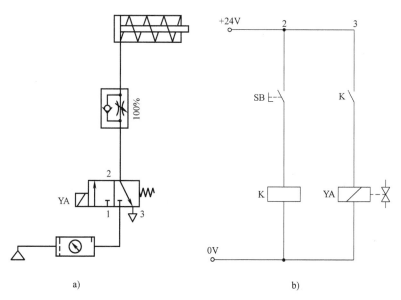

a)　　　　　　　　　　　b)

图 6-36　电气动间接控制回路（单作用气缸）

a）气动主回路　b）电气控制回路

2. 双作用气缸间接控制回路

图 6-37 所示为双作用气缸间接控制回路。双作用气缸间接控制回路工作原理包括启动和停止两个过程，分析思路为电气控制回路→气动主回路（其中气动主回路包括进气路和回气路）。

（1）启动过程：按住按钮 SB

电气控制回路：中间继电器 K 线圈通电→中间继电器 K 常开触点闭合→电磁线圈 YA 通电，单电控二位五通阀切换至左位。

气动主回路（进气路）：▷→气动二联件→单电控二位五通阀（左）→左侧单向节流阀（单向阀）→双作用气缸（左）。

气动主回路（回气路）：双作用气缸（右）→右侧单向节流阀（节流阀）→单电控二位五通阀（左）→大气，此时双作用气缸活塞杆向右伸出，通过调节右侧单向节流阀的开度调节双作用气缸伸出速度。

（2）停止过程：松开按钮 SB

电气控制回路：中间继电器 K 线圈断电→中间继电器 K 常开触点断开→电磁线圈 YA 断电，单电控二位五通阀在弹簧作用下切换至右位（初始位）。

气动主回路（进气路）：▷→气动二联件→单电控二位五通阀（右）→右侧单向节流阀（单向阀）→双作用气缸（右）。

气动主回路（回气路）：双作用气缸（左）→左侧单向节流阀（节流阀）→单电控二位五通阀（右）→大气，此时双作用气缸活塞杆向左缩回，通过调节左侧单向节流阀的开度调节双作用气缸缩回速度。

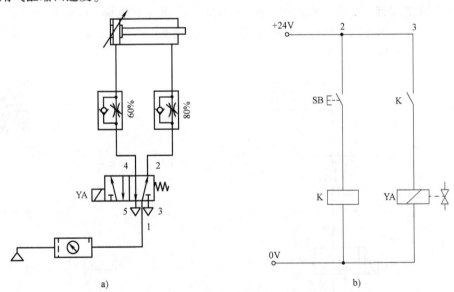

图 6-37　电气动间接控制回路（双作用气缸）
a）气动主回路　b）电气控制回路

五、电气动逻辑控制回路

1. 逻辑"与"控制

【例】 装配台：在装配台上组装部件。

按下两个按钮，将部件组装在一起，松开一个按钮，装配台回到原来状态。

（1）直接控制回路　装配台直接控制回路如图6-38所示，两个按钮SB1和SB2串联实现逻辑"与"的关系，并且直接控制电磁线圈YA。

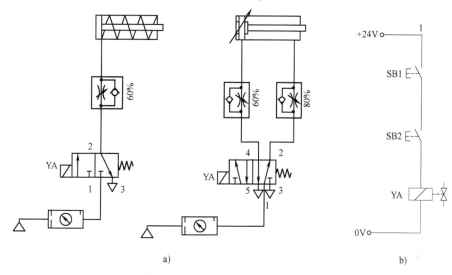

图6-38　逻辑"与"直接控制回路

a）气动主回路　b）电气控制回路

（2）间接控制回路　装配台间接控制回路如图6-39所示，两个按钮SB1和SB2串联实现逻辑"与"的关系。SB1串SB2直接控制中间继电器K线圈，中间继电器K常开触点控制电磁线圈YA。

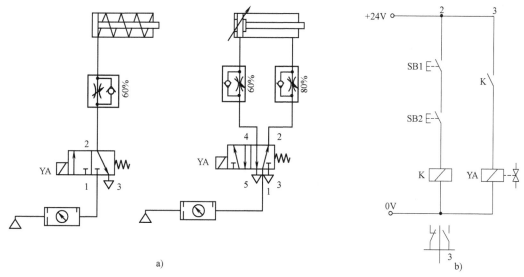

图6-39　逻辑"与"间接控制回路

a）气动主回路　b）电气控制回路

2. 逻辑"或"控制

【例】　挡料板：用挡料板可使散装物料从料斗倒出来。

按下两个按钮中的任意一个,都能使挡料板打开,散料就从料斗中倒空。松开这个按钮,则使挡料板关闭。

(1) 直接控制回路 挡料板直接控制回路如图 6-40 所示,两个按钮 SB1 和 SB2 并联实现逻辑"或"的关系,并且直接控制电磁线圈 YA。

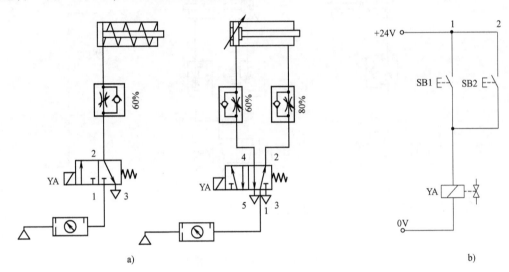

图 6-40 逻辑"或"直接控制回路
a) 气动主回路 b) 电气控制回路

(2) 间接控制回路 挡料板间接控制回路如图 6-41 所示,两个按钮 SB1 和 SB2 并联实现逻辑"或"的关系,SB1、SB2 直接控制中间继电器 K 线圈,中间继电器 K 常开触点控制电磁线圈 YA。

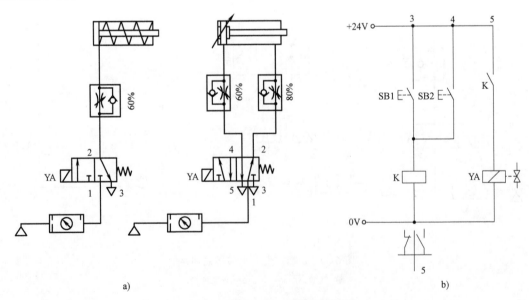

图 6-41 逻辑"或"间接控制回路
a) 气动主回路 b) 电气控制回路

任 务 实 践

一、间接控制回路安装与调试步骤

1）元件识别与选型。

2）将实验元件安装在实验台上。

3）参考图 6-37a 用气管将元件连接可靠。

4）参考图 6-37b 用导线将线路连接好。

5）在不带电的前提下利用万用表检测电路连接是否有短路的情况出现。

6）打开电源和气源，启动按钮 SB，观察电磁线圈的通电情况及系统运行情况。

7）松开按钮 SB，观察电磁线圈的通电情况及系统运行情况。

8）总结实验过程，完成任务工单。

二、间接控制回路元件布局

1. 所需主要元器件

所需主要元器件见表 6-2。

表 6-2　所需主要元器件

电气元件模块		
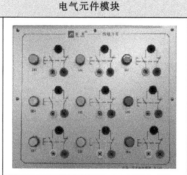		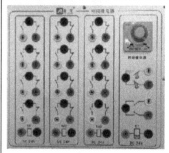
24V 电源模块	按钮模块	中间继电器模块
所需主要气动元件			

双作用气缸	单电控二位五通阀	单向节流阀	气动三联件

2. 元器件布局

间接控制回路中气动回路各元件原则上是按照回路从下到上、从左到右的顺序进行合理布局（电气元件是模块化结构置于综合实训台上方，只需在对应的模块中选择相应电气元件即可），其中气源装置是每个实验台单独配一个，无须在实验台上体现，其他各元件在实验台上的建议安装位置如图 6-42 所示。

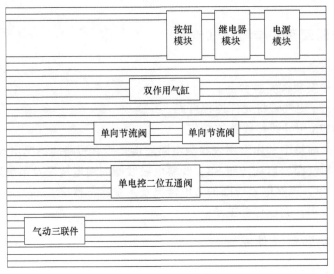

图 6-42　建议安装位置

三、主要元件安装与调整方法

主要元件安装与调整方法具体见表 6-3。

表 6-3　主要元件安装与调整方法

部分实验元件		安装与调整方法
元件名称	实验元件	
电源模块		红色的插孔用红色导线与 24V 电源正极插孔相连；黑色的插孔用黑色导线与 24V 电源负极插孔相连
按钮模块		按钮 SB 为启动按钮，所以选择绿色按钮 取一根红色导线一端与 24V 电源正极插孔连接，另一端与绿色按钮常开触点上插孔连接 取第二根红色导线一端与绿色按钮常开触点下插孔连接，另一端与中间继电器 K 线圈红色插孔连接

（续）

部分实验元件		安装与调整方法
元件名称	实验元件	
继电器模块	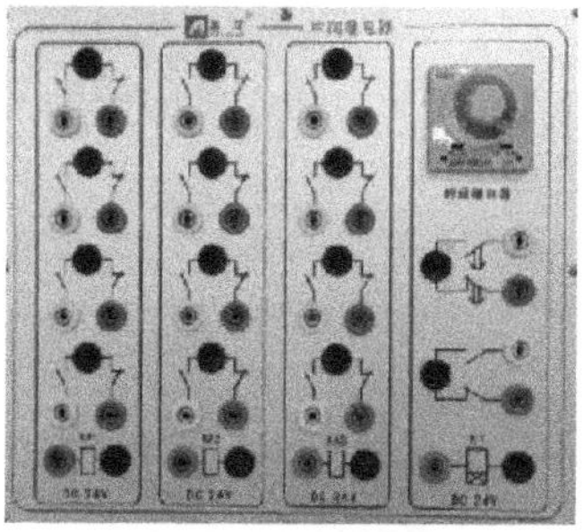	用黑色导线一端与中间继电器 K 线圈黑色插孔连接,另一端与电源负极插孔连接 取第二根红色导线一端与 24V 电源正极插孔连接,另一端与中间继电器常开触点插孔连接 取第三根红色导线一端与中间继电器常开触点上插孔连接,另一端与电磁线圈 YA 红色插孔连接
导线	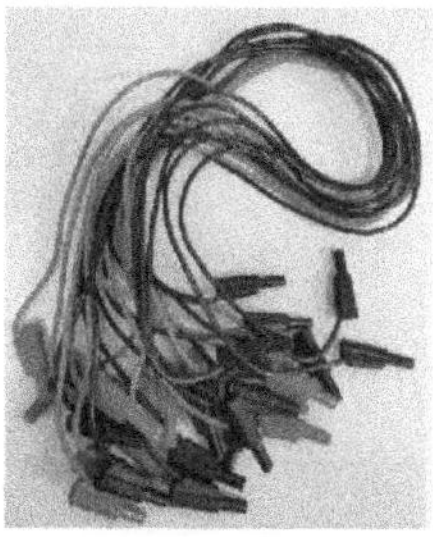	红色导线用于连接高电位 黑色导线用于连接低电位
单电控二位五通阀		用黑色导线一端与电磁线圈 YA 上的蓝色负极插孔连接,另一端与电源接线端子的负极端子连接 用气管将换向阀与气源、单向节流阀连接好,详见项目一至项目五相关练习中的连接方法
其他元件	气动三联件、单向节流阀、双作用气缸等	其他气动元件连接要点与项目一至项目五相应内容一致,在此不赘述

四、间接控制回路调试

打开气源和电源:

1. 按住按钮 SB

观察电磁阀的电磁线圈通电情况及气缸运行情况。

2. 松开按钮 SB

观察电磁阀的电磁线圈通电情况及气缸运行情况。

关闭气源和电源,结束调试。

任务6-4 推料装置电气动系统的直接控制

任务引入: >>>

电气动推料装置控制要求:按动按钮,双作用气缸活塞杆伸出,将工件推出,当活塞杆到达终端时，自动返回。气缸活塞杆伸出速度可调。试采用直接控制方式设计电气动回路并在实验台上进行安装与调试。

任务分析： >>>>

电气动回路设计包括气动主回路和电气控制回路。气动主回路设计的关键是执行元件和电磁换向阀的选择和确定；电气控制回路设计的关键是确定控制方式：直接控制或间接控制。本任务采用直接控制方式，初步学习电气动系统的设计思路与方法，并掌握简单逻辑功能的控制电路。

学习目标： >>>>

知识目标：

1）理解并掌握双电控二位五通阀。

2）初步掌握电气动系统设计方法。

3）理解并掌握推料装置电气动直接控制回路。

能力目标：

1）能对双电控二位五通阀进行正确接线。

2）能够安装和调试推料装置电气动直接控制回路。

3）能对调试过程中出现的故障进行分析和排除。

理 论 资 讯

一、双电控（5/2）二位五通电磁换向阀

电磁控制换向阀是利用电磁力的作用推动阀芯换向，从而改变气流的流动方向。按照电磁控制部分对换向阀的推动方式，可分为直动式和先导式两大类。

由电磁铁的衔铁直接推动换向阀阀芯换向的阀称为直动式电磁阀，它有单电控和双电控两种。

直动式电磁阀是一种不需要压力启动（零压启动）的电磁阀，常用于小口径、低压力或真空情况下的管道中，并且响应速度非常快，动作时间很短，对于启闭频率比较高或要求快速关断的场合，都特别适合选用直动式电磁阀。

先导式电磁换向阀由电磁先导阀和主阀组成，它由电磁铁首先控制气路，产生先导压力，再由先导压力推动主阀阀芯，使其换向。先导式电磁阀一般用于大口径、高压力的场合。这种结构的阀门打开时，要求电磁阀的最低压力不能低于 0.05MPa，必须有先导压力，否则是无法打开的。此外，先导式电磁阀比直动式电磁阀的流通能力大，对于压缩空气的纯净度要求较高。

1. 直动式双电控（5/2）二位五通电磁换向阀（微课：6-5 双电控换向阀及应用）

如图 6-43 所示，直动式双电控（5/2）二位五通电磁换向阀有两个电磁铁。

如图 6-43a 所示，当电磁铁线圈 1YA 通电、2YA 断电时，阀芯被推向右

端，此时，阀工作在左位，如图 6-39c 图形符号所示，进气口 P 与出气口 A 相通，出气口 B 与排气口 S 相通；而当电磁线圈 1YA 断电时，阀芯仍处于原有状态，即具有记忆功能。

如图 6-43b 所示，当电磁铁线圈 2YA 通电、1YA 断电时，阀芯被推向左端，此时，阀工作在右位，如图 6-43c 图形符号所示，进气口 P 与出气口 B 相通，出气口 A 与排气口 R 相通；若电磁铁线圈 2YA 断电时，则气流通路仍保持原状态。（动画：直动式双电控二位五通电磁换向阀）

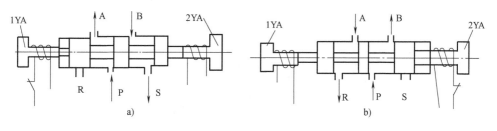

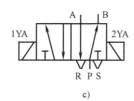

图 6-43 直动式双电控（5/2）二位五通电磁换向阀

a）左位接通 b）右位接通 c）图形符号

2. 先导式双电控（5/2）二位五通电磁换向阀

如图 6-44a 所示，当左端电磁先导阀 1 的线圈通电，先导阀 1 打开使压缩空气作用在阀芯左侧的控制端上，主阀 3 的 K1 腔进气，K2 腔排气，使主阀阀芯向右移动并保持在该位置上。此时，左位接通（见图 6-44c 图形符号），P 通 A，B 通 S。

如图 6-44b 所示，当右端电磁先导阀 2 的线圈通电，先导阀 2 打开使压缩空气作用在阀芯右侧的控制端上，主阀 3 的 K2 腔进气，K1 腔排气，使主阀阀芯向左移动并保持在该位置上。此时，右位接通（见图 6-44c 图形符号），P 通 B，A 通 R。

如果两端先导阀线圈 1 和 2 同时通电，阀会在以前占有的位置上。如果两个控制电压有一个短暂的先后通电顺序，那么阀会换向到第一个控制电压控制阀换向的位置上。

如果两个控制电压有一个短暂的先后断电顺序，那么阀会换向到最后一个断电所要求的位置上。

人们称这种阀是通电第一个信号"优先"，断电最后一个信号"优先"。

3. 双电控（5/2）二位五通电磁换向阀的应用（视频：双电控阀应用——电气动单往复回路装调）

在有些电气动控制系统中需要通过主控元件（阀）的换向将控制信号存储起来。如果控制信号只出现很短的时间，而气缸的伸出或返回运动却要通过阀来完成，那么这时就需要阀持续地保持在换向状态上。脉冲式电磁换向阀通过阀芯的机械摩擦力将电信号作用后的状态存储起来。控制功率低是其优点，并且在控制系统使用过程中，在断电的情况下，阀芯会保持在最后一次被操纵的位置

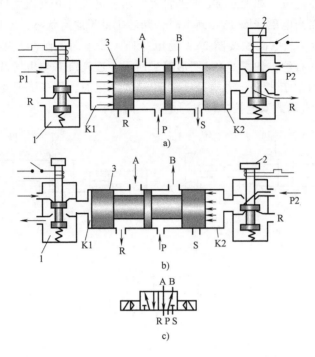

图 6-44　先导式双电控（5/2）二位五通电磁换向阀
a）左位接通　b）右位接通　c）图形符号

上并在初始位置上不会突然运动。脉冲的最短持续时间应该为 30ms。

二、经验法设计电气动回路

1. 经验法设计电气动回路的特点、步骤及主控阀的类型

（1）经验设计法的特点

经验法优点：适用于较简单的回路设计，可凭借设计者本身积累的经验，快速地设计出控制回路。

经验法缺点：设计方法较主观，对于较复杂的控制回路不宜采用。

（2）经验设计法的步骤

1）设计好气动回路。

2）确定好与电气回路图有关的主要技术参数。

3）设计电气控制回路原理图。

（3）常用主控阀

单电控二位三通换向阀；

单电控二位五通换向阀；

双电控二位五通换向阀；

双电控三位五通换向阀。

2. 经验法设计电气控制原理图的原则

在用经验法设计电气控制原理图时，必须考虑表 6-4 中所列各项。

表6-4　经验法设计原则

设计考虑要求	设计原则	控制形式	典型元件
分清电磁换向阀的结构差异	按电磁阀结构不同	脉冲控制(有记忆功能,不需要自保持)	双电控二位五通换向阀
			双电控三位五通换向阀
		保持控制(用继电器实现中间记忆,阀由弹簧复位)	单电控二位三通换向阀
			单电控二位五通换向阀
注意动作模式	气缸动过程	单个自动控制	按钮开关操作前进
			行程开关或按钮开关控制回程
		连续自动控制	按钮开关控制电源的通、断电
			在控制电路上比单个循环多加一个信号传送元件(如行程开关),使气缸完成一次循环后能再次动作
行程开关(或按钮开关)以常开触点还是常闭触点的判别	气缸伸出	用二位五通或二位三通单电控电磁换向阀控制	控制电路上的行程开关(或按钮开关)以常开触点接气动气缸伸出线。这样,当行程开关(或按钮开关)动作时,才能把信号传送给使气缸前进的电磁线圈
	气缸后退		必须使通电的电磁线圈断电,电磁阀复位,在控制电路上必须以常闭触点形式接线,这样,当行程开关(或按钮开关)动作时,电磁阀复位,气缸后退

三、经验法设计推料装置电气动回路

推料装置中利用双作用气缸来输送工件,并且要求采用直接控制方式来进行电气动回路的设计,所以主控阀选择有记忆功能的双电控二位五通阀来控制。

1. 气动主系统动作步骤图

气动主系统动作步骤图如图6-45所示。

图6-45　推料装置动作步骤

2. 推料装置电气动系统所需元件

推料装置电气动系统所需元件见表6-5。

表6-5　元件清单

元件名称	元件数量	说明	图形符号
双作用气缸	1	执行元件	
双电控二位五通阀	1	主控阀	

(续)

元件名称	元件数量	说明	图形符号
单向节流阀	1	控制气缸伸出的速度	
气源装置	1	提供气源	
按钮	2	系统启动	
限位开关	1	终端位置	
直流电源	1	电路电源	
附件	若干	气管、电线等	

3. 推料装置气动主回路设计

推料装置中执行元件为双作用气缸，采用直接控制方式，主控阀选择具有记忆功能的双电控二位五通阀，则气动主回路如图 6-46 所示。

4. 推料装置电气动系统气动主回路分析

1）将传输系统传送过来的工件推向下一个工位。

2）按动启动按钮后，双作用气缸 Z1 的活塞杆伸出，推出工件。当气缸的活塞杆到达终端位置时，气缸的活塞杆自动返回。

3）使用具有记忆功能的双电控（5/2）二位五通电磁换向阀作为主控元件。当双电控（5/2）二位五通电磁换向阀的电磁线圈 YA1 带电时，双作用气缸 Z1 的活塞杆伸出并且保持伸出，碰到电限位开关 A1 时，双电控（5/2）二位五通电磁换向阀的电磁线圈 YA0 带电，双作用气缸 Z1 的活塞杆缩回并且保持。

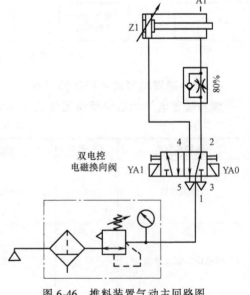

图 6-46 推料装置气动主回路图

4）气缸活塞杆的伸出速度可以用单向节流阀进行无级调节。

5）系统中使用了一个电限位开关 A1。

5. 推料装置电气控制回路设计

由于气动主回路中选择的是双电控（5/2）二位五通电磁换向阀，具有记忆功能，所以电磁线圈的通电不需要保持，只需点动控制即可，则推料装置电气控制回路如图 6-47 所示。

6. 推料装置电气动系统电气控制回路分析

1）按动启动按钮 SB1（常开触点），+24V 电压直接加到电磁线圈 YA1 上，电磁线圈 YA1 通电。

2）当限位开关 A1 被压下时，电磁线圈 YA0 通电。

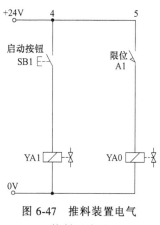

图 6-47　推料装置电气
控制回路图

任 务 实 践

一、推料装置电气动直接控制回路安装与调试步骤

1）元件识别与选型。

2）将实验元件安装在实验台上。

3）参考图 6-46 用气管将元件连接可靠。

4）参考图 6-47 用导线将线路连接好。

5）在不带电的前提下利用万用表检测电路连接是否有短路的情况出现。

6）打开电源和气源，按启动按钮 SB1，观察系统运行情况。

7）总结实验过程，完成任务工单。

二、推料装置电气动直接控制回路元件布局

1. 所需主要元器件

所需主要元器件见表 6-6。

表 6-6　所需主要元器件

电气元件模块		
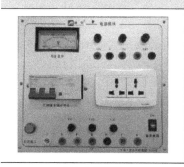	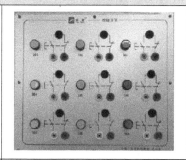	
24V 电源模块	按钮模块	限位开关

（续）

所需主要气动元件			
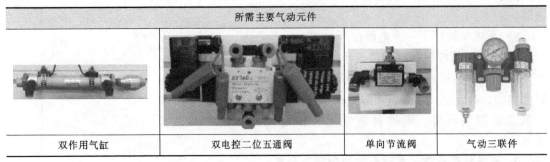			
双作用气缸	双电控二位五通阀	单向节流阀	气动三联件

2. 元器件布局

推料装置电气动直接控制回路中气动回路各元件原则上是按照回路从下到上、从左到右的顺序进行合理布局（电气元件是模块化结构置于综合实训台上方，只需在对应的模块中选择相应电气元件即可），其中气源装置是每个实验台单独配一个，无须在实验台上体现，其他各元件在实验台上的建议安装位置如图6-48所示。

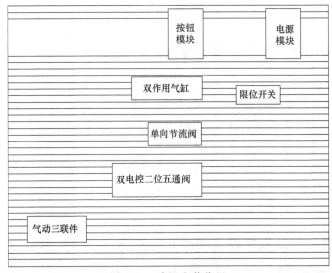

图 6-48　建议安装位置

三、主要元件安装与调整方法

主要元件安装与调整方法具体见表6-7。

表 6-7　主要元件安装与调整方法

部分实验元件		安装与调整方法
电源模块	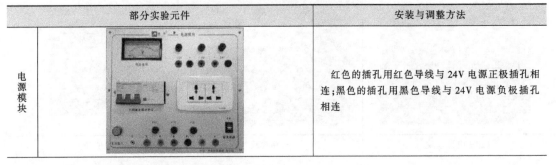	红色的插孔用红色导线与24V电源正极插孔相连;黑色的插孔用黑色导线与24V电源负极插孔相连

（续）

部分实验元件	安装与调整方法
按钮模块	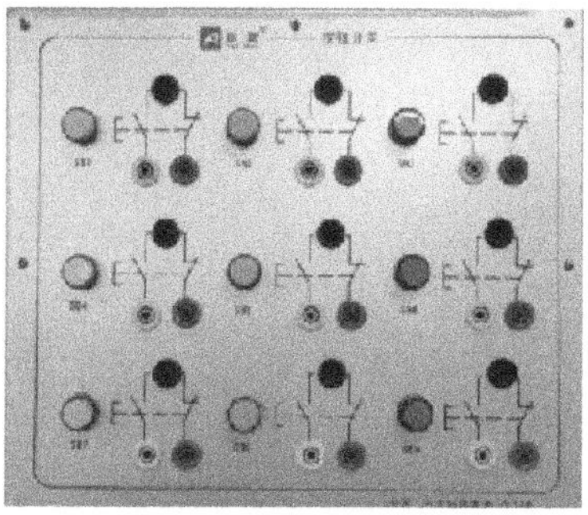 按钮 SB1 为启动按钮,所以选择绿色按钮 　取一根红色导线一端与 24V 电源正极插孔连接,另一端与绿色按钮常开触点上插孔连接 　取第二根红色导线一端与绿色按钮常开触点下插孔连接,另一端与双电控二位五通阀左侧电磁线圈 YA1 红色插孔连接
限位开关	 　用红色导线一端与 24V 电源正极插孔连接,另一端与限位开关常开触点蓝色插孔连接 　取第二根红色导线一端与限位开关常开触点另一个蓝色插孔连接,另一端与双电控二位五通阀右侧电磁线圈 YA0 红色插孔连接
导线	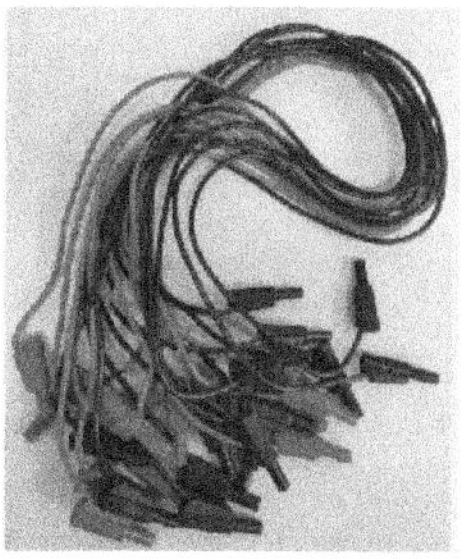 红色导线用于连接高电位 黑色导线用于连接低电位
双电控二位五通阀	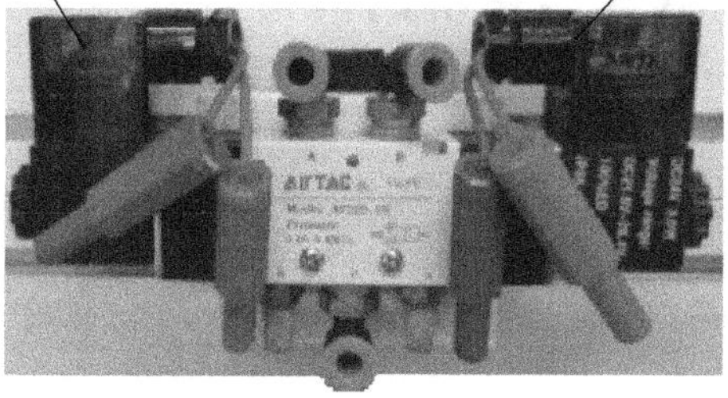 　用黑色导线一端与电磁线圈 YA1 上的蓝色负极插孔连接,另一端与电源接线端子的负极端子连接 　取第二根黑色导线一端与电磁线圈 YA1 上的蓝色负极插孔连接,另一端与双电控二位五通阀右侧电磁线圈 YA0 上的蓝色负极插孔连接 　用气管将换向阀与气源、单向节流阀连接好,详见项目一至项目五相关练习中的连接方法
其他元件	其他气动元件连接要点与项目一至项目五相应内容一致,在此不赘述

其他元件栏左列：气动三联件、单向节流阀、双作用气缸等

四、推料装置电气动直接控制回路调试

打开气源和电源：

1. 点动按下按钮 SB1

观察系统运行情况。

2. 按住按钮 SB1

观察系统运行情况。

3. 松开按钮 SB1

观察系统运行情况。

关闭气源和电源，结束调试。

五、任务拓展——连续循环运动的电气动回路

图 6-49 所示为连续循环运动的电气动回路。

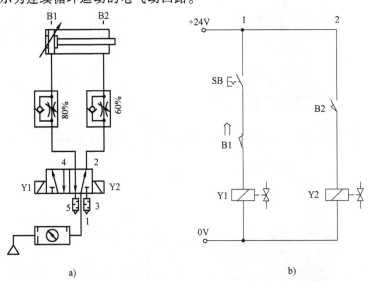

a)　　　　　　　　　　b)

图 6-49　连续循环运动的电气动回路

a) 气动主回路　b) 电气控制回路

任务 6-5　推料装置电气动系统的间接控制

任务引入： >>>

　　电气动推料装置控制要求：按动按钮，双作用气缸活塞杆伸出，将工件推出，当活塞杆到达终端时，自动返回。气缸活塞杆伸出速度可调，试采用间接控制方式设计电气动回路并在实验台上进行安装与调试。

任务分析： >>>

　　电气动回路设计包括气动主回路和电气控制回路。气动主回路设计的关键是执行元件和

电磁换向阀的选择和确定；电气控制回路设计的关键是确定控制方式：直接控制或间接控制。本任务采用间接控制方式，进一步学习电气动系统的设计思路与方法，并掌握复杂逻辑功能的控制电路。

学习目标： ≫≫≫

知识目标：

1）进一步理解电气动系统的组成。

2）进一步掌握电气动系统设计方法。

3）理解并掌握推料装置电气动回路。

能力目标：

1）能用中间继电器设计电气动回路。

2）能够安装和调试推料装置电气动间接控制回路。

3）能够安装和调试复杂逻辑功能的电气动回路。

理 论 资 讯

一、经验法设计推料装置电气动间接控制回路

推料装置中是利用双作用气缸来输送工件，并且要求采用间接控制方式来进行电气动回路的设计，所以主控阀选择有带弹簧复位的单电控二位五通阀来控制。

1. 气动主系统动作步骤 （见图 6-50）

图 6-50　推料装置动作步骤

2. 推料装置电气动系统所需元件

推料装置电气动系统所需元件见表 6-8。

表 6-8　元件清单

元件名称	元件数量	说明	图形符号
双作用气缸	1	执行元件	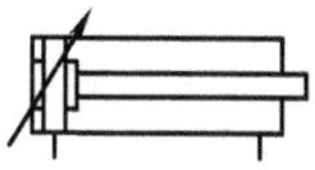
单电控二位五通阀	1	主控阀	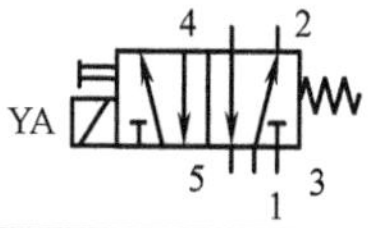
单向节流阀	1	控制气缸伸出的速度	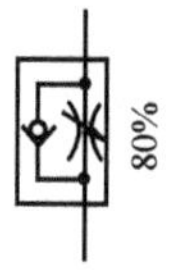

（续）

元件名称	元件数量	说明	图形符号
气源装置	1	提供气源	
按钮	2	系统启停	
中间继电器	1	气缸伸出保持	
限位开关	1	终端位置	
直流电源	1	电路电源	+24V 0V
附件	若干	气管、电线等	

3. 推料装置气动主回路设计

推料装置中执行元件为双作用气缸，主控阀选择单电控二位五通阀，则气动主回路如图 6-51 所示。

4. 推料装置电气动系统气动主回路分析

1）将传输系统传送过来的工件推向下一个工位。

2）按动启动按钮后，双作用气缸 Z1 的活塞杆伸出，推出工件。当气缸的活塞杆到达终端位置时，气缸的活塞杆自动返回。

3）使用带弹簧复位的（5/2）二位五通电磁换向阀作为主控元件。当带弹簧复位的（5/2）二位五通电磁换向阀的电磁线圈 YA 通电时，双作用气缸 Z1 的活塞杆伸出并且伸出的时间与电磁线圈的通电时间一样长。

4）气缸活塞杆的伸出速度可以用单向节流阀进行无级调节。

5）系统中使用了一个电限位开关 A1。

5. 推料装置电气控制回路设计

由于气动主回路中选择的是单电控二位五通阀，而双作用气缸伸出时需要保持，所以需要用中间继电器来实现保持功能。推料装置电气控制回路设计如图 6-52 所示。

6. 推料装置电气动系统电气控制回路分析

1）按动启动按钮 SB1（常开触点），+24V 电压通过限位开关 A1 的常闭触点（该限位开关此时还未被压下）加到中间继电器 K 的线圈上。

2）在第 2 条控制线路上的常开触点 K 闭合，对中间继电器 K 形成自锁回路。

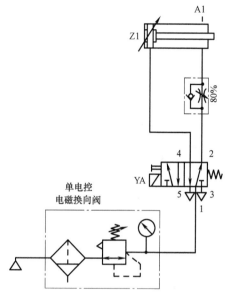

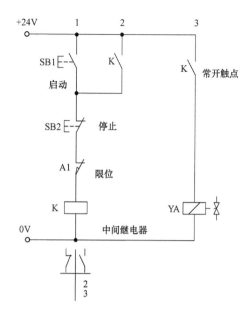

图 6-51　推料装置气动主回路图　　　　图 6-52　推料装置电气控制回路图

3）与此同时，在第 3 条控制线路上的常开触点 K 闭合，电磁线圈 YA 通电。

4）只有当限位开关 A1 被压下时，原来的常闭触点才断开，自锁回路被切断，中间继电器 K 线圈断电。在第 3 条控制线路上的触点 K 断开，电磁线圈 YA 断电。

5）在系统运行过程中，按住停止按钮 SB2（常闭触点），自锁回路被切断，中间继电器 K 线圈断电。在第 3 条控制线路上的触点 K 断开，电磁线圈 YA 断电。

任 务 实 践

一、推料装置电气动间接控制回路安装与调试步骤

1）元件识别与选型。

2）将实验元件安装在实验台上。

3）参考图 6-51 气动主回路图用气管将元件连接可靠。

4）参考图 6-52 电气控制回路图用导线将线路连接好。

5）在不带电的前提下利用万用表检测电路连接是否有短路的情况出现。

6）打开电源和气源，按动启动按钮 SB1，观察系统运行情况。

7）按动停止按钮 SB2，观察系统运行情况。

8）总结实验过程，完成任务工单。

二、推料装置电气动间接控制回路元件布局

1. 所需主要元器件

所需主要元器件见表 6-9。

表 6-9　所需主要元器件

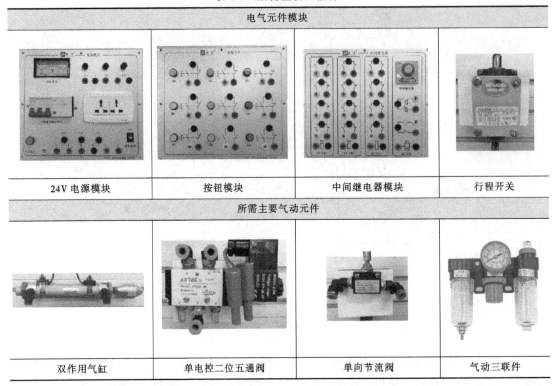

电气元件模块			
24V 电源模块	按钮模块	中间继电器模块	行程开关
所需主要气动元件			
双作用气缸	单电控二位五通阀	单向节流阀	气动三联件

2. 元器件布局

间接控制回路中气动回路各元件原则上是按照回路从下到上、从左到右的顺序进行合理布局（电气元件是模块化结构，置于综合实训台上方，只需在对应的模块中选择相应电气元件即可），其中气源装置是每个实验台单独配一个，无须在实验台上体现，其他各元件在实验台上的建议安装位置如图 6-53 所示。

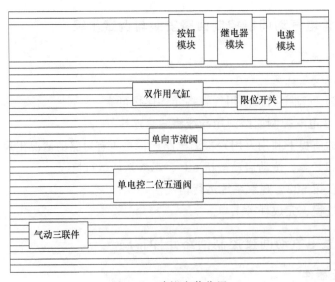

图 6-53　建议安装位置

三、主要元件安装与调整方法

主要元件安装与调整方法具体见表 6-10。

表 6-10　主要元件安装与调整方法

部分实验元件		安装与调整方法
电源模块		红色的插孔用红色导线与 24V 电源正极插孔相连;黑色的插孔用黑色导线与 24V 电源负极插孔相连
按钮模块		按钮 SB1 为启动按钮,所以选择绿色按钮;按钮 SB2 为停止按钮,所以选择红色按钮 取一根红色导线一端与 24V 电源正极插孔连接,另一端与绿色按钮 SB1 常开触点上插孔连接 取第二根红色导线一端与绿色按钮常开触点下插孔连接,另一端与红色按钮停止按钮 SB2 常闭触点上插孔连接 取第三根红色导线一端与红色按钮停止按钮 SB2 常闭触点下插孔连接,另一端与行程开关常闭触点红色插孔连接
限位开关		用红色导线一端与行程开关常闭触点另一红色插孔连接,另一端与中间继电器 K 线圈红色插孔连接
继电器模块		用黑色导线一端与中间继电器 K 线圈黑色插孔连接,另一端与电源负极插孔连接 取两根红色导线分别把中间继电器 K 常开触点插孔与绿色启动按钮常开触点插孔并联 取第四根红色导线一端与 24V 电源正极插孔连接,另一端与中间继电器第二对常开触点上插孔连接 取第五根红色导线一端与中间继电器第二对常开触点下插孔连接,另一端与电磁线圈 YA 红色插孔连接

（续）

部分实验元件		安装与调整方法
导线		红色导线用于连接高电位 黑色导线用于连接低电位
单电控二位 五通阀		用黑色导线一端与电磁线圈上的蓝色负极插孔连接，另一端与电源接线端子的负极端子连接 用气管将换向阀与气源、单向节流阀连接好，详见项目一至项目五相关练习中的连接方法
其他元件	气动三联件、单向节流阀、 双作用气缸等	其他气动元件连接要点与项目一至项目五相应内容一致，在此不赘述

四、推料装置电气动间接控制回路调试

打开气源和电源：

1. 按动启动按钮 SB1

观察系统运行情况。

2. 按动停止按钮 SB2

观察系统运行情况。

关闭气源和电源，结束调试。

五、任务拓展——电气动常用自锁回路

1. 导通优先自锁回路

【例】 夹紧装置：用夹紧装置来夹住部件。

按下一个按钮，可以活动的夹具向前推进并夹紧部件；按下另一个按钮，可以活动的夹具恢复到初始状态。（微课：6-9 导通优先自锁回路）

电气动回路如图 6-54 所示。

导通优先自锁回路是指：按下一个按钮开关，气缸活塞向前伸出；按下另一个按钮开关，则气缸活塞杆回到初始位置。若同时按下两个按钮，气缸的活塞杆仍向前伸出，这就是导通优先。（视频：导通优先自锁回路装调）

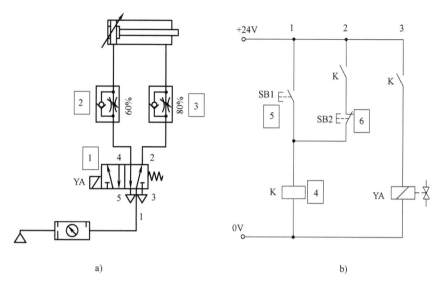

a)   b)

图 6-54　夹紧装置电气动回路

a) 气动主回路　b) 电气控制回路

2. 断开优先自锁回路

【例】　移动台：用这个移动台将木板推送到一个带式磨床下面。

按下一个按钮，气缸将上面放有木板的移动台推到带式磨床下面；按下另一个按钮，移动台回到初始位置。（微课：6-10　断开优先自锁回路）

电气动回路如图 6-55 所示。

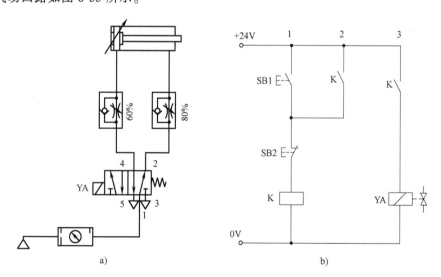

a)   b)

图 6-55　移动台电气动回路

a) 气动主回路　b) 电气控制回路

断开优先自锁回路是指：按下一个按钮开关，气缸活塞向前伸出；按下另一个按钮开关，则气缸活塞杆回到初始位置。若同时按下两个按钮，气缸的活塞杆不动，这就是断开优先。（视频：断开优先自锁回路装调）

3. 具有自锁功能的连续循环运动电气动回路

具有自锁功能的连续循环运动电气动回路如图 6-56 所示。

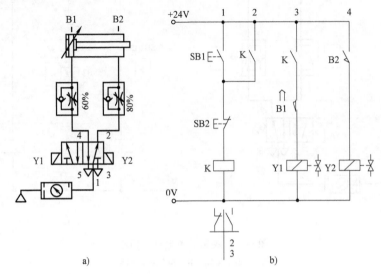

a)   b)

图 6-56　具有自锁功能的连续循环运动电气动回路

a) 气动主回路　b) 电气控制回路

项目七

半自动气动钻床系统的构建与控制

项目介绍:

半自动钻床有两个气缸,如图7-1所示。一个用来驱动钻床主轴的轴向移动,也就是切削进给,称为切削缸B;另一个用来夹紧工件,称为夹紧缸A。在机床的切削过程中,要求两个气缸按一定的顺序先后动作,完成一个工作循环,即工作要求为:夹紧缸A伸出夹紧工件→切削缸B切削进给→切削缸B退回→夹紧缸A松开,工件退回。按下停止按钮,两个气缸分别停止在初始位置。

此系统选用西门子S7-200 PLC,试确定PLC所需的输入/输出元件及地址分配,设计符合工艺要求的控制流程及控制程序,完成系统安装,进行程序的下载、调试和运行。

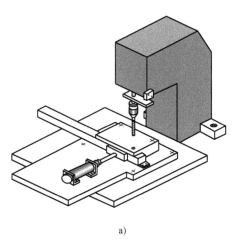

a)

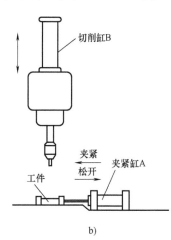

b)

图7-1 半自动气动钻床

a) 实物图 b) 结构示意图

项目导读:

在工业化自动控制系统中,气动系统应用越来越普遍,其完成的任务越来越多,任务难度也越来越大。如果用纯气动控制方式,有可能无法完全实现其功能;或即使可以,其设备的投入也过大，且以后的维护很不方便。如果用电气动控制方式，虽然能够完全实现其功能，但其规模相当大；而且，由于是继电器控制，线路较复杂；同时，如果要改变系统的功能，其改造量极大，而且对维护工作很不利。

PLC 既有电气动的优点（可以实现系统所有的功能），也克服了电气动系统改造和维护的缺陷。如果要对系统的功能做一些改动，只要改变 PLC 的程序即可，而硬件部分不需更改或只要一小部分改动，大大减小了维护的工作量。同时，PLC 本身具有较强的抗干扰能力和可扩展性，所以在目前的自动化系统中（尤其是"流水线"作业的系统），大都使用 PLC 进行控制。PLC、机器人和 CAD/CAM 已成为当前机电一体化技术的三大主流。

本项目以西门子公司生产的 PLC 为例，介绍典型的气动控制系统程序的设计方法。通过相关工作任务的学习，学习者可对集机械、气动、传感器、电气、计算机、PLC、通信技术于一体的综合系统的设计、安装与调试有所了解，能达到气动技术的学习与工业应用紧密结合的目的，且对气动控制系统的认识更全面。

▶ 项目分析：

要想利用西门子 S7-200 PLC 控制半自动气动钻床完成工作任务，就必须先熟悉 PLC 控制单个气缸的思路和步骤，同时必须了解西门子 S7-200 PLC 的基本结构、输入/输出模块、CPU 操作模式选择、编程指令、流程图设计、程序设计、程序下载、程序的在线调试等知识。

任务 7-1　PLC 控制单缸延时返回单往复运动

任务引入：▶▶▶

PLC 控制单缸延时返回单往复运动的控制要求：

按下启动按钮，单电控二位五通阀的线圈 YA 得电，换向阀位于左位，气缸活塞杆伸出；当活塞杆伸出到位，并且碰到行程开关 SQ，延时 5s 后活塞杆缩回。在气缸运动过程中按下停止按钮，活塞杆缩回到初始位置。

任务分析：▶▶▶

要想利用西门子 S7-200 PLC 控制单缸延时返回单往复运动，就必须了解西门子 S7-200 PLC 的基本结构、输入/输出模块、CPU 操作模式选择、编程指令、流程图设计、程序设计、程序下载、程序的在线调试等知识，同时要理解 PLC 控制单缸运动的思路和步骤。

学习目标：▶▶▶

知识目标：

1）掌握西门子 S7-200 PLC 的基本结构。

2）掌握西门子 S7-200 PLC 的工作原理。

3）掌握西门子 S7-200 PLC 常用指令。

4）掌握 PLC 控制单缸运动的思路和步骤。

5）能进行 PLC 控制单缸延时返回单往复运动程序设计。

能力目标：

1）能够识别西门子 S7-200 PLC 中的元件。

2）能够根据所用 PLC 正确地进行地址分配。

3）能根据 PLC 控制单缸气动控制系统思路进行控制程序的设计。

4）能进行程序的下载、上传及在线监测。

5）能够通过在线监测找到故障点并进行设备维护。

理 论 资 讯

一、S7-200 PLC 基础知识

1. S7-200 PLC 基本结构

PLC 是适用于工业环境的控制器，是一种数字运算操作的电子系统。PLC 可分为整体式 PLC 和模块式 PLC 两类：

1）整体式 PLC 是将各组成部分安装在一起或安装在几块印制电路板上，连同电源一同装在一个壳体里形成一个整体。它适用于小型或超小型 PLC，优点是价格便宜。如图 7-2 所示，西门子 S7-200 PLC 属于整体式 PLC。

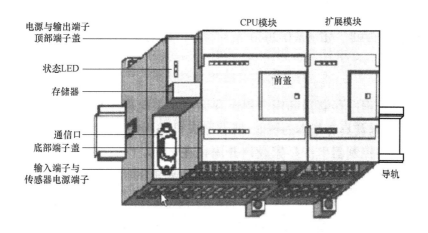

图 7-2 西门子 S7-200 PLC 基本结构（整体式）

2）模块式 PLC 是将各基本组成部分做成独立的模块，将其按固定顺序安装在导轨上。它适用于中型或大型 PLC，优点是便于维修。如图 7-3 所示，西门子 S7-300 PLC 属于模块式 PLC，主要由电源模块、CPU 模块、接口模块、信号模块、功能模块和编程设备等组成。

S7-200 系列 PLC 的 CPU 类型有 CPU221、CPU222、CPU224、CPU226 等，S7-200 系列 PLC CPU 选型见表 7-1。

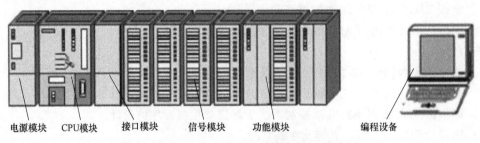

电源模块　　CPU模块　　接口模块　　信号模块　　功能模块　　　　　编程设备

图 7-3　西门子 S7-300 PLC 基本结构（模块式）

表 7-1　西门子 S7-200 系列 PLC CPU 选型表

CPU 系列号	产品图片	描述	型号
CPU221		DC/DC/DC；6 点输入/4 点输出	6ES7 211-0AA23-0XB0
		AC/DC/继电器；6 点输入/4 点输出	6ES7 211-0BA23-0XB0
CPU222		DC/DC/DC；8 点输入/6 点输出	6ES7 212-1AB23-0XB0
		AC/DC/继电器；8 点输入/6 点输出	6ES7 212-1BB23-0XB0
CPU224		DC/DC/DC；14 点输入/10 点输出	6ES7 214-1AD23-0XB0
		AC/DC/继电器；14 点输入/10 点输出	6ES7 214-1BD23-0XB0
CPU224XP		DC/DC/DC；14 点输入/10 点输出；2 输入/1 输出共 3 个模拟量 I/O 点	6ES7 214-2AD23-0XB0
		AC/DC/继电器；14 点输入/10 点输出；2 输入/1 输出共 3 个模拟量 I/O 点	6ES7 214-2BD23-0XB0
CPU226		DC/DC/DC；24 点输入/16 点晶体管输出	6ES7 216-2AD23-0XB0
		AC/DC/继电器；24 点输入/16 点输出	6ES7 216-2BD23-0XB0
CPU226CN		DC/DC/DC；24 点输入/16 点晶体管输出	6ES7 216-2AF22-0XB0
		AC/DC/继电器；24 点输入/16 点输出	6ES7 216-2BF22-0XB0

注：DC/DC/DC——DC24V 电源/DC24V 输入/DC24V 输出；
　　AC/DC/继电器——AC100~230V 电源/DC24V 输入/继电器输出。

本项目选用 CPU226，CPU226 主机外形结构图如图 7-4 所示。

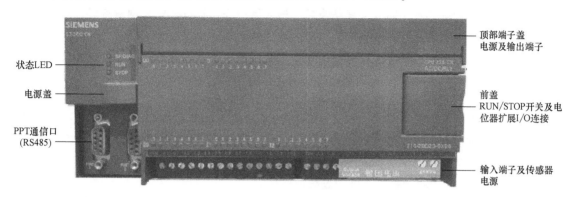

图 7-4　CPU226 主机外形结构图

2. PLC 工作原理

PLC 是一种工业控制计算机，通过执行用户程序来实现控制要求。PLC 的 CPU 采用顺序扫描用户程序的运行方式，即 CPU 从第一条指令开始，逐条执行用户程序直到程序结束，然后返回第一条指令开始新一轮的扫描，周而复始，每次扫描所用时间称为扫描周期。

（1）PLC 的工作过程　PLC 工作的全过程可分为三个阶段。

1）上电处理。上电处理即 PLC 上电后对系统进行一次初始化，包括对硬件初始化、I/O 模块配置运行方式检查、停电保持范围设定及其他初始化处理。

2）扫描过程。PLC 上电完成后进行扫描的工作过程，首先完成输入处理，其次完成与其他外设的通信处理，再进行时钟和特殊寄存器的更新。当 CPU 处于 STOP 工作模式时，转入执行自诊断检查；当 CPU 处于 RUN 工作模式时，要先完成用户程序的执行和处理，再转入执行自诊断检查。

3）检查处理阶段。PLC 每个扫描周期都要执行一次自诊断检查，以确定 PLC 自身的工作是否正常，如 CPU、电池电压、程序存储器、输入/输出信号和通信是否异常或出错。若检查异常，CPU 面板上的 LED 及异常继电器会接通，在特殊寄存器中会存入出错代码。当出现致命错误时，CPU 会被强制为 STOP 模式，所有扫描停止。

（2）PLC 扫描工作过程　扫描工作过程是 PLC 上述三个工作过程中的主要工作阶段，此阶段如果不考虑远程 I/O 特殊模块和其他通信服务，则不断地重复对输入信号的处理、用户程序处理和输出处理这三个阶段的工作，如图 7-5 所示。

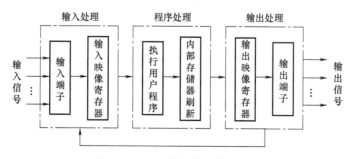

图 7-5　PLC 扫描工作过程示意图

1）输入处理阶段。PLC 以扫描的方式依次读入所有输入状态和数据，并将它们存入相应输入映像区内的寄存器。输入采样结束后，转入用户程序执行和输出刷新阶段，在这两个阶段中，即使输入状态和数据发生变化，输入映像区内寄存器中的状态和数据也不会改变。因此，如果输入的是脉冲信号，要想保证在任何情况下该输入均能被读入，则脉冲信号的宽度必须大于一个扫描周期。

2）程序处理阶段。在程序处理阶段，PLC 总是按照先左后右、先上后下的顺序扫描用户程序。当指令中涉及输入、输出状态时，PLC 就从输入的映像寄存器中读入上一阶段采样输入的对应端子状态，从元件映像寄存器读入对应元件（软继电器）的当前状态，然后进行相应运算，运算结果再存入元件映像寄存器中。对元件映像寄存器来说，每一个元件（软继电器）的状态会随着程序执行的过程而变化。

3）输出处理阶段。当 PLC 扫描用户程序结束后，将输出映像寄存器的通/断状态输出到输出端子，成为 PLC 的实际输出。

3. PLC 工作模式及状态和故障显示

（1）PLC 工作模式 在 CPU 面板上有一个 PLC 工作模式选择开关，如图 7-6 所示，其中各模式的意义如下：

1）RUN 运行模式。在此模式下 CPU 可执行用户程序，还可以监控用户程序，但不能修改用户程序。

2）STOP 停止模式。在此模式下 CPU 不执行用户程序，但可以上传、下载和修改用户程序。

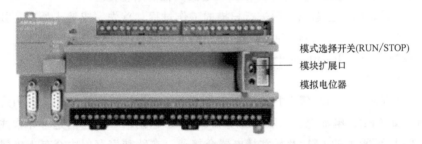

模式选择开关(RUN/STOP)
模块扩展口
模拟电位器

图 7-6　CPU 面板示意图

3）TERM 终端模式。在该模式下，允许通过编程软件来切换 CPU 的工作模式，即停止模式或运行模式。

（2）PLC 状态和故障显示 CPU 面板上有三个 LED 指示灯，其意义如下：

1）SF/DIAG（红色）。系统出错/故障指示灯，CPU 硬件或软件错误时点亮。

2）RUN（绿色）。运行状态指示灯，CPU 处于"RUN"状态时连续点亮。

3）STOP（橙色）。停止状态指示灯，CPU 处于"STOP"状态时连续点亮。

4. 项目文件建立

STEP 7-Micro/WIN 编程软件是对于 S7-200 PLC 进行编程服务的软件，可以使用光盘安装程序。安装编程软件后，按照下列顺序创建项目文件。

（1）启动 STEP 7-Micro/WIN 编程软件 如图 7-7 所示，在 Windows 桌面上有一个"STEP 7-Micro/WIN"图标，在启动菜单下有一个"STEP 7-Micro/WIN"程序项。可以像启动任何 Windows 应用程序一样双击图标或通过菜单"Simatic"→"STEP 7- Micro/WIN

V4.0.9.25"→"STEP 7-Micro/WIN"来启动 STEP 7-Micro/WIN 编程软件。

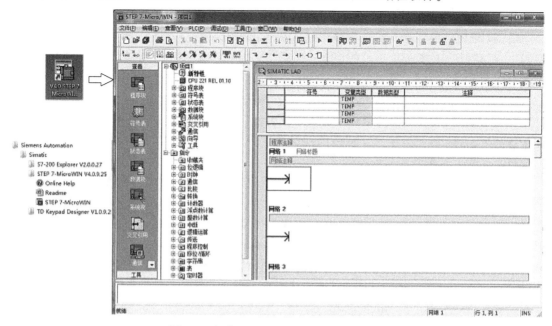

图 7-7 启动 STEP 7-Micro/WIN 编程软件

（2）STEP 7-Micro/WIN 编程软件界面 STEP 7-Micro/WIN 编程软件界面如图 7-8 所示。

图 7-8 STEP 7-Micro/WIN 编程软件界面

（3）新建项目 编程之前，首先要创建一个项目。用菜单命令"文件"→"新建"或单击工具条最左边的"新建"按钮，在主窗口将显示新建的项目文件主程序区。

1）确定 PLC 的型号。右击项目图标，在弹出的对话框中单击"类型"或用菜单命令"PLC"→"类型"项来选择 PLC 的型号，如图 7-9 所示。红色标记"×"表示对选择的 PLC 无效。

2）文件更名。对于新建项目文件，依次单击菜单"文件"→"另存为"，在弹出的对话框中键入更改名称。项目存放在扩展名为 .mwp 的文件中。主程序的默认名称为 MAIN，任何项目文件的主程序只有一个。

3）添加子程序或中断程序。添加子程序（或中断程序）的方法有 3 种：一是在指令树窗口中右击"程序块"图标，在弹出的对话框中单击"插入子程序"实现；二是用菜单命令"编辑"→"插入"→"子程序"实现；三是在编辑窗口右击编辑区，选择"插入"→"子程序"实现。新生成的子程序或中断程序根据已有的数目，子程序的默认名称为 SBRn-，中断程序的默认名称为 INT-n，用户可以自行更名。

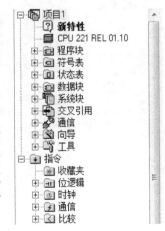

图 7-9 PLC 型号显示

（4）打开已有项目 单击菜单命令"文件"→"打开"，在弹出的对话框中选择已有的项目文件，也可以用工具条中的"打开"来打开已有的项目文件。

（5）从 PLC 上传项目 与 PLC 通信成功后，可用菜单命令"文件"→"上载"，也可用工具条中的"上载"来上传一个 PLC 存储器的项目文件。

5. 监控与调试程序

利用三种程序编辑器都可以在 PLC 运行时监视元件的执行结果，并可监视操作数的数值。

利用梯形图编辑器可监视在线程序运行状态。梯形图中被点亮的元件表示处于接触状态，未被点亮的元件表示处于非接触状态。

打开监视梯形图的方法为：直接打开梯形图窗口，在工具条中单击"程序状态监控"按钮，如图 7-10 所示。

图 7-10 调试用工具条

二、PLC 控制单缸系统设计思路与步骤

1）分析系统控制要求，确定所需元件及数量。

2）设计气动主回路图。

3）确定所需元件中 PLC 的输入和输出元件，进行 I/O 地址分配及 I/O 接线图绘制（其中按钮、限位开关、传感器为 PLC 的输入元件，电磁阀的电磁线圈为 PLC 的输出元件）。

4）设计单缸 PLC 程序。

任 务 实 践

一、完成理论任务

结合知识认知内容，按照 PLC 控制单缸系统设计思路与步骤完成 PLC 控制单缸延时返回单往复运动的设计，并完成系统的安装和调试。（微课：7-1 PLC 控制单缸延时返回单往复回路）

1. 分析系统控制要求，确定所需元件及数量

控制要求：按下启动按钮，单电控二位五通阀的线圈 YA 得电，换向阀位于左位，气缸活塞杆伸出；当活塞杆伸出到位，并且碰到行程开关 SQ，延时 5s 后活塞杆缩回。在气缸运动过程中按下停止按钮，活塞杆缩回到原位。

分析控制要求，按元件说明提示，思考确定系统所需元件，填写在表 7-2 中。

表 7-2 元件的确定

序号	元件名称	元件数量	说明
1			执行元件
2			主控阀
3			控制气缸双向运动的速度
4			提供气源
5			系统启动
6			系统停止
7			终端位置

2. 设计气动主回路图

根据确定的气动元件可绘制气动主回路图，如图 7-11 所示。

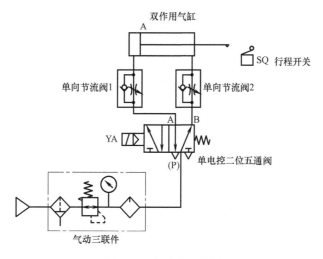

图 7-11 气动主回路图

3. 确定所需元件中 PLC 的输入和输出元件，进行 I/O 地址分配及 I/O 接线图绘制

根据表 7-2 确定的元件，结合图 7-11 气动主回路图，可确定 PLC 的输入元件有：启动按钮、停止按钮、行程开关；PLC 的输出元件为：电磁线圈 YA。进行 I/O 地址分配，见表 7-3。

表 7-3　I/O 地址分配

序号	地址	元件名称	功能说明
1	I0.0	启动按钮 SB1	启动按钮
2	I0.1	停止按钮 SB2	停止按钮
3	I0.2	行程开关 SQ	气缸终端位置
4	Q0.0	电磁线圈 YA	控制气缸伸出或返回的电磁线圈

根据表 7-3 地址分配，绘制 PLC 与所控制的硬件接线图，如图 7-12 所示。

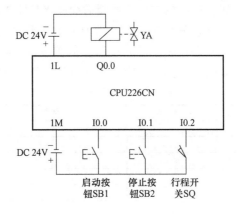

图 7-12　PLC 接线图

4. 单缸 PLC 程序的设计

由于 PLC 只有一个输出 Q0.0，可采用经验法（启-保-停）进行 PLC 程序的设计，如图 7-13 所示。

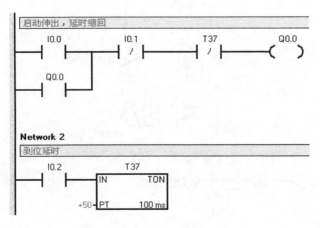

图 7-13　PLC 程序

二、完成实践任务

1. PLC 控制单缸延时返回单往复运动安装与调试步骤

1）元件识别与选型。

2）将实验元件安装在实验台上。

3）参考图 7-11 气动主回路图用气管将元件连接可靠。

4）参考图 7-12PLC 接线图用导线将 PLC 电源接好。

5）参考图 7-12、表 7-3，用导线将输入信号端子、输出信号端子分别与系统中的启动按钮、停止按钮、行程开关信号、电磁线圈连接在一起。

6）在不带电的前提下利用万用表欧姆档检测电路连接是否有短路的情况出现。

7）进行编程器或计算机与 PLC 通信参数的设置，将 PLC 运行模式调整为 RUN，下载程序，在线监控。

8）启动控制信号，观察系统运行并进行调整（包括机械、气动、行程开关及程序）。

9）总结实验过程，完成任务工单。

2. 元器件布局（视频：PLC 控制单缸延时返回单往复回路装调）

PLC 控制单缸延时返回单往复运动中气动回路各元件原则上是按照回路从下到上、从左到右的顺序进行合理布局（电气元件和 PLC 模块化结构置于综合实训台上方，只需在对应的模块中选择相应电气元件即可），其中气源装 置是每个实验台单独配一个，无须在实验台上体现，其他各元件在实验台上的建议安装位置如图 7-14 所示。

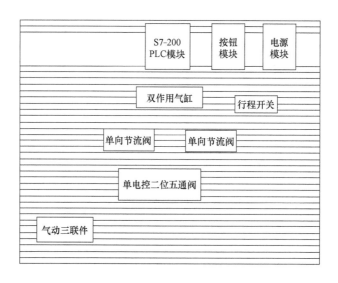

图 7-14　建议安装位置

3. 主要元件安装与调整方法

主要元件安装与调整方法具体见表 7-4。

表 7-4　主要元件安装与调整方法

部分实验元件		安装与调整方法
PLC	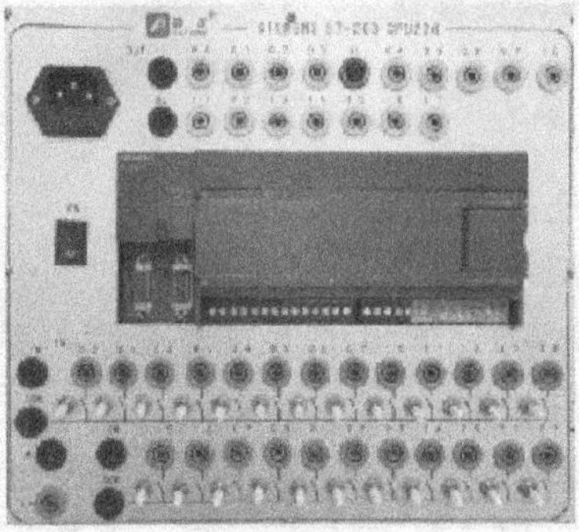	输出端子 1L 接 24V,输入端子 1M 接 0V 取一根导线一端与 Q0.0 端子插孔连接,另一端与单电控二位五通阀的电磁线圈的红色端连接 取第二根导线一端与电源 0V 连接,另一端与单电控二位五通阀的电磁线圈的蓝色端连接 I0.0 端子插孔与启动按钮 SB1 的常开触点上插孔端连接 I0.1 端子插孔与停止按钮 SB2 的常开触点上插孔端连接 I0.2 端子插孔与行程开关的常开触点蓝色端子连接
按钮模块	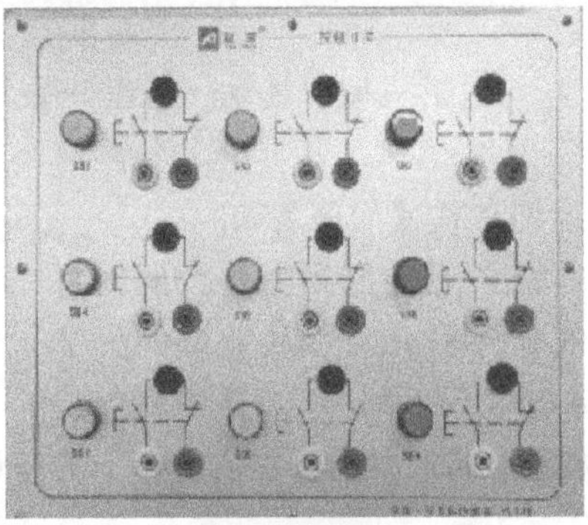	按钮 SB1 为启动按钮,所以选择绿色按钮 按钮 SB2 为停止按钮,所以选择红色按钮 取一根导线把一端与 24V 电源正极插孔连接,另一端与绿色按钮 SB1 常开触点下插孔端连接 取第二根导线把绿色按钮 SB1 常开触点下插孔端和红色按钮 SB2 常开触点下插孔端并联
行程开关		取一根导线把行程开关常开触点另一蓝色端子和红色按钮 SB2 常开触点下插孔端并联
气动元件	单电控二位五通阀、单向节流阀、双作用气缸等	系统中所有气动元件气动回路的安装与调整方法参阅项目二至项目五相关练习中的连接方法

4. PLC 控制单缸单往复运动回路调试

打开气源和电源→按动启动按钮 SB1,观察系统运行情况→按下停止按钮 SB2,观察系统运行情况→关闭气源和电源,结束调试。

任务 7-2　PLC 控制单缸连续往复运动

任务引入:》》

PLC 控制单缸连续往复运动的控制要求:

按下启动按钮 SB1,双电控二位五通阀的线圈 YA1 得电,气缸活塞杆开始伸出,活塞杆伸出到位,并且气缸右端的磁性开关检测到信号后,双电控二位五通阀的线圈 YA2 得电,活塞杆开始缩回；当活塞杆缩回到位，并且气缸左端的磁性开关检测到信号后，活塞杆开始伸出。

气缸活塞杆做往复运动，直到按下停止按钮 SB2 气缸活塞停止动作。在伸出缩回过程中，气缸活塞到达终点位置时，磁性开关感应得电，此信号由 PLC 程序进行处理，通过 PLC 的输出控制换向阀的电磁线圈的得电与失电，实现气缸的往返运动。

任务分析：

要想利用 PLC 控制单缸实现连续往复运动，用双电控二位五通阀作为控制元件，需要理解双电控二位五通阀的特点，并且进一步理解 PLC 控制单缸运动的思路和步骤。

学习目标：

知识目标：

1）进一步理解掌握双电控二位五通阀的特点。

2）进一步掌握 PLC 控制单缸运动的思路和步骤。

3）能进行 PLC 控制单缸连续往复运动程序设计。

能力目标：

1）能够根据所用 PLC 正确地进行地址分配。

2）能根据 PLC 控制单缸气动控制系统思路进行控制程序的设计。

3）能进行程序的下载、上传及在线监测。

4）能够通过在线监测找到故障点并进行设备维护。

理 论 资 讯

一、PLC 控制单缸系统设计思路与步骤

1）分析系统控制要求，确定所需元件及数量。

2）设计气动主回路图。

3）确定所需元件中 PLC 的输入和输出元件，进行 I/O 地址分配及 I/O 接线图绘制（其中按钮、限位开关、传感器为 PLC 的输入元件，电磁阀的电磁线圈为 PLC 的输出元件）。

4）设计单缸 PLC 程序。

二、PLC 控制单缸连续往复运动系统设计

按照 PLC 控制单缸系统设计思路与步骤，完成 PLC 控制单缸连续往复运动的设计。（微课：7-2　PLC 控制单缸连续往复回路）

1. 分析系统控制要求，确定所需元件及数量

控制要求：按下启动按钮 SB1，双电控二位五通阀的线圈 YA1 得电，气缸活塞杆开始伸出，活塞杆伸出到位，并且气缸右端的磁性开关检测到信号后，双电控二位五通阀的线圈 YA2 得电，活塞杆开始缩回；当活塞杆缩回到位，并且气缸左端的磁性开关检测到信号后，活塞杆开始伸出。

气缸活塞杆做往复运动，直到按下停止按钮 SB2 气缸活塞停止动作。在伸出缩回过程中，气缸活塞到达终点位置时，磁性开关感应得电，此信号由 PLC 程序进行处理，通过 PLC 的输出控制换向阀电磁线圈的得电与失电，实现气缸的往返运动。

分析控制要求，按元件说明提示，思考确定系统所需元件，填写在表 7-5 中。

表 7-5 元件的确定

序号	元件名称	元件数量	说明
1			执行元件
2			主控阀
3			控制气缸双向运动的速度
4			提供气源
5			系统启动
6			系统停止
7			起点位置
8			终点位置

2. 设计气动主回路图

根据确定的气动元件可绘制气动主回路图，如图 7-15 所示。

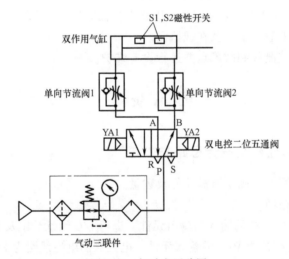

图 7-15 气动主回路图

3. 确定所需元件中 PLC 的输入和输出元件，进行 I/O 地址分配及 I/O 接线图绘制

根据表 7-5 确定的元件，结合图 7-15 气动主回路图，可确定 PLC 的输入元件有：启动按钮、停止按钮、磁性开关（2 个）；PLC 的输出元件为：电磁线圈 YA1 和 YA2。进行 I/O 地址分配，见表 7-6。

表 7-6 I/O 地址分配

序号	地址	元件名称	功能说明
1	I0.0	启动按钮 SB1	启动按钮
2	I0.1	停止按钮 SB2	停止按钮

（续）

序号	地址	元件名称	功能说明
3	I0.2	起点磁性开关 S1	气缸起始位置
4	I0.3	终点磁性开关 S2	气缸终点位置
5	Q0.0	电磁线圈 YA1	控制气缸伸出的电磁线圈
6	Q0.1	电磁线圈 YA2	控制气缸缩回的电磁线圈

根据表 7-6 地址分配，绘制 PLC 与所控制的硬件接线图，如图 7-16 所示。

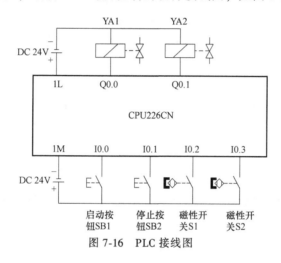

图 7-16　PLC 接线图

4. 单缸 PLC 程序的设计

在进行 PLC 程序设计时，可以综合考虑双电控二位五通阀的记忆特点，即和两个电磁线圈相对应的输出 Q0.0 和 Q0.1 可以是点动得电控制，同时要考虑没有启动时，Q0.0 和 Q0.1 线圈不得电，故引入辅助继电器 M0.0 作为启动的连续控制。参考程序如图 7-17 所示。

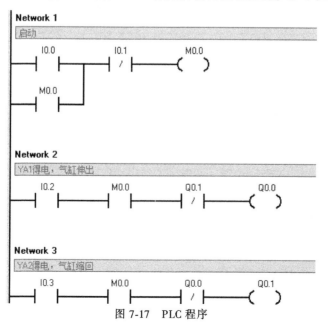

图 7-17　PLC 程序

任务实践

一、PLC 控制单缸连续往复运动安装与调试步骤

1）元件识别与选型。

2）将实验元件安装在实验台上。

3）参考图 7-15 气动主回路图用气管将元件连接可靠。

4）参考图 7-16PLC 接线图用导线将 PLC 电源接好。

5）参考图 7-16、表 7-6，用导线将输入信号端子、输出信号端子分别与系统中的启动按钮、停止按钮、磁性开关信号、电磁线圈连接在一起。

6）在不带电的前提下利用万用表欧姆档检测电路连接是否有短路的情况出现。

7）进行编程器或计算机与 PLC 通信参数的设置，将 PLC 运行模式调整为 RUN，下载程序，在线监控。

8）启动控制信号，观察系统运行并进行调整（包括机械、气动、磁性开关及程序）。

9）总结实验过程，完成任务工单。

二、元器件布局（视频：PLC 控制单缸连续往复回路装调）

PLC 控制单缸连续往复运动中，气动回路各元件原则上是按照回路从下到上、从左到右的顺序进行合理布局（电气元件和 PLC 模块化结构置于综合实训台上方，只需在对应的模块中选择相应电气元件即可），其中气源装置是每个实验台单独配一个，无须在实验台上体现，其他各元件在实验台上的建议安装位置如图 7-18 所示。

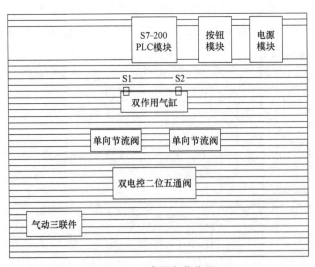

图 7-18　建议安装位置

三、主要元件安装与调整方法

主要元件安装与调整方法具体见表 7-7。

表 7-7 主要元件安装与调整方法

部分实验元件	安装与调整方法
PLC	输出端子 1L 接 24V,输入端子 1M 接 0V 取一根导线一端与 Q0.0 端子插孔连接,另一端与双电控二位五通阀的左端电磁线圈 YA1 的红色端连接 取第二根导线一端与电源 0V 连接,另一端与双电控二位五通阀的左端电磁线圈 YA1 的蓝色端连接 取第三根导线一端与 Q0.1 端子插孔连接,另一端与双电控二位五通阀的右端电磁线圈 YA2 的红色端连接 取第四根导线一端与双电控二位五通阀的右端电磁线圈 YA2 的蓝色端连接,另一端与双电控二位五通阀的左端电磁线圈 YA1 的蓝色端并联 I0.0 端子插孔与启动按钮 SB1 的常开触点上插孔端连接 I0.1 端子插孔与停止按钮 SB2 的常开触点上插孔端连接 I0.2 端子插孔与磁性开关 S1 的蓝色端子连接 I0.3 端子插孔与磁性开关 S2 的蓝色端子连接
按钮模块	按钮 SB1 为启动按钮,所以选择绿色按钮 按钮 SB2 为停止按钮,所以选择红色按钮 取一根导线把一端与 24V 电源正极插孔连接,另一端与绿色按钮常开触点下插孔端连接 取第二根导线把绿色按钮常开触点下插孔端和红色按钮常开触点下插孔端并联
磁性开关	取一根导线把两个磁性开关棕色端子并联 取第二根导线把其中一个磁性开关棕色端子与红色按钮常开触点下插孔端并联
气动元件	双电控二位五通阀、单向节流阀、双作用气缸等 系统中所有气动元件气动回路的安装与调整方法参阅项目二至项目五相关练习中的连接方法

四、PLC 控制单缸连续往复运动回路调试

打开气源和电源→按动启动按钮 SB1,观察系统运行情况→按下停止按钮 SB2,观察系统运行情况→关闭气源和电源,结束调试。

五、扩展

在 PLC 控制单缸连续往复运动中，要求按下停止按钮 SB2 气缸活塞停止动作。如果把停止要求改为"按下停止按钮 SB2，气缸活塞回到初始位置"，其他要求都不变，如何修改 PLC 程序实现此停止功能呢？请把修改后的程序写在下面空白处。

任务7-3　多缸控制回路设计方法

任务引入：

在半自动钻床系统中，有两个气缸：一个用来驱动钻床主轴的轴向移动也就是切削进给，称为切削缸 B；另一个用来夹紧工件，称为夹紧缸 A。在机床的切削过程中，要求两个气缸按一定的顺序要求先后动作，完成一个工作循环，即工作要求为：夹紧缸 A 伸出夹紧工件→切削缸 B 切削进给→切削缸 B 退回→夹紧缸 A 松开，工件退回。按下停止按钮，两个气缸分别停止在初始位置。如何采用顺序控制设计法来实现两个气缸的顺序动作？

任务分析：

任务 7-1 和任务 7-2 都是针对单缸动作回路 PLC 控制系统的设计，半自动钻床系统中有两个气缸，属于多缸控制回路。那么，什么是多缸控制回路？多缸控制回路的类型有哪些？又如何针对多缸顺序动作来进行系统的设计呢？这些都是本任务要学习和解决的内容。

学习目标：

知识目标：
1）认识几种多缸工作控制回路。
2）掌握顺序动作回路分析方法。
3）掌握多缸控制回路设计方法。

能力目标：
1）能够识别多缸动作控制回路类别。
2）能够初步设计半自动钻床控制系统。
3）能够设计半自动钻床控制系统的顺序功能图。

理 论 资 讯

一、多缸控制回路

在气压系统中，两个或两个以上（多）缸按照各缸之间的运动关系要求进行控制，完成预定功能的回路。

多缸控制回路可分为：顺序动作回路、同步动作回路和互锁回路。

二、顺序动作回路

1. 定义

各执行元件严格按照预定顺序动作的回路称为顺序动作回路，如组合机床回转工作台的抬起和转位、定位夹紧机构的定位和夹紧、进给系统的先夹紧后进给等。

2. 功能

顺序动作回路的功能是使多缸气压系统中的各个气缸严格地按规定的顺序动作。

3. 分类

按照控制方式不同分为行程控制、压力控制两大类。

4. 行程控制的顺序动作回路

利用执行元件运动到一定位置（或行程）时，使下一个执行元件开始运动的控制方式。

（1）用行程阀（机动换向阀）控制的顺序动作回路 如图7-19所示。

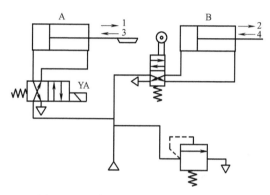

图7-19 用行程阀控制的顺序动作回路

工作原理：两缸初始皆在左位。当电磁线圈YA通电：A缸右行实现动作1，挡块压下行程阀，B缸右行实现动作2；当电磁线圈YA断电：A缸左行实现动作3，B缸左行实现动作4。

特点：因为采用行程阀实现顺序动作换接，所以换接平稳可靠，换接位置准确，但行程阀必须安装在运动部件附件上，改变运动顺序较难。

（2）用行程开关和电磁阀控制的顺序动作回路 如图7-20所示。

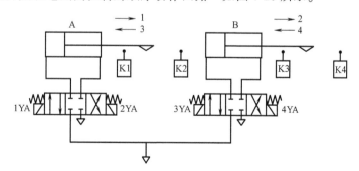

图7-20 用行程开关和电磁阀控制的顺序动作回路

工作原理：

1YA通电，A缸右行完成顺序动作1，

A缸右行至触动行程开关K2，使3YA通电，B缸右行实现顺序动作2，

B缸右行至触动行程开关K4，使2YA通电，A缸左行实现顺序动作3，

A缸左行至触动行程开关K1，使4YA通电，B缸左行实现顺序动作4，

最后触动行程开关K3使完成下一个动作循环。

特点：因为采用电磁换向阀换接，所以容易实现自动控制，安装位置不受限制，改变动作顺序比较灵活。

5. 压力控制的顺序动作回路

利用系统工作过程中压力的变化使执行元件按顺序先后动作。气压系统中多缸顺序动作回路可采用顺序阀来实现，如图 7-21 所示。

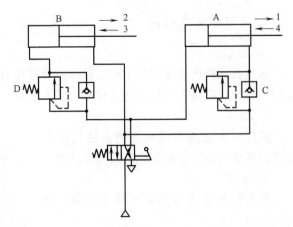

图 7-21　用顺序阀控制的顺序动作回路

工作原理：图示位置，气缸停止运动。拨动手动阀（右位），A 缸右行完成顺序动作 1，当系统压力升高到顺序阀 D 的调定压力并大于 A 缸前进的 p_{max} 时发出信号，使 B 缸右行完成顺序动作 2；拨回手动阀（左位），B 缸左行完成顺序动作 3，当系统压力升高到顺序阀 C 的调定压力并大于 B 缸退回的 p_{max} 时发出信号，使 A 缸右行完成顺序动作 4。

特点：工作可靠，可以按照要求调整气缸的顺序动作。

注意：顺序阀的调整压力应高于先动作气缸的最高工作压力，以免系统压力波动较大时产生误动作。

三、多缸顺序动作回路设计方法

在多缸顺序动作回路中，各缸动作的先后次序要明确，这是十分重要的。所有气缸的运动都用位移-步骤图来表示。有关启动顺序的条件也应加入。

如果系统运动图及附加的条件均已确定，就可以开始设计回路图了。

回路图的设计取决于所选择的信号加工方式。可采用纯气动、电-气动、气动-PLC 等方法来设计。在此主要讲述气动-PLC 设计方法。

多缸顺序动作回路 PLC 控制的设计思路与步骤如下：

1）分析系统控制要求，明确各缸动作的先后次序，绘制位移-步骤图。

2）确定系统所需元件及数量。

3）设计气动主回路图。

4）确定所需元件中 PLC 的输入和输出元件，进行 I/O 地址分配及 I/O 接线图绘制（其中按钮、限位开关、传感器为 PLC 的输入元件，电磁阀的电磁线圈为 PLC 的输出元件）。

5）设计 PLC 顺序功能图。

6）根据顺序功能图编写 PLC 梯形图程序。

四、顺序控制设计法

所谓顺序控制设计法就是针对顺序控制系统的一种专门的设计方法。这种设计方法很容易被初学者接受，对于有经验的工程师，也会提高设计的效率，程序的调试、修改和阅读也很方便。

多缸顺序动作回路属于顺序控制系统，所以采用顺序控制设计法思路非常清晰。

顺序控制设计法的关键是顺序功能图的设计和绘制。顺序功能图又称流程图，它是描述控制系统的控制过程、功能和特性的一种图形，顺序控制功能并不涉及所描述的控制功能的具体技术，它是一种通用的技术语言。

图 7-22 所示为顺序功能图的一般形式，它主要由步、有向连线、转换、转换条件和动作（命令）组成。

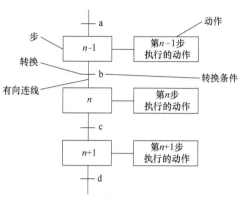

图 7-22 顺序功能图一般形式

1. 步与动作

（1）步 在顺序功能图中用矩形框表示步，方框内是该步的编号。如图 7-22 所示各步的编号为 $n-1$、n、$n+1$。编程时一般用 PLC 通用内部编程元件 M 来代表各步，因此经常直接用代表该步的编程元件的元件号作为步的编号，如 M1.0 等，这样在根据顺序功能图设计梯形图时较为方便。

（2）初始步 与系统的初始状态相对应的步称为初始步。初始状态一般是系统等待启动命令的相对静止的状态。初始步用双线方框表示，每一个顺序功能图至少应该有一个初始步。

（3）动作 一个控制系统可以划分为被控系统和施控系统，例如在半自动气动钻床系统中，PLC 控制系统是施控系统，而半自动钻床是被控系统。对于被控系统，在某一步中要完成某些"动作"；对于施控系统，在某一步中则要向被控系统发出某些"命令"。将动作或命令简称为动作，并用矩形框中的文字或符号表示，该矩形框应与相应的步的符号相连。如果某一步有几个动作，可以用如图 7-23 所示的两种画法来表示，但是图中并不隐含这些动作之间的任何顺序。

图 7-23 一步中多个动作表示方法

（4）活动步 当系统正处于某一步时，该步处于活动状态，称该步为"活动步"。步处于活动状态时，相应的动作被执行。若为保持型动作则该步不活动时继续执行该动作，若为非保持型动作则指该步不活动时，动作也停止执行。一般在顺序功能图中保持型的动作应该用文字或助记符标注，而非保持型动作不要标注。

2. 有向连线、转换与转换条件

（1）有向连线 在顺序功能图中，随着时间的推移和转换条件的实现，将会发生步的活动状态的顺序进展，这种进展按有向连线规定的路线和方向进行。在画顺序功能图时，将代表各步的方框按它们称为活动步的先后次序顺序排列，并用有向连线将它们连接起来。活动状态的进展方向习惯上是从上到下或从左到右，在这两个方向有向连线上的箭头可以省略。如果不是上述的方向，应在有向连线上用箭头注明进展方向。

（2）转换 转换是用有向连线上与有向连线垂直的短划线来表示，转换将相邻两步分隔开。步的活动状态的进展是由转换的实现来完成的，并与控制过程的发展相对应。

（3）转换条件 "转换" 旁边标注的是转换条件，转换条件是使系统由当前步进入下一步的信号。转换条件可能是外部的输入信号，如按钮、开关的通/断等；可能是 PLC 内部产生的信号，如定时器、计数器的触点提供的信号；也可能是若干个信号的与、或、非逻辑组合，可以用文字、布尔代数表达式及图形符号来表述。

3. 半自动钻床顺序功能图设计

在半自动钻床系统中，有两个气缸，要求两个气缸按一定的顺序先后动作，完成一个工作循环，即工作要求为：夹紧缸 A 伸出夹紧工件→切削缸 B 切削进给→切削缸 B 退回→夹紧缸 A 松开工件退回。直到启动停止按钮，两个气缸分别停止在初始位置。由此可知，两个气缸顺序动作总共分 4 步，中间转换条件为运动到位的位置检测元件，结合气缸运动顺序，可绘制文字表达形式的顺序功能图 1，如图 7-24 所示。具体的转换条件和动作需要根据 PLC 的 I/O 地址分配表来具体填写。

半自动钻床控制系统应能多次重复执行同一工艺过程，因此在顺序功能图中一般应有步和有向连线组成的闭环，即在完成一次工艺过程的全部操作之后，应从最后一步返回至初始步，系统停止在初始状态（如果系统循环工作则返回第一步）。

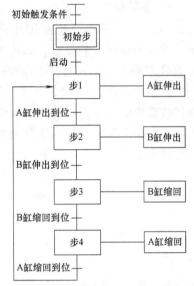

图 7-24 半自动钻床系顺序功能图 1

在 S7-200 PLC 的顺序功能图中，一般要使用初始化脉冲 SM0.1 的常开触点（也可使用 SM0.0）作为初始化的触发条件，将初始步预置为活动步，否则因顺序功能图中没有活动步系统将无法工作。

任 务 实 践

一、半自动气动钻床系统设计

按照 PLC 控制多缸顺序动作回路设计思路与步骤，完成半自动气动钻床系统的设计。

1. 分析系统控制要求，明确各缸动作的先后次序，绘制位移-步骤图

半自动钻床系统控制要求：在半自动钻床系统中，有两个气缸，一个用来驱动钻床主轴的轴向移动也就是切削进给，称为切削缸 B；另一个用来夹紧工件，称为夹紧缸 A。在机床的切削过程中，要求两个气缸按一定的顺序先后动作，完成一个工作循环，即工作要求为：夹紧缸 A 伸出夹紧工件→切削缸 B 切削进给→切削缸 B 退回→夹紧缸 A 松开工件退回。直到启动停止按钮，两个气缸分别停止在初始位置。

根据半自动钻床控制要求，在半自动钻床系统中，有两个气缸，运动顺序为：A+→B+→B-→A-，循环工作。触发气缸顺序动作的条件为行程控制，根据气缸先后顺序，绘制位移-步骤图，如图 7-25 所示。

当 A 缸把工件夹紧后，得到控制信号 a1 控制 B 缸开始切削进给，当切削结束后得到控制信号 b1 控制 B 缸退回，退回到位后得到控制信号 b0 以控制 A 缸退回松开工件。

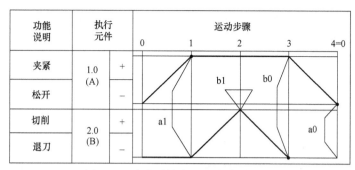

图 7-25　半自动钻床系统位移-步骤图

2. 确定系统所需元件及数量

分析半自动钻床系统控制要求，结合图 7-25，按元件说明提示，思考确定系统所需元件，填写在表 7-8 中。

表 7-8　元件的确定

序号	元件名称	元件数量	说明
1			执行元件
2			主控阀
3			控制执行元件双向运动的速度
4			提供气源
5			系统启动和停止
6			执行元件位置检测

3. 设计气动主回路图

根据确定的气动元件可绘制气动主回路图，如图 7-26 所示（主控阀选择双电控二位五通阀，如果选择单电控二位五通阀可自行绘制）。

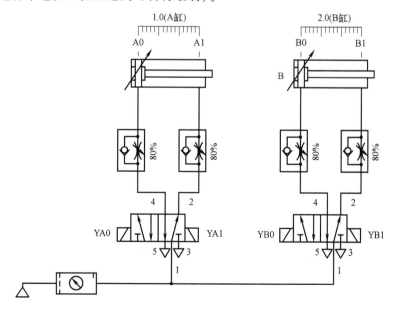

图 7-26　半自动钻床气动主回路图

4. 确定所需元件中 PLC 的输入和输出元件，进行 I/O 地址分配及 I/O 接线图绘制

根据表 7-8 确定的元件，结合图 7-26，可确定 PLC 的输入元件有：按钮 2 个、磁性开关 4 个；PLC 的输出元件为：电磁线圈 4 个。进行 I/O 地址分配，见表 7-9。

表 7-9 I/O 地址分配

序号	地址	元件名称	功能说明
1	I0.0	启动按钮 SB1	启动按钮
2	I0.1	停止按钮 SB2	停止按钮
3	I0.2	起点磁性开关 A0	A 缸起始位置
4	I0.3	终点磁性开关 A1	A 缸终点位置
5	I0.4	起点磁性开关 B0	B 缸起始位置
6	I0.5	终点磁性开关 B1	B 缸终点位置
7	Q0.0	电磁线圈 YA0	控制 A 缸伸出的电磁线圈
8	Q0.1	电磁线圈 YA1	控制 A 缸缩回的电磁线圈
9	Q0.2	电磁线圈 YB0	控制 B 缸伸出的电磁线圈
10	Q0.3	电磁线圈 YB1	控制 B 缸缩回的电磁线圈

根据表 7-9 地址分配，绘制 PLC 与所控制元件的硬件接线图，如图 7-27 所示。

5. 设计 PLC 顺序功能图

根据半自动钻床的文字表达形式的顺序功能图 1（图 7-24），将步号用 PLC 的辅助继电器 M 代替，结合表 7-9 和图 7-27，则可以转换为图 7-28 所示的符号表达形式，这样更易于编写梯形图程序。针对图 7-28 需做以下几点说明：

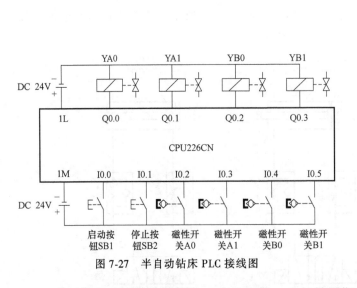

图 7-27 半自动钻床 PLC 接线图   图 7-28 半自动钻床顺序功能图 2

1）激活初始步的转换条件是 PLC 上电第一个扫描周期为 ON 的标志位 SM0.1，它的作用是使 PLC 开机运行时就无条件地进入初始步 M0.0。

2）激活 M2.0 步的转换条件有两个：一个是来自初始步 M0.0 的转换条件，即启动按钮（I0.0）；另一个是来自于最后一步 M2.3 步的转换条件，即气缸 A 缩回到位的检测元件——

磁性开关 A0（I0.2）。因此，如果选择循环工作模式，则当转换条件满足时，M2.3 步将直接转到 M2.0 步，无须再按启动按钮了。

二、拓展思考

根据图 7-28，思考 PLC 的梯形图该如何编写。

任务 7-4　半自动钻床系统的构建与装调

任务引入：》》》

在半自动钻床系统中，采用顺序控制设计法来实现夹紧缸 A 和切削缸 B 两个气缸的顺序动作，请根据半自动钻床顺序功能图 2（图 7-28）设计 PLC 梯形图程序。

任务分析：》》》

在顺序控制设计法中，可以直接根据顺序功能图的原理来研制 PLC，即将顺序功能图作为一种编程语言直接使用。目前已有此类产品，多数应用在大、中型 PLC 上，其编程主要通过 CRT 终端，直接使用顺序功能图输入控制要求。

用顺序功能图说明 PLC 所要完成的控制功能，然后再据此找出逻辑关系并画出梯形图。这种应用方法较多，本任务主要介绍这种方法，并应用这种方法完成半自动钻床系统的梯形图程序设计，从而进行程序的下载、调试和运行，完成半自动钻床系统的双缸顺序动作。

学习目标：》》》

知识目标：

1）掌握顺序功能图转换为 PLC 梯形图的方法。

2）掌握使用通用指令的编程方式。

3）掌握半自动钻床系统构建方法。

能力目标：

1）能够根据顺序功能图设计梯形图程序。

2）能够分析和装调半自动钻床控制系统。

3）能够通过在线监测找到故障点并进行设备维护。

理 论 资 讯

一、顺序控制设计法——程序设计

顺序控制设计法中，梯形图的编程方式是指根据顺序功能图设计出梯形图的方法。为了适应各厂家的 PLC 在编程元件、指令功能和表示方法上的差异，下面主要介绍使用通用指令的编程方式。

通用指令编程方式是指编程时用辅助继电器 M 来代表步。某一步为活动步时，对应的辅助继电器为"1"状态，转换条件实现时，该转换后的后续步变为活动步，前级步变为非活动步。由于转换条件大都是短信号，即它存在的时间比它激活的后续步为活动步的时间短，因此应使用有记忆（保持）功能的电路来控制代表步的辅助继电器。属于这类电路的有和"启保停电路"具有相同功能的使用 S（置位）、R（复位）指令的电路。

1. 使用启保停电路法设计各步（M$x.y$）的梯形图

根据顺序功能图用启保停电路法设计梯形图时，存储器 M 用 M$x.y$ 来代替步，当某一步活动时对应的存储位 M$x.y$ 为 ON，非活动时为 OFF。

当转换条件成立时，该转换后的后续步变为活动步，前级步变为非活动步。这个过程的实施是：转换条件成立时使后续步变为活动步是靠条件启动激活后续步，并且一旦激活就用该步的触点自锁（保持），使前级步变为非活动步是靠串联在前级步中的一个常闭触点来终止（停）的。

梯形图中的初始步 M0.0，要用初始化脉冲 SM0.1 将其置为 ON，使系统处于等待状态。这种设计梯形图的方法称为启保停电路法。

图 7-29a 所示的 M$i-1$、Mi 和 M$i+1$ 是顺序功能图中顺序相连的 3 步，Xi 是步 Mi 之前的转换条件。

编程的关键是找出它的启动条件和停止条件。根据转换实现的基本规则，转换实现的是它的前级步为活动步，并且满足相应的转换条件，所以 Mi 变为活动步的条件是 M$i-1$ 为活动步，并且转换条件 Xi=1，在梯形图中则应将 M$i-1$ 和 Xi 的常开触点串联后作为控制 Mi 的启动电路，如图 7-29b 所示。当 Mi 和 X$i+1$ 均为"1"状态时，步 M$i+1$ 变为活动步，这时步 Mi 应变为非活动步，因此可以将 M$i+1$=1 作为使 Mi 变为"0"状态的条件，即将 M$i+1$ 的常闭触点与 Mi 的线圈串联。

也可用具有"启保停电路"功能的 S（置位）、R（复位）指令来设计梯形图，如图 7-29c 所示。原理同上，将 M$i-1$ 和 Xi 的常开触点串联后作为控制 Mi 的启动条件，即置位 Mi，同时作为前级步 M$i-1$ 的停止条件，即复位 M$i-1$；同理，当 Mi 和 X$i+1$ 均为"1"状态时，步 M$i+1$ 变为活动步，这时前级步 Mi 应变为非活动步，因此将 M$i+1$ 的常开触点作为 6 复位 Mi 的停止条件。

这种编程方式仅仅使用与触点和线圈有关的指令，任何一种 PLC 的指令系统都有这一类指令，所以称为通用指令。通用指令的编程方式，可以适用于任意型号的 PLC。

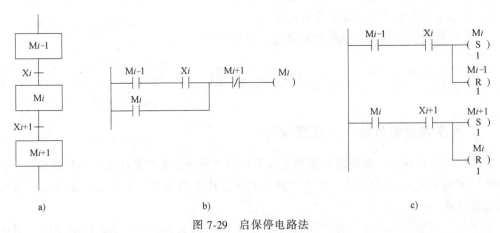

图 7-29 启保停电路法

2. 使用启保停电路法设计梯形图的输出部分

在设计完各步的梯形图后，接下来要设计梯形图的输出部分，即各步执行的动作。如果某一输出继电器仅在某一步中为 ON，可以将它们的线圈与对应的（步）辅助继电器的常开触点串联；如果某一输出继电器在多步中为 ON，应将代表各有关步的辅助继电器的常开触点并联后，驱动该输出继电器的线圈。

下面通过一个具体的顺序功能图采用启保停电路法来设计梯形图程序，如图 7-30 所示。

按照上述各步的设计方法和输出部分设计梯形图，如图 7-31 所示。

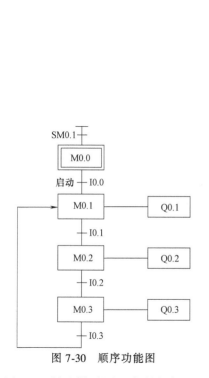

图 7-30　顺序功能图

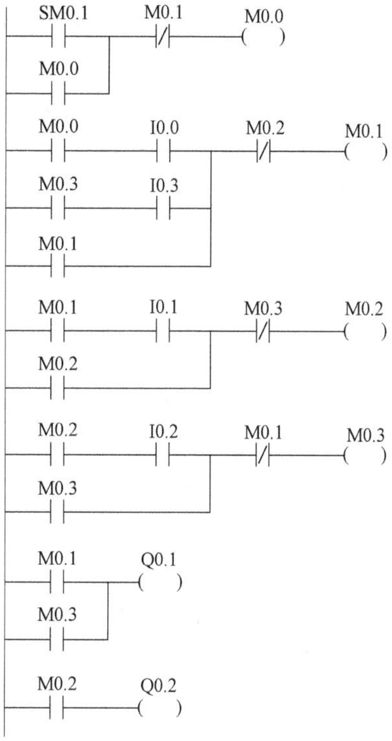

图 7-31　梯形图程序

图 7-31 所示梯形图程序是根据图 7-30 使用通用指令编写的。开始运行时将初始步 M0.0 置为"1"状态，否则系统无法工作，故将 SM0.1 的常开触点作为 M0.0 置为"1"的条件。M0.1 的前级步为 M0.0 和 M0.3，所以 M0.1 由两组启动条件并联。由于步是根据输出状态的变化来划分的，所以梯形图中输出部分的编程极为简单，按照输出部分设计方法即可：

1）某一输出继电器线圈仅在某一步中为"1"状态，如 Q0.2 就属于这种情况，将 Q0.2 线圈与 M0.2 的常开触点直接串联。

2）某一输出继电器在几步中都为"1"状态，如 Q0.1 在步 M0.1 和步 M0.3 中都为"1"状态，此时应将代表各有关步的辅助继电器的常开触点并联后，驱动该输出继电器的线圈。所以梯形图中将 M0.1 和 M0.3 常开触点并联后控制 Q0.1 的线圈。注意：为了避免出现双线圈现象，不能将 Q0.1 线圈分别与 M0.1 和 M0.3 的线圈并联。

二、半自动气动钻床系统程序设计

1. 启保停电路法设计梯形图

根据任务 7-3 中设计出的半自动钻床顺序功能图 7-28，按照启保停电路法进行半自动钻床的梯形图设计，如图 7-32 所示。

在图 7-32 中，把外部停止按钮信号（I0.1）的常闭触点分别串联在 M2.0 到 M2.3 的启保停程序中，作为步 M2.0 到步 M2.3 的外部停止信号。当按下停止按钮 I0.2 时，M2.0 到 M2.3 的线圈全部为 OFF，当然初始步 M0.0 也为 OFF（实际上当 M2.0 为活动步时，M0.0 即为 OFF）。那么此时如果再次按下启动按钮 I0.0，系统能否再次启动正常工作呢？SM0.1 只在 PLC 由 STOP 切换到 RUN 状态时接通一个扫描周期，此时 PLC 仍然保持在 RUN 状态。所以在 M0.0 的梯形图中把停止按钮 I0.1 的常开触点与 SM0.1 常开触点并联，作为停止后再次启动 M0.0 的条件。

在梯形图输出部分中，考虑到半自动钻床系统主控阀选用的是双电控二位五通阀（具有记忆功能，即当电磁线圈断电后，阀仍具有保持功能）。当按下停止按钮 I0.1 时，电磁线圈 YA0（Q0.0）、YA1（Q0.1）、YB0（Q0.2）和 YB1（Q0.3）全部断电，此时气缸停止运动（可能停止在伸出状态，也可能停止在缩回状态）。但是半自动钻床系统中要求按下停止按钮，两个气缸分别停止在初始位置（缩回状态），所以要想实现此停止功能，需用停止按钮 I0.1 的常开触点分别控制气缸 A 和气缸 B 缩回的电磁线圈 YA1（Q0.1）、YA3（Q0.3），也就是说当按下停止按钮 I0.1 时，M2.0~M2.3 线圈及其输出 Q0.0~Q0.3 全部断电，同时电磁线圈

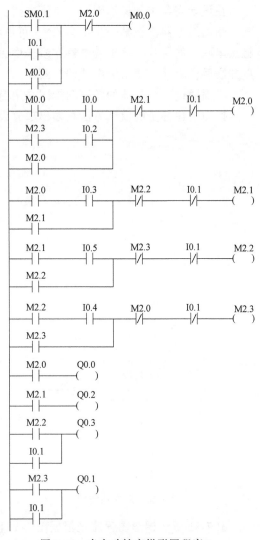

图 7-32　半自动钻床梯形图程序 1

YA1（Q0.1）、YA3（Q0.3）再次得电，控制气缸 A 与 B 缩回。

2. 启保停电路法设计梯形图——置位复位指令

使用具有"启保停电路"功能的 S（置位）、R（复位）指令来设计梯形图，如图 7-33 所示。

置位复位指令编程思路也很清晰，前级步和转换条件的常开触点串联作为当前步的启动条件（即置位当前步），同时又作为前级步的停止条件（即复位前级步）。需要注意的是：系统最后一步 M2.3 返回到步 M2.0 时，不能像图 7-32 中那样两组启动条件并联控制线圈 M2.0，因为在置位复位指令编程中，两组启动条件的置位输出是相同的（置位 M2.0），但是复位输出（复位 M0.0 和复位 M2.3）是不一样的，所以系统最后一步返回时按照前面思路编程即可。

置位复位指令编程方法中，停止按钮 I0.1 的处理方法为：停止按钮 I0.1 的常开触点控制所有步 M0.0 和 M2.0~M2.3 的复位输出，对于 Q0.1 和 Q0.3 使气缸 A 和 B 缩回的编程方法同图 7-32。

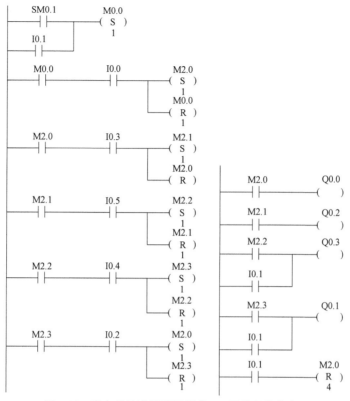

图 7-33　半自动钻床梯形图程序 2（置位复位指令）

任 务 实 践

一、半自动钻床系统安装与调试步骤

1）元件识别与选型。

2）将实验元件安装在实验台上。

3）参考图 7-26 半自动钻床气动主回路图用气管将元件连接可靠。

4）参考图 7-27 半自动钻床 PLC 接线图用导线将 PLC 电源接好。

5）参考图 7-27、表 7-9，用导线将输入信号端子、输出信号端子分别与系统中的启动按钮、停止按钮、磁性开关信号、电磁线圈连接在一起。

6）在不带电的前提下利用万用表欧姆档检测电路连接是否有短路的情况出现。

7）进行编程器或计算机与 PLC 通信参数的设置，将 PLC 运行模式调整为 RUN，下载程序，在线监控。

8）启动控制信号，观察系统运行并进行调整（包括机械、气动、磁性开关及程序）。

9）总结实验过程，完成任务工单。

二、元器件布局

半自动钻床系统中，气动回路各元件的布局原则上是按照回路从下到上、从左到右的顺序进行合理布局（电气元件和 PLC 模块化结构置于综合实训台上方，只需在对应的模块中选择相应电气元件即可），其中气源装置是每个实验台单独配一个，无须在实验台上体现，其他各元件在实验台上的建议安装位置如图 7-34 所示。

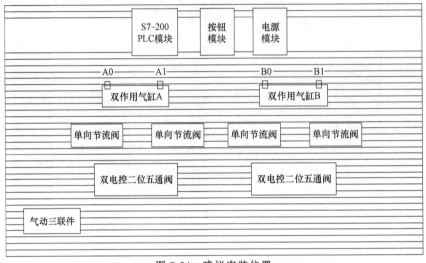

图 7-34　建议安装位置

三、主要元件安装与调整方法

主要元件安装与调整方法具体见表 7-10。

表 7-10　主要元件安装与调整方法

部分实验元件		安装与调整方法
PLC	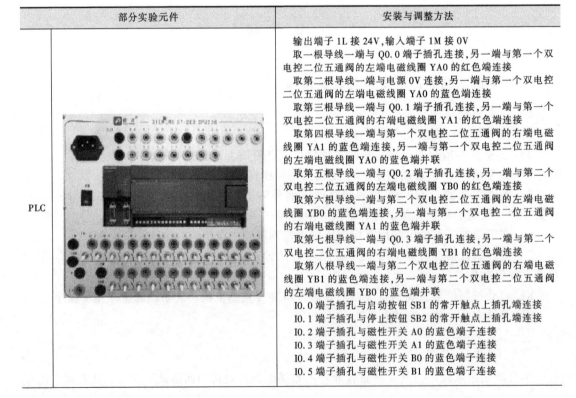	输出端子 1L 接 24V，输入端子 1M 接 0V 取一根导线一端与 Q0.0 端子插孔连接，另一端与第一个双电控二位五通阀的左端电磁线圈 YA0 的红色端连接 取第二根导线一端与电源 0V 连接，另一端与第一个双电控二位五通阀的左端电磁线圈 YA0 的蓝色端连接 取第三根导线一端与 Q0.1 端子插孔连接，另一端与第一个双电控二位五通阀的右端电磁线圈 YA1 的红色端连接 取第四根导线一端与第一个双电控二位五通阀的右端电磁线圈 YA1 的蓝色端连接，另一端与第一个双电控二位五通阀的左端电磁线圈 YA0 的蓝色端并联 取第五根导线一端与 Q0.2 端子插孔连接，另一端与第二个双电控二位五通阀的左端电磁线圈 YB0 的红色端连接 取第六根导线一端与第二个双电控二位五通阀的左端电磁线圈 YB0 的蓝色端连接，另一端与第一个双电控二位五通阀的右端电磁线圈 YA1 的蓝色端并联 取第七根导线一端与 Q0.3 端子插孔连接，另一端与第二个双电控二位五通阀的右端电磁线圈 YB1 的红色端连接 取第八根导线一端与第二个双电控二位五通阀的右端电磁线圈 YB1 的蓝色端连接，另一端与第二个双电控二位五通阀的左端电磁线圈 YB0 的蓝色端并联 I0.0 端子插孔与启动按钮 SB1 的常开触点上插孔端连接 I0.1 端子插孔与停止按钮 SB2 的常开触点上插孔端连接 I0.2 端子插孔与磁性开关 A0 的蓝色端子连接 I0.3 端子插孔与磁性开关 A1 的蓝色端子连接 I0.4 端子插孔与磁性开关 B0 的蓝色端子连接 I0.5 端子插孔与磁性开关 B1 的蓝色端子连接

（续）

部分实验元件	安装与调整方法
按钮模块		按钮 SB1 为启动按钮，所以选择绿色按钮 按钮 SB2 为停止按钮，所以选择红色按钮 取一根导线把一端与 24V 电源正极插孔连接，另一端与绿色按钮常开触点下插孔端插孔连接 取第二根导线把绿色按钮常开触点下插孔端（接 24V 电源正极的那端）和红色按钮常开触点下插孔端并联
磁性开关		取三根导线分别把四个磁性开关棕色端子两两并联 取第四根导线把其中一个磁性开关棕色端子与红色按钮常开触点下插孔端（接 24V 电源正极的那端）并联
气动元件	双电控二位五通阀、单向节流阀、双作用气缸等	系统中所有气动元件气动回路的安装与调整方法参阅项目二至项目五相关练习中的连接方法

四、半自动钻床系统调试

打开气源和电源：

1. 按动启动按钮 SB1

观察系统中两个气缸的运行顺序。

2. 按下停止按钮 SB2

观察系统中两个气缸的停止情况。

3. 调试问题及解决方法记录

关闭气源和电源，结束调试。

五、拓展思考

在半自动钻床系统中，主控阀我们选择双电控二位五通阀进行了系统的设计。如果换成单电控二位五通阀，试设计半自动钻床系统的气动主回路图、PLC 接线图、顺序功能图和梯形图程序，并进行系统的安装和调试，并体会双电控二位五通阀与单电控二位五通阀在 PLC 程序设计中的不同之处。

任务 7-5 气动钻床系统的构建与装调

任务引入：

气动钻床有三个气缸。一个用来夹紧工件，称为夹紧缸；另一个用来驱动钻床主轴的轴向移动也就是钻孔加工，称为钻孔缸；第三个用来推送物料，称为推料缸，如图 7-35 所示。

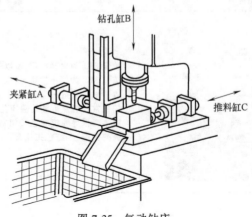

图 7-35　气动钻床

在机床的切削过程中，要求三个气缸按一定的顺序先后动作，完成一个工作循环，即工作要求为：启动→送料→夹紧→送料退、钻孔→钻孔退→松开→停止，各缸回到初始状态。试采用顺序控制设计法来设计实现三个气缸的顺序动作，并进行系统的安装、程序的下载、调试和运行。

（任务分析） >>>

气动钻床系统中有三个气缸，三个气缸仍然是按一定的顺序动作，属于三缸的顺序动作回路，并且停止要求也是各缸回到初始状态。那么，可以借鉴半自动钻床系统（双缸顺序动作）的设计思路和步骤，完成气动钻床系统的设计和安装调试。

（学习目标） >>>

知识目标：
1）掌握顺序功能图的设计方法。
2）掌握使用通用指令的编程方式。
3）掌握气动钻床系统构建方法。

能力目标：
1）能够设计顺序功能图及其梯形图程序。
2）能够分析和装调气动钻床控制系统。
3）能够通过在线监测找到故障点并进行设备维护。

理 论 资 讯

一、气动钻床系统硬件设计

按照 PLC 控制多缸顺序动作回路设计思路与步骤，完成气动钻床系统的设计。

1. 分析系统控制要求，明确各缸动作的先后次序，绘制位移-步骤图

气动钻床系统控制要求：气动钻床有三个气缸，一个用来夹紧工件，称为夹紧缸 A；另一个用来驱动钻床主轴的轴向移动也就是钻孔加工，称为钻孔缸 B；第三个用来推送物料，称为推料缸 C。在机床的切削过程中，要求三个气缸按一定的顺序先后动作，完成一个工作循环，即工作要求为：启动→送料→夹紧→送料退、钻孔→钻孔退→松开→停止，各缸回到初始状态。

根据气动钻床控制要求，在气动钻床系统中，有三个气缸，运动顺序为：C+→A+→C-、B+→B-→A-循环工作。需要注意的是：在运动顺序的第三步中有两个气缸同时动作（C-和 B+）。触发气缸顺序动作的条件为行程控制，根据气缸先后顺序，绘制位移-步骤图，如图 7-36 所示。

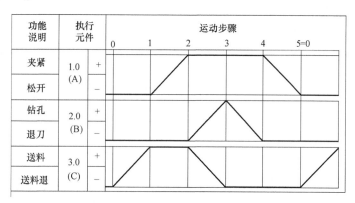

图 7-36　气动钻床系统位移-步骤图

当 C 缸送料后，A 缸把工件夹紧，然后控制 B 缸开始钻孔加工，同时 C 缸送料退回；当钻孔加工结束后控制 B 缸退回，退回到位后控制 A 缸退回松开工件。

2. 确定系统所需元件及数量

分析气动钻床系统控制要求，结合图 7-36，按元件说明提示，思考确定系统所需元件，填写在表 7-11 中。

表 7-11　元件的确定

序号	元件名称	元件数量	说明
1			执行元件
2			主控阀
3			控制执行元件双向运动的速度
4			提供气源
5			系统启动和停止
6			执行元件位置检测

3. 设计气动主回路图

根据确定的气动元件可绘制气动主回路图，参考图如图 7-37 所示（主控阀选择双电控二位五通阀，如果选择单电控二位五通阀可自行绘制）。

4. 确定所需元件中 PLC 的输入和输出元件，进行 I/O 地址分配及 I/O 接线图绘制

根据表 7-11 确定的元件，结合图 7-37，可确定 PLC 的输入元件有：按钮 2 个、磁性开关 6 个；PLC 的输出元件为：电磁线圈 6 个。进行 I/O 地址分配，见表 7-12。

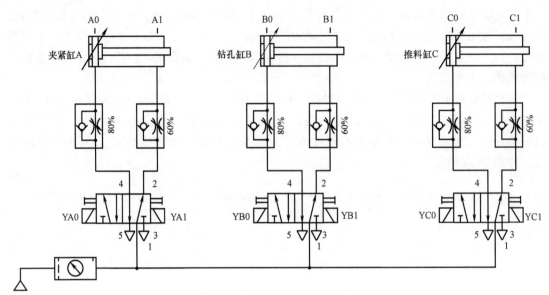

图 7-37　气动钻床气动主回路图

表 7-12　I/O 地址分配

序号	地址	元件名称	功能说明
1	I0.0	启动按钮 SB1	启动按钮
2	I0.1	停止按钮 SB2	停止按钮
3	I0.2	起点磁性开关 A0	A 缸起始位置
4	I0.3	终点磁性开关 A1	A 缸终点位置
5	I0.4	起点磁性开关 B0	B 缸起始位置
6	I0.5	终点磁性开关 B1	B 缸终点位置
7	I0.6	起点磁性开关 C0	C 缸起始位置
8	I0.7	终点磁性开关 C1	C 缸终点位置
9	Q0.0	电磁线圈 YA0	控制 A 缸伸出的电磁线圈
10	Q0.1	电磁线圈 YA1	控制 A 缸缩回的电磁线圈
11	Q0.2	电磁线圈 YB0	控制 B 缸伸出的电磁线圈
12	Q0.3	电磁线圈 YB1	控制 B 缸缩回的电磁线圈
13	Q0.4	电磁线圈 YC0	控制 C 缸伸出的电磁线圈
14	Q0.5	电磁线圈 YC1	控制 C 缸缩回的电磁线圈

根据表 7-12，绘制 PLC 与所控制元件的硬件接线图，如图 7-38 所示。

二、气动钻床系统程序设计

1. 设计气动钻床 PLC 顺序功能图

根据气动钻床系统控制要求，气动钻床有三个气缸，运动顺序为：推料缸 C 伸出送料→夹紧缸 A 伸出夹紧工件→推料缸 C 退回、钻孔缸 B 伸出加工→钻孔缸 B 退回→夹紧缸 A 松开。

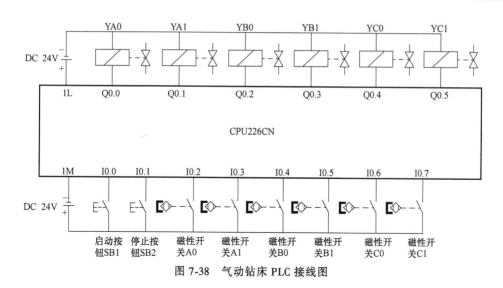

图 7-38 气动钻床 PLC 接线图

由此可知，三个气缸顺序动作总共分 5 步，中间转换条件为运动到位的位置检测元件，结合气缸运动顺序，可先绘制文字表达形式的顺序功能图 1，如图 7-39a 所示，然后将步号用 PLC 的辅助继电器 M 代替，结合表 7-12 和图 7-38，则可以转换为图 7-39b 所示的符号表达形式。

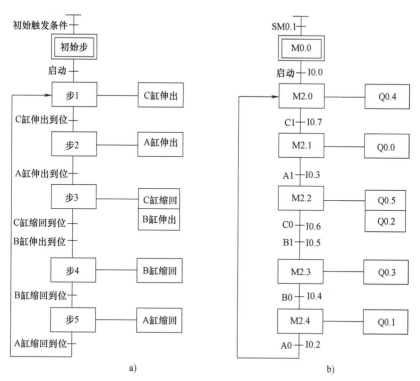

图 7-39 气动钻床顺序功能图

a）文字表达形式　b）符号表达形式

针对图 7-39 气动钻床顺序功能图，需做以下几点说明：

1）在气动钻床顺序功能图中，步3有两个输出，在表达某一步有多个输出时，可以有两种表示方法，如图7-40所示。

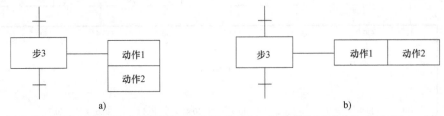

图7-40　顺序功能图中某一步有多个输出的表示方法

2）激活初始步的转换条件是PLC上电第一个扫描周期为ON的标志位SM0.1，它的作用是使PLC开机运行时就无条件地进入初始步M0.0。

3）激活步M2.0的转换条件有两个：一个是来自初始步M0.0的转换条件，即启动按钮（I0.0）；另一个是来自于最后一步M2.4的转换条件，即气缸A缩回到位的检测元件——磁性开关A0（I0.2）。因此，如果选择循环工作模式，则当转换条件满足时，步M2.4将直接转到步M2.0，无须再按启动按钮了。

4）激活步M2.3的转换条件是来自步M2.2的转换条件：I0.5和I0.6两个条件，并且两个条件都要满足才可以。

2. 设计气动钻床PLC梯形图程序

（1）启保停电路法设计梯形图　根据气动钻床顺序功能图7-39，按照启保停电路法进行半自动钻床的梯形图设计，如图7-41所示。

在图7-41梯形图中，把外部停止按钮信号（I0.1）的常闭触点分别串联在M2.0～M2.4的启保停程序中，作为步M2.0～M2.4的外部停止信号。当按下停止按钮I0.2时，M2.0～M2.4的线圈全部为OFF，当然初始步M0.0也为OFF（实际上当步M2.0为活动步时，M0.0即为OFF）。那么此时如果再次按下启动按钮I0.0，系统能否再次启动正常工作呢？SM0.1只在PLC由STOP切换到RUN状态时接通一个扫描周期，此时PLC仍然保持在RUN状态。所以在M0.0的梯形图中把停止按钮I0.1的常开触点与SM0.1常开触点并联，作为停止后再次启动M0.0的条件。

在梯形图输出部分中，同样考虑气动钻床系统主控阀选用的是双电控二位五通阀（具有记忆功能，即当电磁线圈断电后，阀仍具有保持功能）。当按下停止按钮I0.1时，电磁线圈YA0（Q0.0）、YA1（Q0.1）、YB0（Q0.2）、YB1（Q0.3）、YC0（Q0.4）、YC1（Q0.5）全部断电，此时气缸停止运动（可能停止在伸出状态，也可能停止在缩回状态）。但是气动钻床系统中要求按下停止按钮，三个气缸分别停止在初始位置（缩回状态），所以要想实现此停止功能，需用停止按钮I0.1的常开触点分别控制气缸A、气缸B和气缸C缩回的电磁线圈YA1（Q0.1）、YB1（Q0.3）、YC1（Q0.5），也就是说当按下停止按钮I0.1时，M2.0～M2.4线圈及其输出Q0.0～Q0.5全部断电，同时电磁线圈YA1（Q0.1）、YB1（Q0.3）、YC1（Q0.5）再次得电，控制气缸A、B和C缩回。

考虑到上述停止实现方法，步M2.2的两个输出Q0.2和Q0.5被分开输出，即M2.2常开触点单独控制Q0.2，同时M2.2常开触点和停止按钮I0.1常开触点并联控制Q0.5。

（2）启保停电路法设计梯形图——置位复位指令　使用具有"启保停电路"功能的S

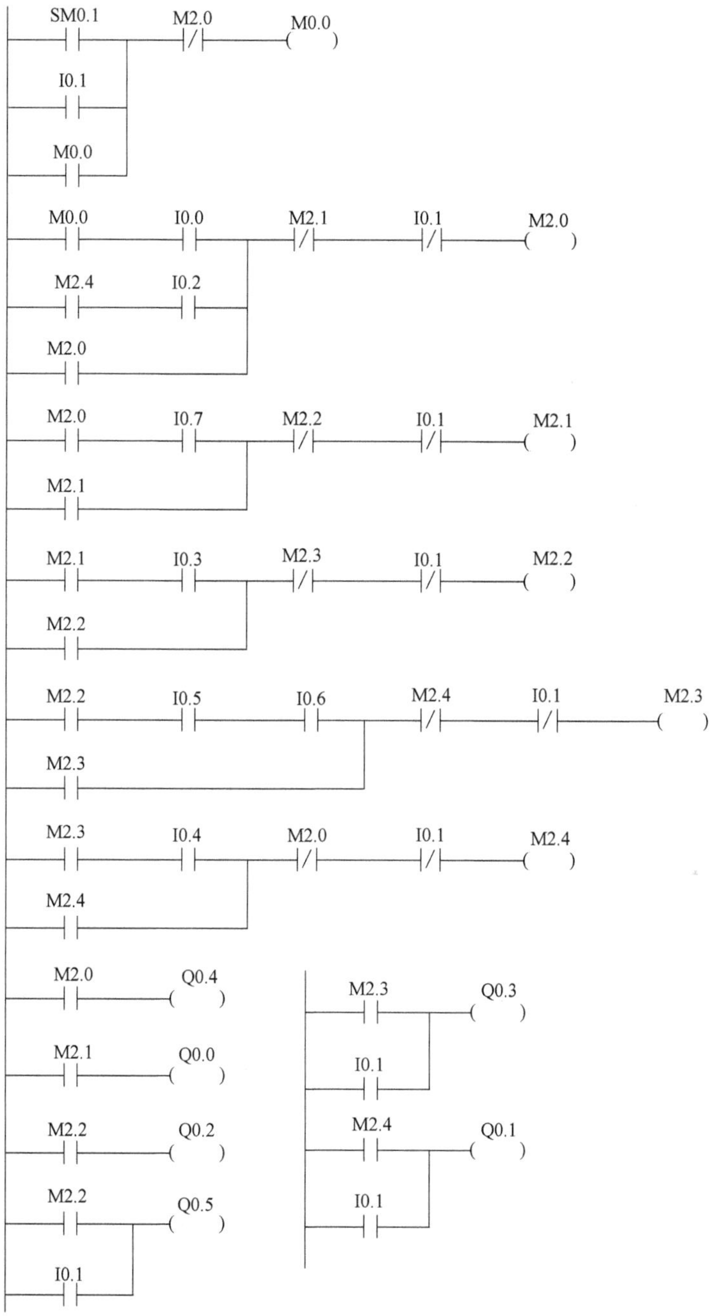

图 7-41 气动钻床梯形图程序 1

（置位）、R（复位）指令来设计梯形图，如图 7-42 所示。

置位复位指令编程思路也很清晰，前级步和转换条件的常开触点串联作为当前步的启动条件（即置位当前步），同时又作为前级步的停止条件（即复位前级步）。需要注意的是：系统最后一步 M2.4 返回到步 M2.0 时，不能像图 7-40 中那样两组启动条件并联控制线圈 M2.0，因为在置位复位指令编程中，两组启动条件的置位输出是相同的（置位 M2.0），但是复位输出（复位 M0.0 和复位 M2.4）是不一样的，所以系统最后一步返回时按照前面思路编程即可。

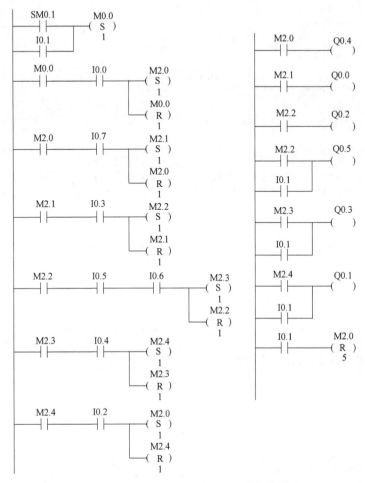

图 7-42　气动钻床梯形图程序 2（置位复位指令）

置位复位指令编程方法中，停止按钮 I0.1 的处理方法为：停止按钮 I0.1 的常开触点控制所有步 M0.0 和 M2.0～M2.4 的复位输出，对于 Q0.1、Q0.3 和 Q0.5 使气缸 A、B 和 C 缩回的编程方法同图 7-41。

任 务 实 践

一、气动钻床系统安装与调试步骤

1）元件识别与选型。

2）将实验元件安装在实验台上。

3）参考图 7-37 气动钻床气动主回路图用气管将元件连接可靠。

4）参考图 7-38 气动钻床 PLC 接线图用导线将 PLC 电源接好。

5）参考图 7-38、表 7-12，用导线将输入信号端子、输出信号端子分别与系统中的启动按钮、停止按钮、磁性开关信号、电磁线圈连接在一起。

6）在不带电的前提下利用万用表欧姆档检测电路连接是否有短路的情况出现。

7）进行编程器或计算机与 PLC 通信参数的设置，将 PLC 运行模式调整为 RUN，下载程序，在线监控。

8）启动控制信号，观察系统运行并进行调整（包括机械、气动、磁性开关及程序）。

9）总结实验过程，完成任务工单。

二、元器件布局

气动钻床系统中，气动回路各元件原则上是按照回路从下到上、从左到右的顺序进行合理布局（电气元件和 PLC 模块化结构置于综合实训台上方，只需在对应的模块中选择相应电气元件即可），其中气源装置是每个实验台单独配一个，无须在实验台上体现，其他各元件在实验台上的建议安装位置如图 7-43 所示。

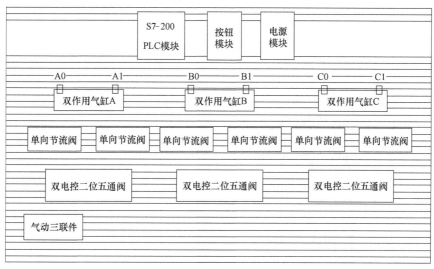

图 7-43　建议安装位置

三、主要元件安装与调整方法

主要元件安装与调整方法具体见表 7-13。

四、气动钻床系统调试

打开气源和电源：

1．按动启动按钮 SB1

观察系统中三个气缸的运行顺序。

2．按下停止按钮 SB2

观察系统中三个气缸的停止情况。

3．调试问题及解决方法记录

关闭气源和电源，结束调试。

表 7-13　主要元件安装与调整方法

部分实验元件	安装与调整方法
PLC 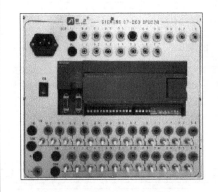	输出端子 1L 接 24V,输入端子 1M 接 0V 取一根导线一端与 Q0.0 端子插孔连接,另一端与第一个双电控二位五通阀的左端电磁线圈 YA0 的红色端连接 取第二根导线一端与电源 0V 连接,另一端与第一个双电控二位五通阀的左端电磁线圈 YA0 的蓝色端连接 取第三根导线一端与 Q0.1 端子插孔连接,另一端与第一个双电控二位五通阀的右端电磁线圈 YA1 的红色端连接 取第四根导线一端与第一个双电控二位五通阀的右端电磁线圈 YA1 的蓝色端连接,另一端与第一个双电控二位五通阀的左端电磁线圈 YA0 的蓝色端并联 取第五根导线一端与 Q0.2 端子插孔连接,另一端与第二个双电控二位五通阀的左端电磁线圈 YB0 的红色端连接 取第六根导线一端与第二个双电控二位五通阀的左端电磁线圈 YB0 的蓝色端连接,另一端与第一个双电控二位五通阀的右端电磁线圈 YA1 的蓝色端并联 取第七根导线一端与 Q0.3 端子插孔连接,另一端与第二个双电控二位五通阀的右端电磁线圈 YB1 的红色端连接 取第八根导线一端与第二个双电控二位五通阀的右端电磁线圈 YB1 的蓝色端连接,另一端与第二个双电控二位五通阀的左端电磁线圈 YB0 的蓝色端并联 取第九根导线一端与 Q0.4 端子插孔连接,另一端与第三个双电控二位五通阀的左端电磁线圈 YC0 的红色端连接 取第十根导线一端与第三个双电控二位五通阀的左端电磁线圈 YC0 的蓝色端连接,另一端与第二个双电控二位五通阀的右端电磁线圈 YB1 的蓝色端并联 取第十一根导线一端与 Q0.5 端子插孔连接,另一端与第三个双电控二位五通阀的右端电磁线圈 YC1 的红色端连接 取第十二根导线一端与第三个双电控二位五通阀的右端电磁线圈 YC1 的蓝色端连接,另一端与第三个双电控二位五通阀的左端电磁线圈 YC0 的蓝色端并联 I0.0 端子插孔与启动按钮 SB1 的常开触点上插孔端连接 I0.1 端子插孔与停止按钮 SB2 的常开触点上插孔端连接 I0.2 端子插孔与磁性开关 A0 的蓝色端子连接 I0.3 端子插孔与磁性开关 A1 的蓝色端子连接 I0.4 端子插孔与磁性开关 B0 的蓝色端子连接 I0.5 端子插孔与磁性开关 B1 的蓝色端子连接 I0.6 端子插孔与磁性开关 C0 的蓝色端子连接 I0.7 端子插孔与磁性开关 C1 的蓝色端子连接

（续）

部分实验元件		安装与调整方法
按钮模块	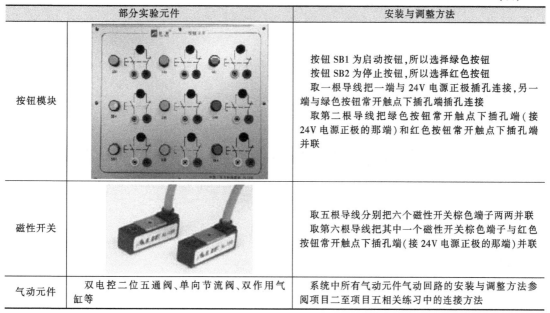	按钮 SB1 为启动按钮，所以选择绿色按钮 按钮 SB2 为停止按钮，所以选择红色按钮 取一根导线把一端与 24V 电源正极插孔连接，另一端与绿色按钮常开触点下插孔端插孔连接 取第二根导线把绿色按钮常开触点下插孔端（接 24V 电源正极的那端）和红色按钮常开触点下插孔端并联
磁性开关		取五根导线分别把六个磁性开关棕色端子两两并联 取第六根导线把其中一个磁性开关棕色端子与红色按钮常开触点下插孔端（接 24V 电源正极的那端）并联
气动元件	双电控二位五通阀、单向节流阀、双作用气缸等	系统中所有气动元件气动回路的安装与调整方法参阅项目二至项目五相关练习中的连接方法

五、拓展思考

图 7-44 所示为生产线上打印设备的气动系统图。当按下启动按钮且料仓中有料，推料缸 1 将工件推出并夹紧；打印缸伸出在工件上打印并停留 5s；打印结束后，打印缸退回至初始位置后推料缸 1 退回；推料缸 2 将工件推至下一个工位，系统做连续循环。试设计该系统的顺序功能图及控制程序，并在实验台上完成系统安装及运行。

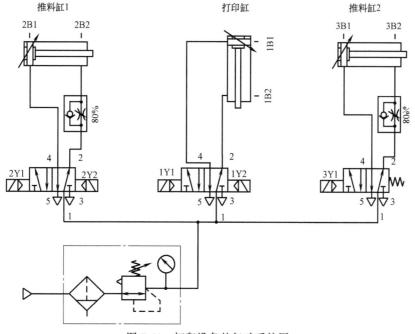

图 7-44 打印设备的气动系统图

项目八

气动系统的故障诊断与排除

项目介绍：

图 8-1 和图 8-2 所示为双缸电气动控制系统的原理图。在该系统中，两个气缸的动作顺序是：按启动按钮 SB1，气缸 1.0 中速伸出，伸出到 B2 点，气缸 2.0 快速伸出，伸出到 B4 点，延时 5s，气缸 2.0 中速返回（延时时间可调），返回到 B3 点，气缸 1.0 快速返回，返回到 B1 点，气缸 1.0 再次中速伸出。重复上述过程，直至按停止按钮 SB2，系统完成整个循环后气缸 1.0 和气缸 2.0 停止不动。

如果该回路出现气缸 1.0 伸出后，气缸 2.0 不伸出，试判断故障点并在实验台上搭接回路模拟故障现象，检验分析结果。

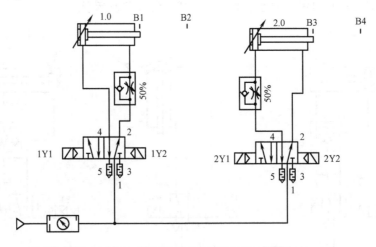

图 8-1　双缸电气动系统气动回路图

项目导读：

气动系统广泛应用于工业生产领域和工程机械中，依靠压力能来传递信号和动力，传递介质被封闭于密封容腔内。系统有故障时，判断故障点成为初学者的一个障碍。如果设备的电气故障或其他故障掺杂其中，更会给维修者带来麻烦。

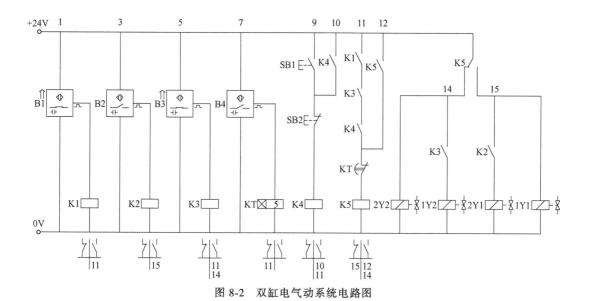

图 8-2　双缸电气动系统电路图

本项目主要介绍气动故障现象与故障源的关系、故障诊断方法等。一般是学习者在完成本教材项目一~项目七内容的学习，并且有一定的实践练习经历后，才能进行本项目学习。

项目分析：

该项目是双缸电气动系统，要想完成该系统的故障点检测和解决，首先需要从简单的单缸纯气动控制系统的故障点检测入手，掌握纯气动系统的故障点检测和解决方法后，再到单缸电气动控制系统故障点检测，最后到双缸电气动系统故障点检测，乃至多缸电气动或气动-PLC 系统故障点检测和排除。

任务 8-1　压印装置系统的故障诊断与排除

任务引入：

图 8-3 为压印装置的工作示意图，图 8-4 为压印装置的气动回路图。它的工作过程为：当踏下启动按钮后，打印气缸伸出对工件进行打印，从第二次开始，每次打印都延时一段时间，等操作者把工件放好后，才对工件进行打印。

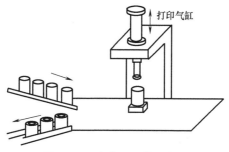

图 8-3　压印装置工作示意图

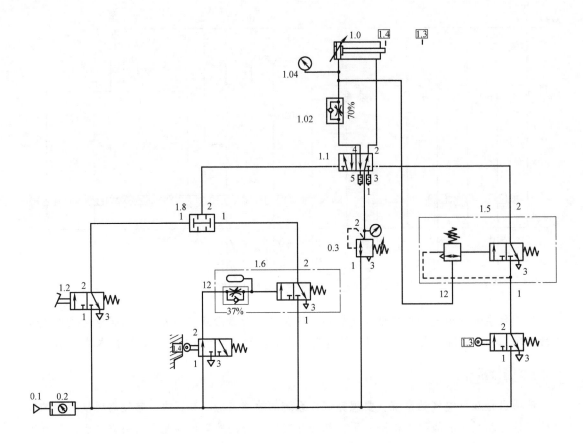

图 8-4　压印装置气动回路图

如果发现踏下启动按钮后气缸不工作，试判断故障点并在实验台上搭接回路模拟故障现象，检验分析结果。

任务分析：▶▶▶

要想完成任务，图 8-4 中各元件都是需要认识和了解的，并应掌握机电综合系统故障产生的原因和解决对策。这些内容是基于前面学习项目内容基础之上的，检验学习者对所学知识能否灵活运用和是否具备了分析、解决实际问题的能力。因此，有必要对相关知识进行总结归纳。通过对气动系统的常见故障现象进行分析，学习和掌握气动系统的维修知识。

学习目标：▶▶▶

知识目标：
1）掌握气动元件作用、结构、工作原理、符号及使用注意事项。
2）能读懂简单的气动原理图，能正确分析力传递与信号传递的路线。
3）了解简单气动设备一般使用注意事项。
4）掌握气动系统故障诊断与排除的基本方法。

能力目标：

1）能够正确地将气动回路图中各元件与实际设备中各元件一一对应。

2）能够根据气动系统的故障现象判断可能的故障原因。

3）能够根据气动系统故障原因给出可行的解决方案。

理 论 资 讯

一、故障种类

气动系统的故障由于发生的时间不同，产生故障的内容和原因也不尽相同，因此可按照故障发生的时间将故障分为初期故障、突发故障和老化故障三种。

1. 初期故障

大约在调试和试运行二三个月内发生的故障称为初期故障。其产生的主要原因有：元件加工问题、装配不良、设计失误、安装不符合要求、维护管理不善等。例如，管路未清理干净，紧固件不牢固，冷凝水未及时排出等。

2. 突发故障

突发故障是指系统在稳定运行时期内突然发生的故障，例如电磁线圈突然烧毁、弹簧突然折断、突然停电造成回路误动作等。

3. 老化故障

老化故障是指个别或少数元件达到使用寿命后发生的故障，例如泄漏越来越严重、气缸运动不平稳等。

根据故障暴露出的现象，采用恰当的方法判断出故障所在，才有可能找到解决故障的方法。

二、气动系统故障分析诊断方法

1. 替换法

替换法是指将同类型、同结构、同原理的元件置换（互换）安装在同一位置上，以验证被换元件是否工作可靠。

替换法的优点在于：即使修理人员的技术水平较低，也能应用此法对气动系统的故障做出准确的诊断。但是，运用此法必须以同类型、同结构、同工作原理和相同气动元件的气动系统为前提，因而此法有很大的局限性和一定的盲目性。

2. 经验法

主要依靠实际经验，并借助简单仪表诊断故障发生的部位，找出故障原因的方法称为经验法，可用四个字来总结，即"望、闻、问、切"。

（1）"望"　指用眼来观察一些关键元件的运行情况。

1）看执行元件的运动速度有无异常变化。

2）各测压点压力表显示的压力是否符合要求，有无大的波动。

3）润滑油的质量和滴油量是否符合要求。

4）冷凝水能否正常排出。

5）换向阀排气口排出空气是否干净。

6）电磁换向阀电磁头的指示灯显示是否正常。

7）紧固螺钉及管接头有无松动。

8）管道有无扭曲和压扁。

9）有无明显振动存在。

10）加工产品质量有无变化等。

（2）"闻" 指用耳听和鼻闻来感知一些关键元件的运行情况。

1）气缸工作及换向时有无异常声音。

2）系统停止工作但尚未泄压时，各处有无漏气，漏气声音大小及其每天的变化情况。

3）电磁线圈和密封圈有无因过热而发出的特殊气味等。

（3）"问" 指通过查找工艺资料、设备运行记录等资料，询问一线操作人员等方式来了解系统的运行情况。

1）查阅气动系统的技术档案，了解系统的工作程序、运行要求及主要技术参数。

2）查阅产品样本，了解每个元件的作用、结构、功能和性能。

3）查阅维护检查记录，了解日常维护保养工作情况。

4）访问现场操作人员，了解设备运行情况，了解故障发生前的征兆及故障发生时的状况，了解曾经出现过的故障及其排除方法。

（4）"切" 指用手来感知设备运行中元件的情况。

1）触摸相对运动件外部的手感和温度、电磁线圈处的温升情况等。触摸两秒钟感到烫手，则应查明原因。

2）气缸、管道等处有无振动感，气缸有无爬行感，各接头处及元件处有无漏气手感等。

经验法简单易行，但由于每个人的感觉、实际经验和判断能力的差异，导致诊断故障的结果会存在一定的差异，因此具有局限性。

3. 推理分析法

利用逻辑推理，步步逼近，寻找出故障的真实原因的方法，称为推理分析法。例如，气缸不动作，一方面可能是气缸内气压不足或阻力太大，以致气缸不能推动负载运动；另一方面又可能是气缸、电磁换向阀、管路系统和控制管路等出现气压不足导致阀不能正常工作。而某一方面的故障又可能是由于不同的原因引起的，应逐级进行故障原因推理。具体推理的步骤如图8-5所示。

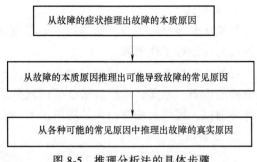

图8-5 推理分析法的具体步骤

由故障的本质原因逐级推理出来导致故障的众多原因，再判断出真实的原因，这需要对元件结构、原理、特点和使用过程中常出现的一些问题有清楚的了解，需要大量的实践和经验的积累。下面就介绍一些气动元件在使用过程中常出现的故障原因及对策，见表8-1～表8-6。

表 8-1　回路气压不足

故障原因	对策
耗气量太大,空气压缩机输出流量不足	选择输出流量合适的空气压缩机或增设一定容积的储气罐
空气压缩机活塞环等磨损	更换零件,在适当部位安装单向阀,维持执行元件内的压力
漏气严重	更换损坏的密封件或软管,紧固管接头及螺钉
减压阀输出压力低	调节减压阀至使用压力
速度控制阀开度太小	将速度控制阀打开到合适开度
管路细长或管接头选用不当	重新设计管路,加粗管径,选用流通能力大的管接头及气阀
各支路流量匹配不合理	改善各支路流量匹配性能,采用环形管道供气

表 8-2　气缸行程途中速度忽快忽慢

故障原因	对策
负载变动	若负载变动不能改变则应增大缸径,降低负载率
滑动部位动作不良	对滑动部位进行调整,若不能消除活塞杆上的径向力,则应安装浮动接头,设置外部导向机构,解决滑动阻力问题
因其他装置,造成工作压力变动大	提高供给压力
	增设储气罐

表 8-3　气缸爬行

故障原因	对策
供给压力小于最低使用压力	提高供给压力,设置储气罐,以减小压力变动
同时有其他耗气更大的装置工作	增设储气罐,增设空气压缩机,以减小压力变动
负载的滑动摩擦力变化较大	配置摩擦力不变动的装置
	增大缸径,降低负载率
	提高供给压力
气缸摩擦力变动大	进行合适的润滑
	杆端装浮动接头,消除径向力
负载变动大	增大缸径,降低负载率
	提高供给压力
气缸内泄漏大	更换活塞密封圈或气缸

表 8-4　执行元件速度变慢

故障原因	对策
调速阀松动	调整合适开度后锁定
负载变动	重新调整调速阀
	调整使用压力
压力降低	重新调整至供给压力并锁定
	若设定压力缓慢下降,则应注意过滤器的滤芯是否阻塞
润滑不良,导致摩擦力增大	进行合适的润滑

（续）

故障原因	对策
气缸密封圈处泄漏	密封圈泡胀应更换,并检查清洗、净化系统
	若缸筒、活塞杆等有损伤,则更换
低温环境下高频工作,在换向阀出口的消声器上冷凝水会逐渐冻结(因绝热膨胀,温度降低),导致气缸速度逐渐变慢	提高压缩空气的干燥程度
	提高环境温度,降低环境空气的湿度

表 8-5 在气缸行程端部有撞击现象

故障原因	对策
没有缓冲措施	增设适合的缓冲措施
缓冲阀松动	重新调整后锁定
缓冲密封圈、活塞密封圈等破损	应更换密封圈或气缸
负载增大或速度变快	恢复至原来的负载或速度,重新设计缓冲机构
装有液压缓冲器,但未调整到位	重新调整到位

表 8-6 过滤器故障及排除对策

故障现象	故障原因	对策
压力降太大	通过流量太大	选更大规格的过滤器
	滤芯堵塞	更换或清洗
	滤芯过滤精度太高	选合适的过滤精度
水杯破损	在有机溶剂的环境中使用	选用金属杯
	空气压缩机输出某种焦油	更换空气压缩机润滑油,使用金属杯
从输出端流出冷凝水	未及时排放冷凝水	每天排水,或安装自动排水器
	自动排水器有故障	修理或更换
	超过使用流量范围	在允许的流量范围内使用
输出端出现异物	滤芯破损	更换滤芯
	滤芯密封不严	更换滤芯密封垫
	错用有机溶剂清洗滤芯	改用清洁热水或煤油清洗
打开排水阀不排水	固态异物堵住排水口	清除
装了自动排水器,冷凝水也不能排出	过滤器安装不正确,浮子不能正常动作	检查并纠正安装姿势
	灰尘堵塞节流孔	停气分解,进行清洗
	存在锈蚀等,使自动排水器的动作部分不能动作	
	冷凝水中的油等黏性物质,阻碍浮子的动作	

（续）

故障现象	故障原因	对策
水杯内无冷凝水，但出口配管内却有大量冷凝水流出	灰尘堵塞节流孔	停气分解，进行清洗
	存在锈蚀等，使自动排水器的动作部分不能动作	
	冷凝水中的油等黏性物质，阻碍浮子的动作	
	过滤器处的环境温度过高，压缩空气的温度也过高，到出口处才冷却下来	安装位置不当，应安装在环境温度计压缩空气温度较低处
带自动排水器的过滤器，从排水口排水不停	排水器的密封部位有损伤	停气分解，进行清洗并更换损伤件
	存在锈蚀等，使自动排水器的动作部分不能动作	
	冷凝水中的油等黏性物质，阻碍浮子的动作	
从水杯安装部位漏气	紧固环松动	拧紧紧固环
	O形圈有损伤	应停气更换损伤件
	水杯破损	
从排水阀漏气	排水阀松动	拧紧排水阀
	异物嵌入排水阀的阀座上或该阀座有损伤	停气清除异物或更换损伤件
	水杯的排水阀安装部位破损	

任务实践

一、完成理论任务

采用推理分析法进行判断。

气缸活塞杆运动的前提是有气动力，正常情况下，气缸无杆腔进气，活塞杆伸出，气缸有杆腔进气，活塞杆缩回。当踏下启动按钮后，气缸不工作，首先应该检查气源压力。

如果气源压力没有问题，在图8-4压印装置气动回路图中，故障点应在启动控制回路（左侧控制回路）和主回路中，则气缸不动作的故障诊断逻辑推理按图8-6进行，一步一步推进查找故障点。

二、完成实践任务

1. 实践步骤

1）将实验元件安装在实验台上。

2）参考图8-4用气管将元件连接可靠。

3）踏下启动按钮阀1.2，观察系统运行并进行调整。

4）模拟问题：将单向节流阀1.02关闭，与问题的分析结果相对照。

5）模拟问题：将减压阀0.3关闭，与问题的分析结果相对照。

6）模拟问题：将延时阀1.6中的节流阀关闭，与问题的分析结果相对照。

7）总结实验过程，完成任务工单。

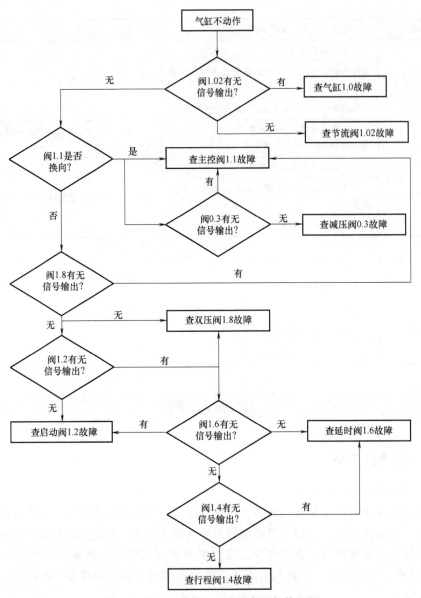

图 8-6　气缸不动作的故障诊断逻辑推理图

2. 实践前准备（见表 8-7）

表 8-7　元件清单

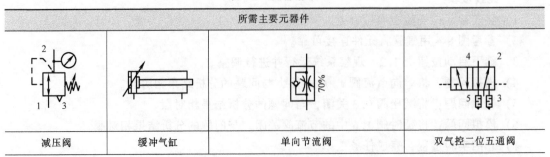

所需主要元器件			
减压阀	缓冲气缸	单向节流阀	双气控二位五通阀

（续）

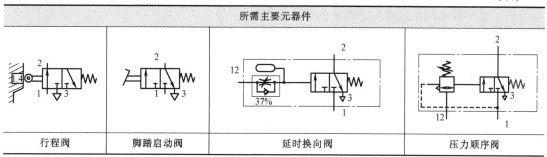

所需主要元器件			
行程阀	脚踏启动阀	延时换向阀	压力顺序阀

3. 主要元器件安装与调整方法介绍

见项目一~项目五的相关学习内容。

4. 拓展思考

如果压印装置产生气缸伸出后不回程的故障如何分析排除？参照图8-6逻辑推理框图分析可能的故障原因。

任务 8-2　单缸延时连续循环系统的故障诊断与排除

任务引入：

如图8-7所示，正常的动作顺序是：按启动按钮S1，气缸缓慢伸出，伸出到B2点，延时5s气缸返回（延时时间可调）。

如果该回路出现气缸伸出到B2点后不返回的情况，试判断故障点并在实验台上搭接回路模拟故障现象，检验分析结果。

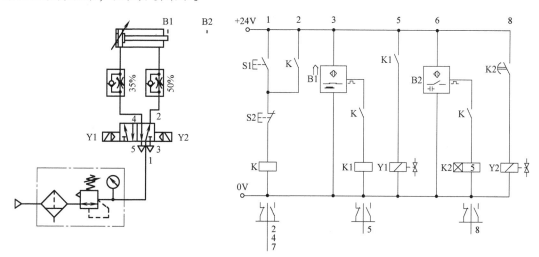

图8-7　单缸延时连续循环动作回路图

任务分析：

要想完成任务，图8-7中各元件都是需要认识和了解的，包括气动元件和电气元件，并应掌握机电综合系统故障产生的原因和解决对策。通过对单缸电气动系统的常见故障现象进行分析，学习和掌握单缸电气动系统的维修知识。

学习目标：▶▶▶

知识目标：

1）掌握气动元件作用、结构、工作原理、符号及使用注意事项。

2）掌握基本低压电器元件作用、工作原理及表示符号。

3）能读懂简单的气动原理图，能正确分析力传递与信号传递的路线。

4）能读懂简单的继电器控制原理图。

5）了解简单气动设备一般使用注意事项。

6）掌握电气动系统故障诊断与排除的基本方法。

能力目标：

1）能够正确将气动、电气原理图中各元件与实际设备中各元件一一对应。

2）能够识别和正确操作各种不同的电气开关，进行开、闭触点的判断和连接，能够进行继电器线路的连接。

3）能够根据气动、电气系统的故障现象判断可能的故障原因。

4）能够根据气动、电气系统故障原因给出可行的解决方案。

理 论 资 讯

单缸延时连续循环系统故障点采用任务 8-1 介绍的推理分析法进行判断。

气缸活塞杆运动的前提是有气动力。正常情况下，气缸无杆腔进气，活塞杆伸出；气缸有杆腔进气，活塞杆返回。所以，既然气缸活塞杆能伸出，则说明气源压力没有问题，基本排除气源系统故障点。如果气缸根本不伸出，则首先应该检查气源压力。

下一步应该将气动系统故障点和电气系统故障点分开。

1. 气动系统故障

此系统中气动回路比较简单，如图 8-8 所示，所以气动系统故障最容易判别。用螺丝刀操作电磁阀的手动应急按钮，如果气缸仍然不动，在本例中，几乎可以肯定是左侧单向节流阀关闭造成气缸活塞杆不返回，因为气源压力没有问题。这时只要打开左侧单向节流阀，调整到一定开度，气缸即可返回。

如果操作手动应急按钮气缸正常返回，说明单向节流阀没有问题，电磁阀阀芯没有问题，能正常进行换向，则故障可能在电磁线圈 Y2 上或者电气电路中。

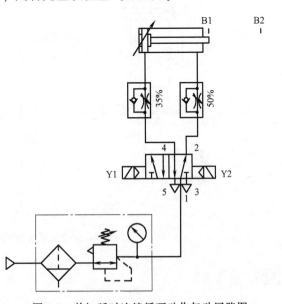

图 8-8　单缸延时连续循环动作气动回路图

2. 电气系统故障

一是检查活塞杆端安装的撞块是否与传感器类型匹配，金属撞块和非金属撞块各适合不同传感器类型；二是检查传感器安装位置是否在有效感应范围内。

如果操作手动应急按钮，气缸正常返回，则基本判定是电气问题。

电路图如图 8-9 所示。首先检查电路连接是否有问题，如果没有问题，气缸仍不能返回，则应该检查电磁阀电磁铁 Y2 是否得电、时间继电器线圈 K2 是否得电、传感器 B2 是否有感应信号，这些都能通过观察指示灯，用万用表测量电磁头线圈电压，一步一步推进查找出故障点。

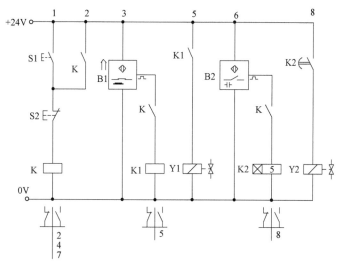

图 8-9　单缸延时连续循环动作电路图

任 务 实 践

一、实践步骤

1）将实验元件安装在实验台上。

2）参考图 8-7 用气管将气动元件连接可靠，用电线将电气元件连接可靠。

3）按启动按钮，观察系统运行并进行调整。

4）模拟问题：将左侧单向节流阀关闭，与问题的分析结果相对照。

5）将减压阀压力调整到 0.2MPa，观察系统会出现什么故障。

6）将 B2 传感器位置改变，使其指示灯不会亮，则观察系统会出现什么故障。

7）将时间继电器 K2 线圈虚接，观察系统会出现什么故障。

8）总结实验过程，完成任务工单。

二、实践前准备　（见表 8-8）

三、主要元器件安装与调整方法介绍

见项目一~项目五的相关学习内容。

表 8-8　元件清单

所需主要元器件			
气动二联件	缓冲气缸	单向节流阀	双电控二位五通阀
时间继电器	传感器	中间继电器	控制开关

任务8-3　双缸电气动系统的故障诊断与排除

任务引入： >>>

如图 8-1 和图 8-2 所示，两个气缸的动作顺序是：按启动按钮 SB1，气缸 1.0 中速伸出，伸出到 B2 点，气缸 2.0 快速伸出，伸出到 B4 点，延时 5s，气缸 2.0 中速返回（延时时间可调），返回到 B3 点，气缸 1.0 快速返回，返回到 B1 点，气缸 1.0 再次中速伸出。重复上述过程，直至按停止按钮 SB2，系统完成整个循环后气缸 1.0 和气缸 2.0 停止不动。

如果该回路出现气缸 1.0 伸出后，气缸 2.0 不伸出，试判断故障点并在实验台上搭接回路模拟故障现象，检验分析结果。

任务分析： >>>

要想完成此项目任务，图 8-1 和 8-2 中各元件都是需要认识和了解的，包括气动元件和电气元件，并应掌握机电综合系统故障产生的原因和解决对策。通过对双缸电气动系统的常见故障现象进行分析，学习和掌握多缸电气动系统的维修知识。

学习目标： >>>

知识目标：

1）掌握气动元件作用、结构、工作原理、符号及使用注意事项。
2）掌握基本低压电器元件作用、工作原理及表示符号。
3）掌握故障树分析故障的方法。
4）能读懂复杂的继电器控制原理图。
5）掌握多缸电气动系统故障诊断与排除的基本方法。

能力目标：

1）能够正确地将气动、电气原理图中各元件与实际设备中各元件一一对应。

2）能够识别和正确操作各种不同的电气开关，进行开、闭触点的判断和连接，能够进行继电器线路的连接。

3）能够根据气动、电气系统的故障现象判断可能的故障原因。

4）能够根据气动、电气系统故障原因给出可行的解决方案。

理 论 资 讯

一、推理分析法——故障树分析法

故障树分析法属于推理分析法。故障树分析法是一种将系统故障形成的原因，由总体至局部按树枝状进行逐级细化的分析方法。它通常是以故障或故障的本质原因作为树根，以按结构原理推断出的分支原因作为树干，将故障的常见原因作为树枝，构成一棵向下倒长的树状因果关系图。

故障树分析法的主要用途是：

1）对系统和设备的故障进行预测和诊断，找出系统中的薄弱环节，以便在设计中采取相应的改进措施，实现系统设计最优化。

2）在系统发生故障后，用以分析故障的原因。

这种分析方法的特点是除了能分析组成系统各个单元故障对系统可靠性的影响外，还可以考虑维修、环境和人为因素的影响，不仅可以分析由一个部件故障所诱发的系统故障，而且还可以分析两个以上部件同时失效所导致的系统故障。

例如，一电磁阀控制气缸的气动系统，当电磁阀输入电信号后，气缸不动作。这种故障的本质原因是气缸推力不足或没有推力，不能推动负载。其分支原因有：

1）电磁换向阀的故障，输入电信号以后没有动作。

2）气缸的故障，如由于零件的损伤、配合间隙的变化，导致摩擦力增大或者锈死。

3）管路的故障，如漏气严重，使空气压力下降。

4）控制电路的故障，如继电器故障、电压过低等。

分支原因本身又有不同的原因：

1）换向阀的故障常见原因有电磁铁故障或阀芯故障。

2）气缸故障的常见原因除了活塞与缸壁、活塞杆与导向套的磨损或卡死以外，还有由于气缸装配不良而引起的"憋劲"；甚至气缸结构设计的原因，如活塞端面与缸体端面紧贴在一起，造成气缸起动时工作面积太小。

其故障树如图8-10所示。

故障真实原因的推理，通常按最佳搜索的3个原则进行：

1）由简到繁、由易到难、由表及里地逐一进行全面彻底的检查分析。

2）故障发生前曾经动过哪些元件，就先查找那些元件。

3）优先查找出现概率最高的原因。

经常采用的搜索方法有：

1）比较法：即用标准的或合格的元件代替系统中相同的元件，通过元件工作状况的对比来判断被更换元件是否正常。若故障的因果关系是确定的，则用标准元件替换功能失效的

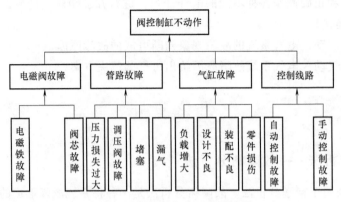

图 8-10　阀控制气缸系统故障树

元件以后，故障现象必然消失。

　　2）部分停止法：即暂时停止某部分工作来观察故障现象的变化，例如停止某气缸的工作以后，系统故障的现象消失，可以判定产生故障的真实原因就是这个气缸。如果去掉这个气缸的负载，气缸动作后故障现象消失，则气缸本身是正常的，故障的真实原因可能是负载过大。

　　3）试探反证法：即试探性地改变系统中部分工作条件，例如改变运动零件的摩擦状况、改变进气压力的高低等，逐一观察故障现象的变化，以此证明所怀疑的原因是否是系统故障的真实原因。

　　4）仪器分析法：利用监测仪器来检查系统或部件技术状态。监测系统运行状态的仪器有压力计、流量计、温度计、速度仪、加速度仪、噪声仪和振动仪等。

　　如果被监测的各种数据，全部由计算机采集、分析、处理，则不仅可准确地判断、预测系统的技术状态，还可以对可能出现的异常状态或故障进行自动报警、停机等应急处理。

二、双缸电气动系统故障诊断

　　项目中双缸电气动系统故障可采用图 8-10 所示的故障树分析法进行判断。

　　气缸活塞杆运动的前提是有气动力，气缸 1.0 和气缸 2.0 共用一个气源，所以，既然气缸 1.0 活塞杆能伸出，则说明气源压力没有问题，基本排除气源系统故障点。如果气缸 1.0 根本不伸出，则首先应该查气源压力。

　　接下来分析气缸 2.0 不伸出的可能故障点，整体分为气动系统故障和电气系统故障。

1. 气动系统故障

　　故障树分析法中的管路故障和气缸故障都属于气动系统故障。

　　此系统中气动回路相对比较简单，如图 8-1 所示，所以气动系统故障最容易判别。用螺丝刀操作电磁阀电磁线圈 2Y1 的手动应急按钮，如果气缸仍然不动，基本可以确定是单向节流阀或气缸 2.0 出现故障，因为气源压力没有问题。这时可以采用替换法诊断单向节流阀的故障，如果单向节流阀没有问题，可以确定是气缸 2.0 出现故障，这时按照故障树中造成气缸故障对应的原因进行一一诊断与排查，如图 8-11 所示。

2. 电气系统故障

　　用螺丝刀操作电磁阀电磁线圈 2Y1 的手动应急按钮，如果气缸正常伸出，可以排除电

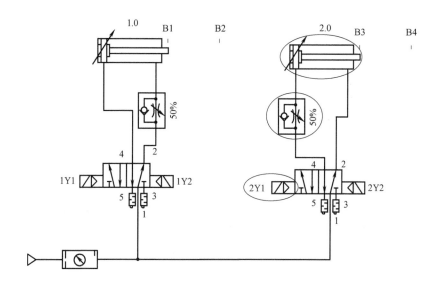

图 8-11　气动系统故障

磁阀阀芯故障、管路故障和气缸故障，基本判定是电气问题。

　　首先检查活塞杆端安装的撞块是否与传感器类型匹配，金属撞块和非金属撞块各适合不同传感器类型；然后再检查传感器安装位置是否在有效感应范围内。

　　最后检查控制电路连接是否有问题，如果没有问题，气缸仍不能伸出，则应该检查电磁阀电磁铁 2Y1 是否得电，继电器线圈 K2、K3、K4、K5 是否得电，时间继电器延时常闭触点 KT 是否闭合，传感器 B2、B3、B4 是否有感应信号，这些都能通过观察指示灯，用万用表测量继电器（K2、K3、K4、K5）线圈电压和电磁头 2Y1 线圈电压，一步一步推进查找出故障点，如图 8-12 所示。

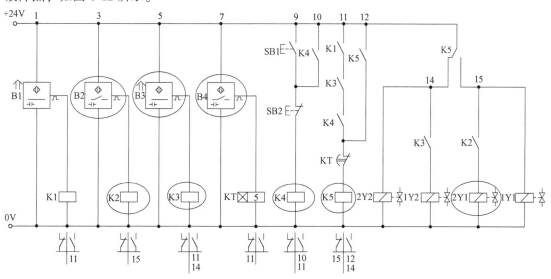

图 8-12　电气系统故障

任 务 实 践

一、实践步骤

1）将实验元件安装在实验台上。

2）参考图 8-1 用气管将气动元件连接可靠。

3）参考图 8-2 用电线将电气元件连接可靠。

4）启动开关，观察系统运行并进行调整。

5）模拟问题：调整传感器 B2 位置，使其指示灯不会亮，与问题的分析结果相对照。

6）模拟问题：调整传感器 B3 位置，使其指示灯不会亮，与问题的分析结果相对照。

7）将 B4 传感器位置改变，使其指示灯不会亮，观察系统会出现什么故障。

8）将时间继电器 KT 线圈虚接，观察系统会出现什么故障。

9）总结实验过程，完成任务工单。

二、实践前准备（见表 8-9）

表 8-9 元件清单

所需主要元器件			
气动二联件	缓冲气缸	单向节流阀	双电控二位五通阀
时间继电器	传感器	中间继电器	控制开关

三、主要元器件安装与调整方法介绍

见项目一~项目五的相关学习内容。

知识拓展——PLC 控制多缸控制系统故障诊断与维护

PLC 控制多缸控制系统故障主要包括气动系统故障和 PLC 控制系统故障两部分。其中气动系统故障可参照任务 8-1 和 8-2 中所述方法来诊断与排除；而 PLC 控制系统故障主要从两个方面入手分析：一是 PLC 本身的故障，二是 PLC 以外输入输出设备的故障。下面主要讲述 PLC 控制系统故障。

一、PLC 控制系统故障分析

1. PLC 故障

在 PLC 控制系统中，PLC 的故障率仅占系统总故障率的10%，其可靠性远高于输入输出设备。在 PLC 的故障中，其接口故障占90%，电源故障占8%，中央处理单元故障仅占2%，也就是说发生在 PLC 内部的 CPU、存储器、系统总线中的故障概率很小。

2. 输入输出设备故障

PLC 控制系统输入输出设备的故障率在 PLC 系统总故障率中占90%，是 PLC 系统主要的故障来源。对输入设备，故障主要反映在主令开关、行程开关、接近开关和各种类型的传感器中；对输出设备，故障主要集中在电磁阀控制执行元件上。

二、PLC 控制系统故障诊断

（一）PLC 故障诊断

PLC 故障诊断主要通过 PLC 面板上各种状态指示灯进行。

1. CPU 状态指示灯

1）通电后 STOP 或 RUN 灯应亮，若不亮说明电源出现问题。需要检查电源本身是否有电，若有电再检查电源接线，若电源接线也无问题，那就可以断定 PLC 的内部电源出了问题，可拆卸后对电源进行修理。

2）通电后 SF 灯亮，即使切换 STOP/RUN 开关也不能恢复正常，说明系统出现故障。系统故障主要有电磁干扰、永久存储器失效及看门狗超时等。对系统故障可通过 STEP7-microWIN 编程软件读取错误代码来进一步清除来自 PLC 内部的致命错误；对电磁干扰引起的系统故障，须通过检查线路的敷设情况，分离高低压信号线路来解决。

2. 输入输出指示灯

输入输出指示灯可直接反映输入输出接口电路的工作情况。通常情况下输入信号出现时，输入指示灯亮；输出信号出现时，输出指示灯点亮。如输入信号到来时，输入信号灯不亮，说明输入接口电路出现故障，该点可能因为输入电流过高而损坏，主要是接入了错误的信号导致；如输出信号灯不亮，则需通过 STEP7-microWIN 编程软件的监控来进一步落实，若监控软件中应该输出的点已接通，而输出接线端子对应的输出指示灯不亮，则说明该输出点已损坏。若已明确 PLC 的输入输出点损坏，可拆卸修理。

（二）输入输出设备故障诊断

输入输出设备的故障诊断通常也是通过 PLC 的输入输出状态指示灯进行。在 PLC 工作正常的情况下，输入输出指示灯工作正常，而实际工作设备工作不正常，则其故障一定发生在 PLC 接线端子以后，且与 PLC 接线端子相对应。

1. 输入设备故障诊断

当 PLC 的输入状态指示灯正常，而系统不能正常工作时，应以信号传递顺序依次检查故障源。首先检查线路连接是否正常，即端子接线是否松动、线路有无断线等情况，若正常则进一步检查输入器件本身是否能够正常工作，若确认器件已坏则立即更换。对接近开关、传感器等一些有源器件，要检查接线的正确性，否则也不能正常工作。

2. 输出设备故障诊断

当 PLC 的输出状态指示灯正常，而系统输出工作不正常时，可以肯定故障发生在输出设备回路。输出回路的故障不外乎也是接线不良、器件老化损坏等问题。这时可断开器件的接线，直接加电至器件进行试验，若器件损坏，便更换器件；若器件正常，则故障就出在线路上。

（三）PLC 控制系统故障软件诊断

PLC 具有丰富的软件资源，利用 PLC 的软件资源进行早期事故诊断及报警有着非常重要的意义。特别是在使用触摸屏及组态软件的场合，不增加 PLC 的输出点数就能方便地显示故障出处，使得技术人员可方便地根据其显示内容直接查找故障点。

1. 故障显示的实现

在触摸屏或组态软件的用户窗口，创建一个故障报警人机对话界面。在这一界面中，利用软件提供的各种显示工具，设计所需显示的故障报警方式。每种故障报警方式对应一个数据对象，将所需要显示的输入输出点与数据对象连接起来，在系统运行时即可通过这一报警方式将出现故障的输入输出点的状态一目了然地显示出来。具体操作可参阅有关触摸屏或组态软件使用手册。

2. 故障报警程序的设计

（1）通用故障报警程序设计　通用故障报警的控制要求是当过程变量超过规定值时，故障报警装置发出声响，操作人员根据信号灯的标志来识别是哪一个过程变量超过了限值、该报警信号表示什么性质的限值。操作人员了解报警信号的性质后，按下确认按钮，信号灯由闪光变为常亮，声响报警消除。当操作人员排除故障后，该过程变量恢复到正常工作范围，常亮信号灯熄灭，故障报警系统回复正常状态。

设过程变量保存在 VW100 单元中，当其小于等于 100 时，发出下限故障报警信号；当其大于等于 1000 时，发出上限故障报警信号。报警信号具有闪光警铃功能。报警信号被确认后，警铃停止，闪光灯变为常亮，直至过程变量恢复到规定值范围。为检查报警装置的工作情况设一试验按钮。为此对应的 PLC 输入输出端子分配及内存位和内存分配情况见表 8-10，时序图如图 8-13 所示，梯形图如图 8-14 所示。

表 8-10　PLC 输入输出端子分配及内存位和内存分配情况

输　入		输　出		内存位及内存单元	
I0.1	故障确认按钮	Q0.0	下限故障报警灯	M10.0	下限故障报警标志
I0.2	报警装置试验按钮	Q0.1	上限故障报警灯	M10.1	上限故障报警标志
		Q0.2	上下限故障警铃	VW100	过程变量存储单元

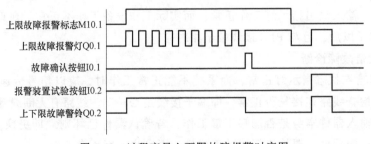

图 8-13　过程变量上下限故障报警时序图

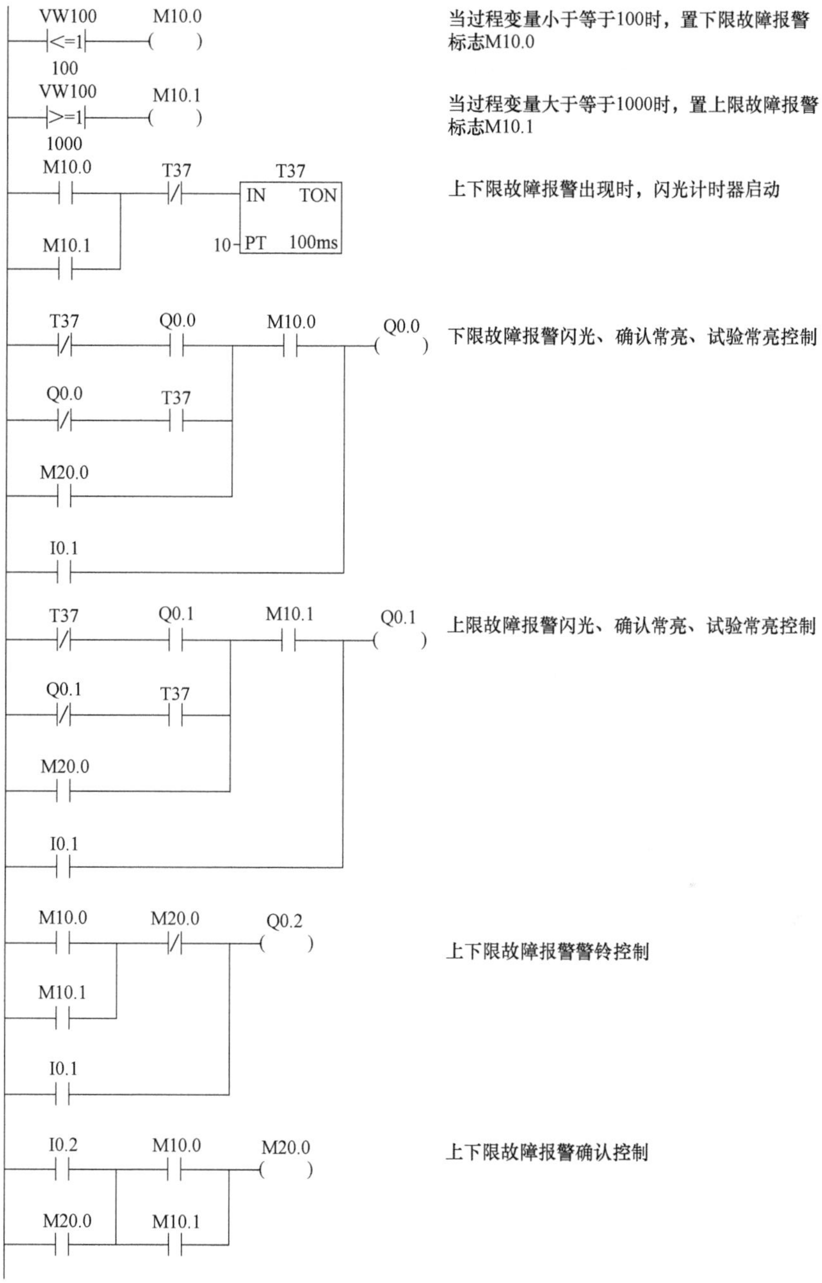

图 8-14　过程变量上下限故障报警控制程序

（2）首发故障报警程序的设计　通用故障报警控制程序，可以用于多个过程变量的报警控制，但当其多个故障信号同时出现时，故障报警装置不能确定谁是首发信号源。为了对首发故障进行识别，要设计能区别首发故障的报警程序。该报警程序的主要目的是使操作人员能在第一时间将首发故障源分辨出来。设计的思路主要是解决首发故障的记忆问题。

设有两个过程变量分别存储在 VW104 和 VW100 中，现为其设计可分辨首发故障的故障报警程序。对应的 PLC 输入输出端子分配及内存位和内存分配情况见表 8-11，时序图如图

8-15 所示，梯形图如图 8-16 所示。

表 8-11 PLC 输入输出端子分配及内存位和内存分配情况

输　入		输　出		内存位及内存单元			
I0.1	故障确认按钮	Q0.0	过程变量 1 上限故障报警灯	M10.0	过程变量 1 上限故障报警标志	M10.2	过程变量 1 上限故障首发记忆标志
I0.2	报警装置试验按钮	Q0.1	过程变量 2 上限故障报警灯	M10.1	过程变量 2 上限故障报警标志	M10.3	过程变量 2 上限故障首发记忆标志
		Q0.2	上下限故障警铃	VW104	过程变量 1 存储单元	VW100	过程变量 2 存储单元

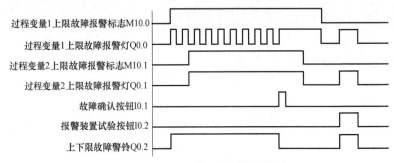

图 8-15　首发故障记忆报警时序图

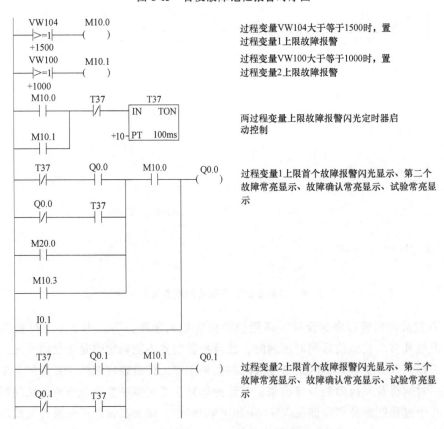

图 8-16　具有首发记忆功能的故障报警程序

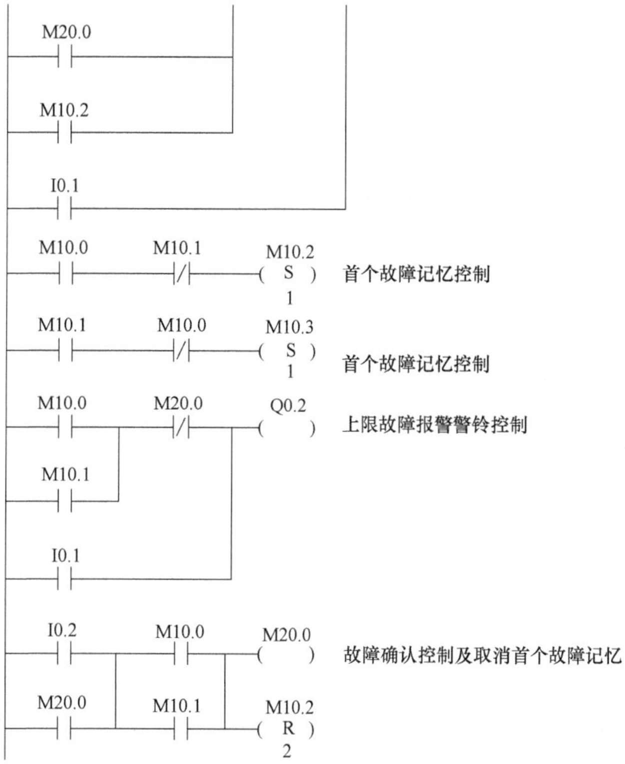

图 8-16　具有首发记忆功能的故障报警程序（续）

三、PLC 控制系统的维护

PLC 控制系统具有较高的可靠性，在现场中的维护工作量并不很大。但由于工作环境的影响，长期运行也会出现一些问题。为保证系统的可靠运行，加强日常维护与定期检查，可将潜在的故障扼杀在摇篮中，使 PLC 控制系统长期工作在最佳状态。

定期对系统进行检查保养，时间间隔为半年，最长不超过一年，特殊场合应缩短时间间隔。检查的内容主要包括电源供电质量检查、设备工作环境检查、安装条件检查及使用寿命检查。

1．电源供电质量检查

检查电源供电电压等级是否在 PLC 控制系统的要求范围以内，有无频繁剧烈变化的现象。如果经常性波动且幅度大时，就应加装交流稳压器。

2．设备工作环境检查

PLC 控制系统工作是否正常，与外部环境条件有着直接的关系，有时发生故障的原因可能就在于外部环境不合乎 PLC 系统工作的要求。检查外部工作环境主要包括以下几个方面：

1）检查环境温度。PLC 的工作温度一般为 0~55℃，若超过 55℃应安装电风扇或空调，以改善通风条件；假如温度低于 0℃，应安装加热设备。

2）检查相对湿度。如果相对湿度高于 85%，容易造成控制柜中挂霜或滴水，引起电路故障，应安装空调等，但相对湿度不应低于35%。

3）检查大功率电气设备（例如晶闸管变流装置、弧焊机、大功率电动机）对PLC的影响情况。如果有就应采取隔离、滤波、稳压等抗干扰措施。

4）其他方面检查。例如周围环境粉尘、腐蚀性气体是否过多，振动是否过大等。

3. 安装条件检查

检查PLC及所有控制柜中的电气设备，是否存在由于长期振动而造成的安装螺钉、接线螺钉松动现象，导线有无损坏情况，连接电缆有无未插好现象。如果有，应采取措施加固。检查设备安装、接线有无松动现象及焊点、接点有无松动或脱落。

4. 设备使用寿命检查

对已经到期的设备，要给与特别的关照，及时检查，及时更换。锂电池寿命通常为3~5年，当电池电压降低到一定值时，其用户程序将不能被存储，故需及时更换；对继电器输出型的PLC，其继电器的使用寿命通常在100万次左右，待达到使用期限时，也应及时更换。

附　录

附录 A　气动回路中元器件编号方法

数字符号	表示含义及规定
1.0、2.0、3.0…	表示各个执行元件
1.1、2.1、3.1…	表示各个执行元件的末级控制元件(主控阀)
1.2、1.4、1.6… 2.2、2.4、2.6… 3.2、3.4、3.6… ⋮	表示控制各个执行元件前冲的控制元件
1.3、1.5、1.7… 2.3、2.5、2.7… 3.3、3.5、3.7… ⋮	表示控制各个执行元件回缩的控制元件
1.02、1.04、1.06… 2.02、2.04、2.06… 3.02、3.04、3.06… ⋮	表示各个主控阀与执行元件之间的控制执行元件前冲的控制元件
1.01、1.03、1.05… 2.01、2.03、2.05… 3.01、3.03、3.05… ⋮	表示各个主控阀与执行元件之间的控制执行元件回缩的控制元件
0.1、0.2、0.3…	表示气源系统的各个元件

附录 B　常见气动元件符号（GB/T 786.1—2009）

名称	符号	名称	符号
气源			
空气压缩机		气压源	
储气罐		后冷却器	
空气干燥器		油水分离器	
空气调节处理元件			
分水过滤器		油雾器	
自动排水阀		消声器	
气动三联件		气动三联件（简化符号）	
执行元件			
单作用气缸		双作用气缸（带终端缓冲）	
气动马达		无杆气缸（机械耦合）	
摆动气缸		无杆气缸（磁耦合）	
流量控制元件			
可调节流阀		单向节流阀	
快速排气阀		排气节流阀	

（续）

名称	符号	名称	符号
压力控制元件			
减压阀		顺序阀	
溢流阀		压力顺序阀	
方向控制元件			
单向阀		快速排气阀	
二位阀	二位二通换向阀（常闭式）		三位四通换向阀（O 型）	
	二位二通换向阀（常开式）		三位四通换向阀（Y 型）	
	二位三通换向阀（常闭式）		三位四通换向阀（P 型）	
	二位三通换向阀（常开式）		三位五通换向阀（O 型）	
	二位四通换向阀		三位五通换向阀（Y 型）	
	二位五通换向阀		三位五通换向阀（P 型）	

（续）

	名称	符号		名称	符号
换向阀驱动方式					
人力驱动	人工操作	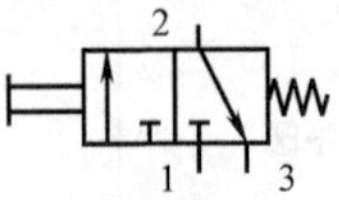	机械驱动	顶杆式	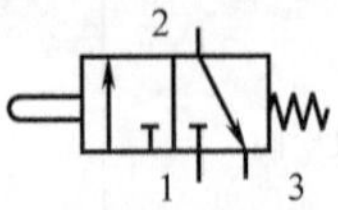
人力驱动	人工操作（定位功能）	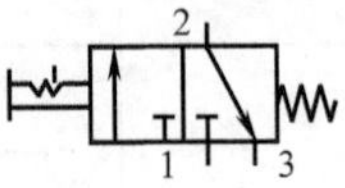	机械驱动	滚轮式	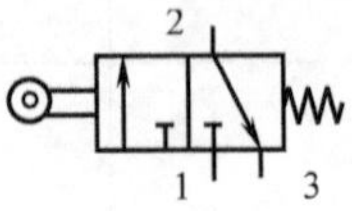
人力驱动	按钮开关	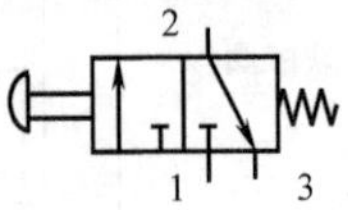	机械驱动	可通过滚轮式	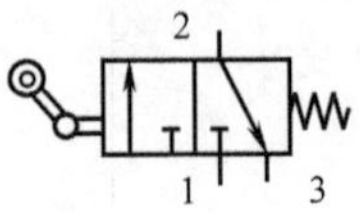
人力驱动	按钮开关（定位功能）	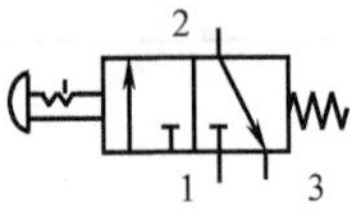	气压驱动	加压式	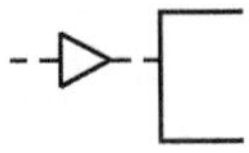
人力驱动	扳把开关	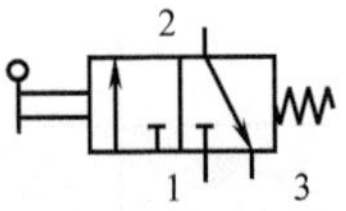	气压驱动	气控先导式	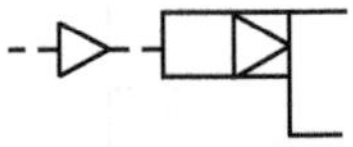
人力驱动	扳把开关（定位功能）	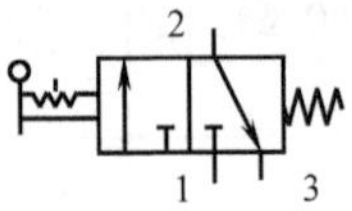	气压驱动	差压式	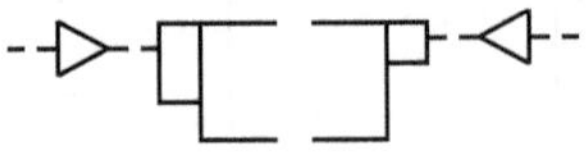
人力驱动	脚踏开关	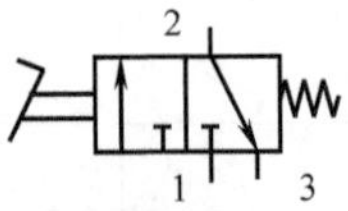	电磁驱动	直动式电磁阀	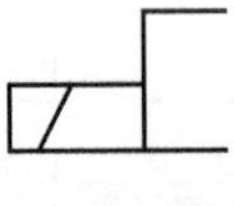
人力驱动	脚踏开关（定位功能）	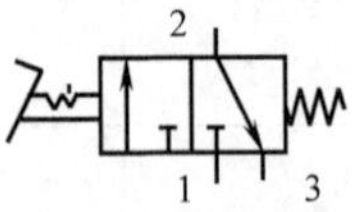	电磁驱动	先导式电磁阀	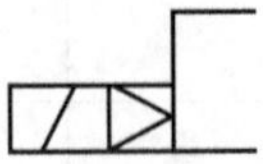
逻辑元件					
延时换向阀	延时接通型	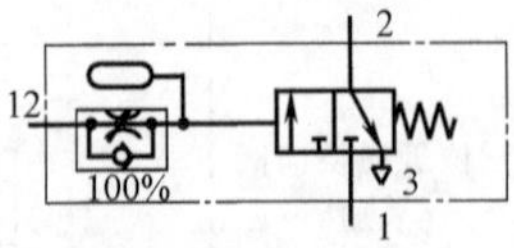		梭阀	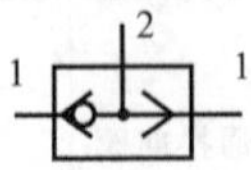
延时换向阀	延时断开型	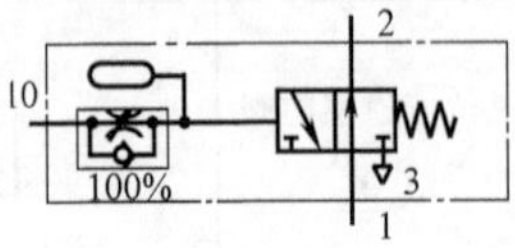		双压阀	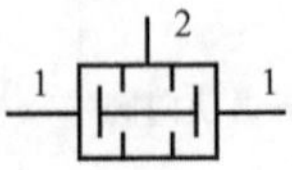

（续）

名称	符号	名称	符号
其他元件及管路连接表示方法			
管路	——————	控制管路	- - - - - -
连接管路		交叉管路	
柔性管路		快速接头	

附录 C　电气动系统中常用电气元件符号

名称	组成	图形符号	元件功能
	电源正极	+24V	电源正极 24V 接线端
	电源负极	0V	电源负极 0V 接线端
	指示灯	⊗	如果有电流通过,则指示灯按用户定义颜色发光
	蜂鸣器		如果有电流通过,则在蜂鸣器四周会发出光环或声音
按钮 (SB)	常开触点		驱动该按钮开关时,触点动作(常闭触点断开、常开触点闭合);释放该按钮开关时,触点恢复
	常闭触点		
	常开触点(锁定)		当驱动该开关时,触点闭合,并锁定触点闭合状态
	常闭触点(锁定)		当驱动该开关时,触点断开,并锁定触点断开状态
行程开关 (SQ)	常开触点		该行程开关由与气缸活塞杆连接的凸轮碰撞而动作
	常闭触点		

(续)

名称	组成	图形符号	元件功能
中间继电器 （KA）	线圈		当继电器线圈流过电流时，衔铁就会在电磁力的作用下克服弹簧压力，使常闭、常开触点相反动作
	常开触点		
	常闭触点		
时间继电器 （KT）	线圈	5	通电延时时间继电器：当时间继电器线圈通过电流时，经过预置时间延时，时间继电器延时触点动作；当时间继电器线圈无电流时，时间继电器延时触点立即复位
	延时闭合的动合触点		
	延时断开的动断触点		
电磁线圈（YA）			驱动电磁阀动作

附录 D　电气动系统中常用检测元件

名称	外形	图形符号	功能
电感式接近开关			当该开关感应电磁场变化时，开关触点闭合（只能检测金属介质）
电容式接近开关			当该开关静电场变化时，开关触点闭合（能检测任何介质）

（续）

名称	外形	图形符号	功能
光电式接近开关			当该开关光路被阻碍时，开关触点闭合（能检测大部分介质）
磁感应式接近开关			当该开关接近磁场时，开关触点闭合（三线制，只能检测磁性介质）
			当该开关接近磁场时，开关触点闭合（两线制，只能检测磁性介质）